普通高等教育"十三五"规划教材

土木工程类系列教材

AutoCAD
土木工程应用

张晓杰　林彦　王中心　著

清华大学出版社

北　京

内 容 简 介

作者根据长期从事土木工程专业 CAD 相关课程的教学及工程实践的经验体会,结合 AutoCAD 2019 版本,撰写了本教材。在本书撰写过程中,采用软件操作、工程背景和工程应用 3 条主线同时推进,工程原理和 AutoCAD 操作两个层面顺序展开的写作思路,突破了传统 AutoCAD 类教材只介绍操作不依托工程背景及实际应用的局限,实现了贴近工程实际需要、由简至专、原理与应用并举、操作与示例共存的写作模式。本书内容条理性、层次性十分明显,实用性强。全书共分 AutoCAD 应用简介及软件界面、图层管理及图纸变更的快速辨识、图纸的可续断读识方法和图纸信息的查询与提取、不同绘图类型的绘制策略及打印、面向打印控制的精准绘图方法、三维图形绘图基础及材质贴图、三维图形及 CASS 软件的工程应用、绘制时标网络图、天正建筑 T20 操作简介等 9 章。本书可作为高等院校土木工程专业及相近本科专业 CAD 技术基础类课程的教材及研究生课外读物,也可作为土木工程行业初中级专业人员的技术参考书。

图书在版编目(CIP)数据

AutoCAD 土木工程应用/张晓杰,林彦,王中心著.—北京:清华大学出版社,2020.8(2024.7重印)
普通高等教育"十三五"规划教材.土木工程类系列教材
ISBN 978-7-302-54663-4

Ⅰ.①A… Ⅱ.①张… ②林… ③王… Ⅲ.①土木工程－计算机辅助设计－AutoCAD 软件－高等学校－教材 Ⅳ.①TU201.4

中国版本图书馆 CIP 数据核字(2020)第 008169 号

责任编辑:秦 娜 王 华
封面设计:陈国熙
责任校对:赵丽敏
责任印制:杨 艳

出版发行:清华大学出版社
   网 址:https://www.tup.com.cn, https://www.wqxuetang.com
   地 址:北京清华大学学研大厦 A 座   邮 编:100084
   社 总 机:010-83470000   邮 购:010-62786544
   投稿与读者服务:010-62776969, c-service@tup.tsinghua.edu.cn
   质量反馈:010-62772015, zhiliang@tup.tsinghua.edu.cn
印 装 者:涿州市般润文化传播有限公司
经 销:全国新华书店
开 本:185mm×260mm 印 张:20.25   字 数:487千字
版 次:2020 年 8 月第 1 版   印 次:2024 年 7 月第 3 次印刷
定 价:59.80 元

产品编号:077186-01

　　作者根据长期从事土木工程专业 CAD 相关课程的教学及工程实践的经验体会,结合 AutoCAD 2019 版本,撰写了本教材。全书总体可分为"AutoCAD 基础知识""工程应用基本方法和原理""工程应用实例"三部分,共计 9 章。

　　在"第 1 章 AutoCAD 应用简介及软件界面"和"第 6 章三维图形绘图基础及材质贴图"中,从软件界面和操作入手,以示例为引导,循序渐进地介绍 AutoCAD 2019 的基本功能,使读者能在很短的时间内,掌握 AutoCAD 二维和三维绘图的基本操作方法。

　　在"第 2 章图层管理及图纸变更的快速辨识""第 3 章图纸的可续断读识方法和图纸信息的查询与提取""第 7 章三维图形及 CASS 软件的工程应用""第 8 章绘制时标网络图"中,针对土木工程实际应用,给出了图纸变更的快速辨识解决策略和操作方法,首次提出了工程图纸的可续断读识方法,给出了图纸信息提取的工程应用方案,讲解了利用 AutoCAD 三维图形和 CASS 软件解决工程实际问题的方法。

　　在"第 4 章不同绘图类型的绘制策略及打印""第 5 章面向打印控制的精准绘图方法"中,给出的基于模型空间和图纸空间面向打印控制的图纸绘制方法,能从根本上避免绘图过程的盲目性,能使读者具备对绘图效果的掌控能力,提高了绘图的效率和质量。

　　在"第 9 章天正建筑 T20 操作简介"中,通过简单建筑设计实例,介绍了运用天正建筑设计软件绘制建筑施工图的基本操作及注意事项。

　　本书图文并茂,贴近工程实际,讲解深入浅出、通俗易懂,兼顾了原理与方法、操作与实用,使方法和原理的学习融于具体的工程实际应用中。本书能够开拓读者思路,能使其掌握解决实际工程问题的方法,提高对知识综合运用的能力。通过对本书内容的学习、理解和练习,读者能真正具备较高的从业技能和专业素养。

　　本书既可以作为本科院校土木工程、地下空间工程、房地产及造价管理等专业的教材,也可以作为读者自学的教程,同时也非常适合专业人员作为参考手册。

　　为了方便教师使用本书,我们免费向任课教师提供 CAD 技术基础绘图大作业督学软件,并在附录 A 中给出了督学软件的简要使用说明,相关教师或学校可联系出版社或本书作者。

　　本书由张晓杰、林彦、王中心撰写。其中第 1 章由林彦和张晓杰共同撰写,第 9 章由王中心和张晓杰共同撰写,其他章节由张晓杰撰写,全书由张晓杰统稿及修改。山东省城镇建筑设计院的辛崇东院长、清华大学出版社的秦娜老师和王华老师对本书的写作提出了十分珍贵的建议和帮助,在此表示深深的谢意。

　　限于作者水平,书中难免有不妥之处,恳请读者批评指正。

作者

2020 年 3 月于山东济南

第 1 章
AutoCAD 应用简介及软件界面

学习目标

了解 AutoCAD 在土木工程中应用的分类及其操作特点。

了解 AutoCAD 的图形构成及字体与字库。

了解 AutoCAD 的用户界面组成、工作环境及工作空间。

掌握人机交互时的鼠标设置及操作、光标的设置及类别。

掌握 AutoCAD 坐标系统、定点方式、选择图元的各种操作。

掌握快速编辑及图元夹点设置。

掌握透明命令的使用。

掌握图元特征点自动捕捉设置及自动捕捉操作。

掌握图元特性查询的方法。

了解图形变化与图形显示变化的区别。

了解注释性图形与非注释性图形的区别。

1.1 AutoCAD 应用简介

AutoCAD(Autodesk Computer Aided Design)是 Autodesk(欧特克)公司首次于 1982 年开发的自动计算机辅助设计软件,现已成为国际上广为流行的绘图工具,广泛应用于土木建筑、装饰装潢、城市规划、园林设计、电子电路、机械设计、服装鞋帽、航空航天、轻工化工等诸多领域,在土木建筑领域拥有大量的用户。几十年来,由大量用户所形成的技术传承已经融入土木建筑企业文化中。目前,虽然有各种专业 CAD 软件或 BIM 软件可以帮助我们完成许多工作,但 AutoCAD 仍然是工作中必不可少的软件工具。

能针对不同的工作内容采用不同的 AutoCAD 应用策略和方法,是成为 AutoCAD 应用能手的关键。下面我们介绍 AutoCAD 应用任务的种类和应用能力培养的不同层次。

1.1.1 AutoCAD 应用任务的分类及其操作特点

AutoCAD 在土木建筑领域的应用任务,大致可以分为图纸信息提取、图纸的可续断读识、不同的打印应用、精准绘制二维图纸等。

1. 图纸信息提取

通过 AutoCAD,我们可以在计算机上绘制图形,并把图形显示在屏幕上、打印成纸质图或者保存到磁盘上。AutoCAD 的图形文件通常以.dwg 作为文件后缀,我们称为 DWG 文件。在本书中,我们把保存在计算机磁盘上的 DWG 文件或显示在计算机屏幕上的图称为图纸或图形,把打印到图纸上的图称为纸质图。图纸由多个图形组成,每个图形由诸多直线、圆弧、文字和尺寸线等图形元素组成,一个 DWG 文件可以含有多张图纸。

图纸信息提取包括图纸变更内容的快速定位、图形中构件信息的统计输出等。掌握这些应用的基本方法和技巧,可以在既有图纸基础上快速准确地完成招投标标书制作、施工组织设计或施工交底资料的编制。

2. 图纸的可续断读识

图纸是工程师的语言。在工程项目建设过程中,我们需要对图纸进行大量的读识工作,工程项目越大、越复杂,图纸数量以及图纸表达的信息就越复杂,对图纸某个信息的读识往往会在一个很长的时间段内重复进行,且一个工程项目中某个方面图纸信息的读识,也不能在很短时间内完成,单纯通过语言也不能很好地与他人实现对图纸内容的交流。

利用 AutoCAD,对图纸读识内容进行标记,对图纸的读识进度及过程进行记录,并能随时保存、读取和重现,利用图纸信息提取技术对标记信息进行提取汇总的方法,我们称为图纸的可续断读识方法。本书中我们会结合工程实际介绍这种方法。

3. 不同的打印应用

在 AutoCAD 中绘制图形,归根结底是要把图形输出到纸质图上。当我们绘制好一张图纸后,可能会根据需要打印到 A4 草图上以便进行检查和讨论,最终将绘制完成的图纸打印到 A1 纸质图上或者放大到工地展板和工程广告牌上。我们把这些打印需求分为以下两类。

1) 展板缩放打印

展板缩放打印是指把图纸上的所有内容(包括图线、符号及文字尺寸标注),统一按照一个比例放大或缩小输出到纸质图面上。

2) 图纸缩放打印

图纸缩放打印不同于展板缩放打印,工程图纸上的图面符号大小需满足 GB/T 50104—2010《建筑制图标准》等国家标准,如不论纸质图的幅面是 A1 或 A2,其文字尺寸的高度都应在 2~3mm 内。

只有正确区分图纸打印的不同需求,掌握 AutoCAD 打印操作及几种不同的绘图方法,才能打印出满足工程要求的纸质图。

4. 精准绘制二维图纸

图纸的绘制可以分为绘制新图、在既有图纸上补画图形元素或创建新的图形、基于打印控制的精准绘图方法。不同绘图应用任务要求有不同的绘图策略及方法。

1) 绘制新图

绘制新图是指在 AutoCAD 默认.dwt 格式图形样板基础上,从绘图环境设置、图层规划、格式定义、图面布置等前期准备工作开始,逐个绘制图纸图元的绘图过程。

绘制新图包括有尺寸实际模型的定比例绘图、有尺寸实际模型的定图幅绘图、无尺寸符号模型的定比例绘图、无尺寸符号模型的定图幅绘图 4 种绘图要求。

新图的绘制质量取决于是否采用了适当的绘图策略,新图的绘制效率取决于采用的绘图方法是否合适。在本书中,我们将讲述针对上述 4 种绘图要求所采用的不同绘图策略和方法,还将介绍双代号网络图的绘制方法。

2) 在既有图纸上补画图形元素或创建新的图形

在实际工作中,我们会遇到在既有图纸上补画图形元素,以及在同一张图纸的既有图形之外绘制诸如大样图这样的绘图工作,如在项目总平面图基础上补画图形来绘制项目的施工总平面布置图,或在一张图纸上补画大样图形等。如果一个工程已经绘制了部分图纸,则在绘制其他图形时,就可以借用已绘制图纸的信息,加快图纸的绘制速度。在既有图纸上绘制图形的关键是对既有图形格式信息的查询和利用。

3) 基于打印控制的精准绘图方法

纸质图是否合乎不同的工程需要和质量要求,是检验图形质量的最终判别标准。所有的绘图策略和方法都应以打印输出为最终关键控制目标,由此而产生的图形线宽设置、图线线型比例控制、填充比例设定、文字和尺寸标注样式设置以及符号类图形的大小设定是最终控制图纸质量的关键因素。在本书新图绘制应用中,将详细介绍基于打印控制的精准绘图的方法和技巧。通过基于打印控制的二维图纸精准绘制方法,我们完全能够实现对纸质图效果的一次性精准控制。

5. 不同图纸的拼装

在绘制图纸过程中,我们可以从自己已有的图纸或图形库中找到某些可以利用的详图。但是由于不同工程之间往往存在许多差异,当把图形库中的某个详图复制、插入或拼接到当前图中时,往往需要对这个详图进行变比、修补等操作,这些操作不可避免地会使拼接进来的详图信息发生变化。如何快速实现图纸的拼接、图面信息的统一,是建筑绘图中需要具备的重要技能。本书在绘制基础平面图等项目应用中,将详细介绍不同图纸的拼装方法和技巧。

6. 图纸的修改、补充处理

对图纸的修改、删除、补充是建筑绘图中必不可少的操作,如果用好的技巧和方法,就能得心应手地对图纸的绘图环境和图素进行查询修改。本书将在绘图应用中,详细介绍对图纸进行修改、补充的技巧和方法。

7. 三维模型创建及渲染

创建三维模型及对模型进行贴图渲染操作也是建筑制图中一个很重要的环节。由于三维模型所包含的信息远远多于二维图形,所以其创建过程也稍显复杂。设计师在进行建筑结构设计时往往需要创建一个工程的三维模型,随着计算机软件技术的不断提高,三维建筑模型的创建还可以通过其他专业软件来实现。

在土木建筑领域中,利用 AutoCAD 创建三维模型的最广泛、最频繁的应用,往往不是整栋建筑三维模型的创建,而是诸如三维土方体积或屋面保温层、找坡层体积的计算,或者在既有图形上计算局部建筑结构元素的体积或面积。在本书中我们将结合实际介绍这些应用。

1.1.2　AutoCAD 应用能力的 3 个层次

根据 AutoCAD 应用的特点,我们把 AutoCAD 应用能力划分为 3 个层次,在实际学习和工作中,要根据自己的能力情况,有目的地提高自己的不足之处。

1.　快速绘制简单图形及图形编辑修改能力

能通过绘制简单的图形,熟悉 AutoCAD 的界面环境,掌握各种命令之间的关系,熟悉命令快捷键,了解鼠标按键规律,提高鼠标移动定点的速度和准确性,具备快速绘制简单图形和图形编辑修改的能力。

2.　精准绘图及图形信息查询能力

精准绘图能力是指一次性成图的能力。对于大多数建筑图纸来说,计算机上显示的效果只是虚拟的,只有打印输出到图纸上才是最后成果。要深刻理解图纸幅面大小、绘图比例、打印比例、文字高度及线性比例等之间的总体关联,掌握多比例绘图的方法,使自己具有实现精准绘图的能力。

3.　AutoCAD 复杂工程应用与复杂图纸读识能力

任何复杂的工作都必须有一个前期运筹规划的过程,复杂的工程应用都或多或少需要进行图纸的绘制和图形信息提取。绘图规划大致包括图面的布置、各种比例的确定、绘图环境的设置和绘图的先后次序等,如果不能掌握复杂图纸的绘制方法,即使绘制了千幅图纸也永远是从零开始,能力不会得到提高。我们在实际教学中也经常遇到这样的情况,有的人误以为通过专业 CAD 软件就能做所有一切与图形有关的工作,而忽视对 AutoCAD 基本技能的训练,在实际绘图练习和训练中草草应付、作伪、偷工,这是早就被经验和事实否定了的错误做法。如果你现在也有这种想法,希望你在学习本书之前坚决摒弃掉。

图纸信息提取要以对图纸的高效准确读识为前提。图纸的读识不仅仅是读懂某个图形元素所表达的信息,而且还包括在图形元素的读识过程中,在大脑中对不同图形元素间的关系进行加工、归纳,从而形成对工程对象的从宏观到细节的整体认知,完成对工程的逆向虚拟构模。一个有经验的技术人员,当对一套工程图纸读识完成之后,其大脑会像射线扫描仪一样,能随时随地地透视脑中工程虚拟模型的任何细节。要具有高效准确的图纸信息的读识能力,不仅需要系统地掌握土木建筑的学科知识,还需要进行大量的读图实践和必要的施工现场实习。

本书中我们将重点论述如何通过 AutoCAD 应用来解决实际工作中的问题,为了兼顾初学者,在讲解这些应用的过程中,我们也将适当介绍与之相关的 AutoCAD 操作。

1.2　AutoCAD 的图形与文字

要掌握 AutoCAD 在土木工程领域的应用知识,首先需要了解 AutoCAD 的图形与图形中文字的基本知识。

1.2.1　图形的基本组成及类型

图形是描述设计成果的载体。在计算机绘图时,计算机内必须建立一个描述图形的内部数据结构,并且要通过一定的技术显示在屏幕或存储在硬盘上。一台计算机屏幕上显示了一幅图形,如果关闭显示器电源,屏幕上的图形就会消失,随后打开显示器电源,图形又会重新显示在屏幕上,这是由于在计算机中留有描述图形的数据。如果存储在计算机内存里的图形,不能以文件的形式存储在计算机硬盘上,关闭计算机电源后图形也会永远消失;没有图形内部描述的图形软件实际上同手工绘图没有什么区别,甚至还不如手工绘图。

1. AutoCAD 族 CAD 软件生成的图形文件后缀都是.dwg

不同的 CAD 软件,描述图形文件的内在数据结构形式是不同的。以一条直线为例,在 AutoCAD 中,描述这条线的内部数据是线的两端坐标、线型、线的颜色等,而在天正建筑设计软件 TArch、地形地籍成图软件 CASS 等(TArch 和 CASS 是以 AutoCAD 作为图形平台,通过对 AutoCAD 进行二次开发研制而来的)专业 CAD 软件中,可能还包括图形元素的物理属性,例如图形中的某条直线是墙的线还是计算土方的三角网格线。

尽管 TArch、CASS 和 AutoCAD 绘制的图形都是以.dwg 文件后缀形式存放的,但是由于图形表达的内涵和图形文件的存储格式不同,所以 AutoCAD 有时不能完全正确读取其他专业软件生成的.dwg 图形文件。虽然不能把文件后缀是.dwg 的图形都当作是 AutoCAD 生成的,但是通常以.dwg 作为图形文件后缀的软件都是 AutoCAD 或以 AutoCAD 为图形平台的其他专业软件生成的,习惯上把这些软件统称为 AutoCAD 系列或 DWG 系列软件。

在 TArch 中通过图形发布命令,把天正 DWG 图形保存成标准 dwg 格式的图形文件后,AutoCAD 才能读取并正确显示天正建筑绘制的建筑图形。天正建筑在发布生成标准 dwg 图形文件时,会在原来建筑图文件的名字后面追加"_t3"。实际工程中,大家习惯把天正建筑发布生成的标准 dwg 图形文件称为 t3 文件。

2. 矢量图形和位图

图形分矢量图形和位图两种。由点、线、弧、圆、矢量文字等基本图元组成的图为矢量图。组成矢量图形的基本图元是由类似矢量的参数来描述的。如直线有起止点,圆弧有圆心半径和起止角度。矢量图形的信息量多少取决于图形包含的图元数量的多少。AutoCAD 绘制的图形为矢量图形。

与矢量图形不同,位图的基本元素是像素点。像素点具有不同的颜色或灰度,不同颜色的像素点排列组成了丰富多彩的位图。所以位图信息量的多少取决于图形像素点的多少以及像素点所用颜色的位数。8 位色的颜色数为 256 种,32 位色的颜色数为 $2^{32}-1$。目前位图的存储格式有很多种,例如 BMP、JPG、GIF、PCX 等。用数码相机拍摄的照片或用 PhotoShop 等制作加工的图为位图。有时候人们还把位图称为光栅图像。

3．矢量图形与位图的相互转化

位图转化为矢量图形的过程叫位图矢量化处理。现在有一些软件可以进行位图的矢量化处理，通过软件的自动或人机交互处理，一张图纸的扫描图像可以被矢量化成一张矢量图形。工程图影像的矢量化是目前一个应用研究方向，比较典型的矢量化算法是根据位图色素色温的变化，实现对位图的矢量化。目前位图的矢量化只能实现矢量图形的构模，如果要通过位图的矢量化得到图形的工程模型，需要复杂的人工智能算法，目前尚没有看到成功的报道。知道图形文件的存储格式是图像矢量化的基础。

在通常情况下，位图的大小是固定不变的，图形放大或缩小后会变得粗糙模糊，不像原来那样绚丽多彩。不过图形变比后的效果也与位图处理软件的变比算法有关，目前有的图形处理软件依靠先进的位图变换算法，实现了位图的保真变换。

通常情况下，矢量图形可以通过 Windows 的屏幕复制快捷键 Alt＋Print_Screen 写入 Windows 剪贴板之后粘贴到诸如办公软件 WPS、Word 或画图软件 Mspaint 中，实现矢量图向位图的转换。矢量图向位图的转换还可通过矢量图处理软件的图形转换接口实现，比如 AutoCAD 的"输出"功能。

4．矢量图形的二维图形和三维图形

二维图形也叫 2D 图形，是在二维平面上按二维坐标绘制的图形。在建筑领域，我们绘制的建筑平面图、结构平面图、施工网络图都是二维图形。组成 AutoCAD 的二维图形的基本图元对象是直线、弧、圆等。

由正方体、圆柱体、球体等基本三维实体相互组合并通过实体间的逻辑运算，可以组成复杂的三维图形。描述三维图形的基本参数是构成图形顶点的点、按点顺序组成的环和由环构成的面。AutoCAD 对三维实体有 3 种表示方法，它们是线框模型、表面模型和三维实体模型。实体模型是最高级别的三维图形。

用三维对象边框的点、直线、曲线对三维对象进行的轮廓描述，称为三维线框图形，它没有面和体的特征，实际是用二维图元描述三维图形，如通常见到的建筑透视图。这种图形介于二维和三维之间，故被称作 2.5 维图形。表达建筑和装饰设计效果需要用到三维图形。

1.2.2　ttf 字体和 shx 字体

AutoCAD 支持 ttf 字体和 shx 字体两种字体，ttf 字体是 Windows 矢量字体，而 shx 字体是 AutoCAD 定义的形字体。shx 字是一种矢量形态更明显的矢量字体。

1．ttf 字体

对于 Windows 操作系统，ttf 字体是操作系统使用的字体，字库文件存储在 Windows 的 Fonts 文件夹中，后缀为 .ttf。如"仿宋.ttf""黑体.ttf"。AutoCAD 能够通过操作系统在图形中使用这些 ttf 字体。ttf(TrueTypeFont)是苹果(Apple)公司和微软(Microsoft)公司共同推出的字体文件格式，随着 Windows 的流行，已经变成最常用的一种字体文件表示方式。ttf 字体中的字是通过数学曲线来描述的，它包含了字形边界上的关键点、连线的导数信息等，字体的渲染引擎通过读取这些数学矢量，然后进行一定的数学运算来进行渲染。这

类字体的好处是字体丰满可以无限放大而不产生变形。

在 AutoCAD 中,ttf 字体占用的打印机内存远远多于 shx 字体,图形显示刷新显示速度也低于 shx 字体。

2. shx 字体

shx 字体是 shx 矢量字体的简称。shx 字体的字库文件存储在 AutoCAD 的 Fonts 文件夹里,如字符型矢量字库"txt.shx"、简体中文矢量字库"gbcbig.shx"、空心仿宋矢量字库"tjhzf.shx"、黑体空心矢量字库"ht64f.shx"和 PKPM 软件所用的仿宋体矢量字库"hztxt.shx"。AutoCAD 通过文字样式来定义字体。文字样式把字体分为 shx 字体和大字体两种形式,这两种字体的字库文件都以.shx 为后缀。字符型文字一般都是小字体(文件字节较少),中文是大字体(文件字节比较多);中文大字体按字体类型分为许多文件。

在 AutoCAD 图形中书写一行既有字符型文字也有汉字的文字内容时,需要同时配对选用 shx 字体和大字体两种字库,大家将在后面的绘图过程中掌握该项内容的具体操作。图 1-1 为在 AutoCAD 中不同字体的显示效果示例。

(宋体.ttf)

(simplex.shx字)（大字体gbcbig.shx）

图 1-1　不同字体效果示例

用 ttf 字体和 shx 字体都可以进行字母和汉字混合写入。一个图纸中 ttf 字体过多,会减缓图形的显示速度并增加文件的大小。在打印图纸时,过多过大的 ttf 字体会提高对打印内存的要求,如果打印机内存过小,则会导致打印机死机。工程图纸通常用 shx 字体,印刷图通常用 ttf 字体。

3. 不能正确显示图形文字内容的解决方法

AutoCAD 在打开一个 DWG 文件时,遇到 shx 字体,会根据"工具"→"选项"对话框里"文件"标签栏设定的"支持文件搜索路径"顺序,到 AutoCAD 的 Fonts 文件夹中读取图形文字所用的字库文件。当遇到 ttf 字体时,会到 Windows 操作系统的 Fonts 文件夹读取相应的 ttf 字库。读取字库文件后,会通过文字引擎把文字显示到屏幕上。

因为文件名可以随意修改,所以相同的字库文件名不一定就是相同的字库。字体是否相同,需要看 SHX 文件内部的具体内容(通常以文件的字节数来区分)。如果 Fonts 文件夹中没有该图形文字所用的字库文件,AutoCAD 会弹出图 1-2 所示"缺少 SHX 文件"对话框,选中对话框的"为每个 SHX 文件指定替换文件"选项,弹出图 1-3 所示"指定字体给样式　样式 4"对话框,并在对话框左下角列出未找到的字体文件名称,用户可在字体文件列表中指定一个替代字库来替代未找到的字库文件。如果所选的替代字库中有被替代显示的图形文字信息,则可正常显示原来图形中的文字内容。若所选的替代字库中没有找到所替代的文字信息,则 AutoCAD 通常会代之以"?"替代不能正常显示的文字。

当读入一个图形出现用"?"替代显示文字内容时,则表示替代字库也没有所要显示的文字,此时应从其他途径获取未找到的字体文件,并把该字体文件复制到 Windows 或

AutoCAD 相应的 Fonts 文件夹里,并关闭 AutoCAD 再重新打开该图形即可正常显示这些文字内容。

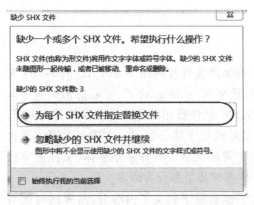 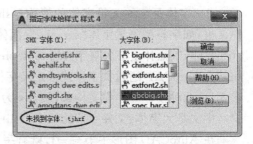

图 1-2　"缺少 SHX 文件"对话框　　　　图 1-3　"指定字体给样式　样式 4"对话框

在此需要特别说明的是,具有同样文件名的字体文件,其内容可能并不一致。如 AutoCAD 安装盘自带的 txt. shx 字体文件与建筑结构集成设计软件 PKPM 的 txt. shx 内容并不完全一致。PKPM 软件提供的 txt. shx 含有钢筋符号的文字信息,而 AutoCAD 安装盘自带的 txt. shx 并不含有钢筋符号的文字信息。当读入 PKPM 绘制的建筑结构图时,如果钢筋符号不能正常显示,则需要把 PKPM 软件提供的 txt. shx 复制到 AutoCAD 的 Fonts 文件中覆盖原有的 txt. shx。

1.3　AutoCAD 应用的基础知识

AutoCAD 软件由 Autodesk 公司开发,Autodesk 公司目前向"合格教育机构"学习或任职的参与者提供免费服务,合格参与者可以到 Autodesk 官网下载免费教育版及获取软件使用许可,并仅在个人设备上将这些许可用于与学习、教学、培训、研究或开发直接相关的用途。

1.3.1　AutoCAD 界面与工作空间

Autodesk 公司每年都会推出一个新的 AutoCAD 软件版本,每个版本都会有一些新增功能,并且软件界面组成也会稍作变化。但是通过纵向比较,我们会发现自 AutoCAD 2009 版本以来,软件界面的总体布局的基本风格并未改变,在土木工程领域中我们惯常的应用操作方法也不会因软件版本的升级而改变。

本书所依托的 AutoCAD 为 2019 版,读者在学习 AutoCAD 时,可以根据自己的情况,酌情选择与操作系统和计算机配置匹配的 2009 以后的任何 AutoCAD 版本。

1. 创建一个新的图形文件

双击操作系统桌面的 AutoCAD 快捷方式运行 AutoCAD 之后,软件会进入一个 AutoCAD 初始界面,单击位于 AutoCAD 初始界面左上角"快捷工具栏"上的"新建"按

钮 ,打开图 1-4 所示"选择样板"对话框,在对话框的"名称"列表中选择一个图形模板后,
单击对话框上的"打开"按钮,即可正式进入 AutoCAD 工作界面。

图 1-4 "选择样板"对话框

AutoCAD 的模板文件以. dwt 为后缀,绘制二维图形时,通常选择 acad. dwt、acadiso.
dwt 模板文件,绘制三维图形时,通常选择 acad3D. dwt 模板文件。

进入工作界面后,软件会把新建的图形标志为 Drawing 打头的文件名,并根据我们所
选择的模板文件蕴含的工作环境参数设定软件环境。用户可以保存自己的图形文件作为模
板文件。

2. 工作空间的选择

AutoCAD 为用户提供了"三维草图与注释""AutoCAD 经典""三维建模"3 种工作空间
模式。AutoCAD 按工作空间模式组织用户界面,各个工作空间模式有不同的菜单、工具栏、
选项板、面板,使用户可以在自定义的、面向任务的界面环境中工作。使用工作空间时,只会显
示与任务相关的菜单、工具栏和选项板。进入 AutoCAD 界面后,单击界面右下角的"切换工作
空间"按钮 ,打开如图 1-5 所示"选择工作空间"菜单,通过该菜单进行工作空间切换。

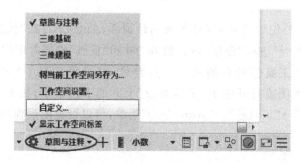

图 1-5 "选择工作空间"菜单

　　绘制二维图形时,可以选择"二维草图与注释"或"AutoCAD 经典"工作空间,"二维草图与注释"工作空间的用户界面如图 1-6 所示。"AutoCAD 经典"工作空间采用的是一种与AutoCAD 2007 以前版本基本一致的用户界面。不论采用哪种工作空间,AutoCAD 用户界面都是由菜单栏、工具栏、绘图窗口、文本窗口与命令行、状态行、工具选项板等元素组成。下面介绍"二维草图与注释"界面要素。

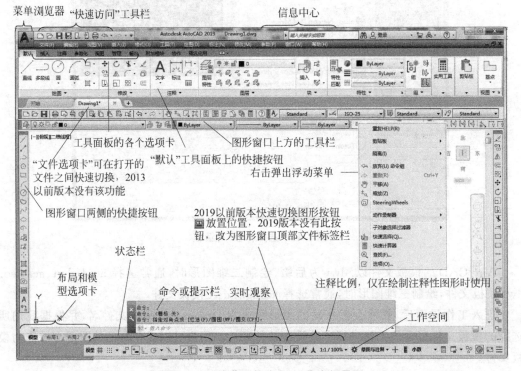

图 1-6　"二维草图与注释"工作空间界面

3．应用程序按钮

　　单击"应用程序按钮"▰,会显示一个垂直的菜单项列表,它用来代替以往水平显示在AutoCAD 窗口顶部的菜单。

4．"快速访问"工具栏、图形窗口上方的工具栏、下拉菜单

　　"快速访问"工具栏位于 AutoCAD 界面的最顶部,AutoCAD 在"快速访问"工具栏默认放置了"新建"▯、"打开"▱、"保存"▯、"放弃"▱ 和"重做"▱ 等常用按钮。

　　单击"快速访问"工具栏最右侧的下三角符号,可以展开图 1-7 所示下拉菜单,单击"显示菜单栏"可以关闭或打开位于"工具面板"上方的下拉菜单,如图 1-8 所示。

　　依次单击"工具"→"工具栏"→"AutoCAD"菜单,可以设置图形窗口上方的工具栏所显示的按钮内容。

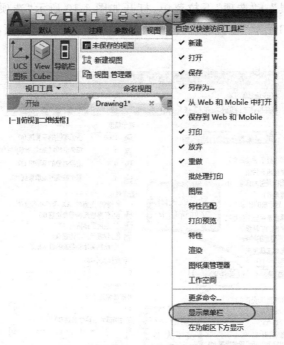

图 1-7　"快速访问"工具栏下拉菜单

图 1-8　AutoCAD 的下拉菜单

5. 通过"文件选项卡"进行文件间的切换

"文件选项卡"位于图形窗口右上方,如图 1-9 所示。AutoCAD 2014 版及之后版本具有"文件选项卡"功能。通过"文件选项卡"可以了解 AutoCAD 当前打开了哪些图形文件,单击"文件选项卡"的具体文件标签,可以从一个图形文件快速切换到另一个文件。

图 1-9　AutoCAD 的文件选项卡

可依次单击"工具"→"选项"下拉菜单,打开如图 1-10 所示"选项"对话框,切换到"显示"选项卡,选中"窗口元素"选项组的"显示文件选项卡"复选框,即可在图形窗口右上方显示"文件选项卡"。

图 1-10 "选项"对话框的"显示"选项卡

　　单击"视图"→"界面"面板的"文件选项卡"按钮,也可以打开或关闭"文件选项卡",如图 1-11 所示。

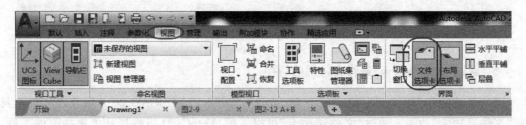

图 1-11 "视图"工具面板的"文件选项卡"按钮

6. 恢复 AutoCAD 原始界面

　　当在已经安装了低版本的 AutoCAD 的计算机上安装高版本的 AutoCAD 软件,AutoCAD 会在首次运行高版本 AutoCAD 时,提示是否把低版本的环境配置文件移植到高版本 AutoCAD。如果选择把低版本配置环境移植到高版本的 AutoCAD,可能会导致高版本 AutoCAD 的用户界面变成低版本。如果想恢复到高版本的 AutoCAD 软件界面,可以单击"选项"对话框的"配置"页面,从中选择高版本的配置文件,并"置为当前"即可。

7．图形区上方的工具栏

若要自定义工具栏内容或要重新显示误关闭的工具栏,可依次单击"工具"→"工具栏"→"ACAD"菜单,然后选择所需工具栏即可。双击显示出来的工具条标签,可以把工具栏置于图形区上方。选中"选项"对话框中"显示"选项卡的"在工具栏中使用大按钮",可使工具栏的按钮变大。

8．下拉菜单与浮动菜单

AutoCAD 界面顶部的下拉菜单由"文件""编辑""视图"等菜单组成,几乎包括了AutoCAD 中全部的功能和命令。这些下拉菜单、功能区面板快捷按钮、图形窗口两侧快捷按钮大部分是相同的,用户可根据个人习惯,选择不同的菜单和按钮进行应用操作。

在绘图区域、工具栏、状态行、模型与布局选项卡以及一些对话框上右击时,会弹出不同的快捷菜单。快捷菜单中的命令与 AutoCAD 当前状态相关。使用它们可以在不启动菜单栏的情况下快速、高效地完成某些操作。

对于这些菜单和按钮的使用和操作,在后面介绍相关工程应用时会根据需要进行必要的介绍,对于书中不介绍的部分,大家可以参见 AutoCAD 的"帮助"。

9．命令行与文本窗口

"命令行"窗口位于绘图窗口的底部,用于接收用户输入的命令,并显示 AutoCAD 提示信息。"命令行"窗口可以拖放为浮动窗口。"AutoCAD 文本窗口"是放大的"命令行"窗口,它记录了已执行的命令,也可以用来输入新命令。

若操作中无意关闭了命令窗口,可以单击"工具"→"命令行"或"视图"→"选项板"工具面板的"命令行"按钮 ▤ ,重新打开命令窗口。按"Ctrl＋9"键也可以重新显示命令窗口。当命令窗口关闭后,按 F2 键可打开或关闭 AutoCAD 文本窗口。

10．命令行与文本窗口的字体大小

当命令行文字太小以致无法看清命令行提示信息时,可打开"选项"对话框,切换到"显示"选项卡,单击"字体"按钮,打开如图 1-12 所示"命令行窗口字体"对话框,在对话框中调大字号即可。

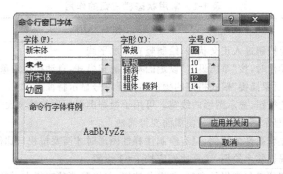

图 1-12　"命令行窗口字体"对话框

11．工具面板

工具面板也叫功能区面板。工具面板提供了一个单一简洁的放置区域,用来放置与当前工作空间相关的操作所需要的快捷按钮。工具面板按照命令分类,把不同命令分列在不同的工具面板选项卡上,这使 AutoCAD 界面变得简洁有序。用户可以从不同的选项卡上选择不同的命令。

把鼠标移动到工具条的按钮上静置片刻,AutoCAD 会提示按钮的名称。不必硬记这些按钮的作用,随着使用次数的增加,自然会熟悉它们。

12．绘图窗口

绘图窗口是用户绘图的工作区域。单击窗口右边与下边滚动条上的箭头,或拖动滚动条上的滑块来移动图纸,能够改变绘图窗口的显示内容。在绘图窗口中除了显示图形内容外,还显示了当前使用的坐标系类型以及坐标轴等。

AutoCAD 可以同时处理多个图形文件,每个图形文件占据一个独立的绘图窗口。可以单击"视图"面板或"窗口"下拉菜单,对各个绘图窗口摆放的方式进行改动。

13．布局和模型选项卡

绘图窗口的下方有"布局和模型选项卡"标签,单击其标签可以在模型空间或图纸空间之间来回切换。可单击"窗口"工具面板的"布局选项卡"按钮,来关闭或显示图形窗口左下角的"布局和模型选项卡"标签。也可以依次单击"工具"→"选项",打开"选项"对话框,切换到对话框的"显示"选项卡上,通过选中或不选中"窗口"选项组的"布局和模型选项卡",来打开或关闭图形窗口下方的"布局和模型选项卡"标签。

14．状态栏

状态栏用来显示 AutoCAD 当前的状态,如当前光标的坐标、命令和绘图状态的说明等。在绘图窗口中移动光标时,状态栏的"坐标"区将动态地显示当前坐标值。状态栏中常用的有"正交" 、"极轴" 、"对象捕捉" 、"显示隐藏线宽" 等功能按钮,按下按钮即进入按钮对应的操作状态。按钮复位后,对应的工作状态取消。常用状态栏按钮的作用见表 1-1。

表 1-1　常用状态栏按钮的作用

状态栏按钮	作　　用
正交(F8)	按下此按钮进入正交状态,绘制竖直或水平线
对象捕捉(F3)	绘图操作时,按"草图设置"设定的对象捕捉模式,自动捕捉对象的特征点,并按"选项"卡和"对象捕捉"模式指定的颜色和特征符号显示特征点
线宽	按下此按钮,显示图形的线宽。可用于检查图形元素的线宽设定是否正确。复位此按钮,不显示图形的线宽,使画面变得简洁
注释比例	选择注释属性的比例,只有绘制注释性图形时才需要按视口比例设置注释比例。在模型布局标签上绘图,注释比例应按 1∶1 设置
状态栏菜单	此按钮位于状态栏最右侧,单击此按钮,可以隐藏状态栏上不常用的状态按钮

1.3.2　保存及修复 AutoCAD 图形文件

本节我们将简要介绍如何打开、另存或保存以及修复 AutoCAD 图形文件。

1. 打开已有的图形文件

进入 AutoCAD 主界面之后，单击左上角"快捷工具栏"上的"打开"按钮 ，弹出"打开"对话框，从对话框中选择要打开的 AutoCAD 图形文件，或双击对话框文件列表中的某个 AutoCAD 图形文件，即可打开这个图形，AutoCAD 会自动按该文件最后保存的显示状态重现该图形。

高版本的 AutoCAD 能够打开低版本的 DWG 文件，而低版本的 AutoCAD 则不能打开高版本的 DWG 文件。当低版本不能打开高版本的图形文件时，软件会弹出对话框向用户给出提示。

依次单击"工具"→"选项"菜单，打开"选项"对话框后，切换到"打开和保存"选项卡，可以设定 AutoCAD 保存图形文件的默认版本类型。高版本 AutoCAD 用户与低版本 AutoCAD 用户间相互交流时，高版本用户需要把图形保存为低版本。

2. 图形文件的保存

当创建一个新图形文件进入 AutoCAD 主界面后，第一次单击"保存"按钮 ，弹出如图 1-13 所示的"图形另存为"对话框，我们可以在对话框中选择文件的保存路径、文件名和文件类型。一旦文件被用户重新命名保存之后，再单击"保存"按钮，则不再弹出"图形另存为"对话框。如果要对已经保存的文件改名另存，则需要单击"另存为"按钮 。

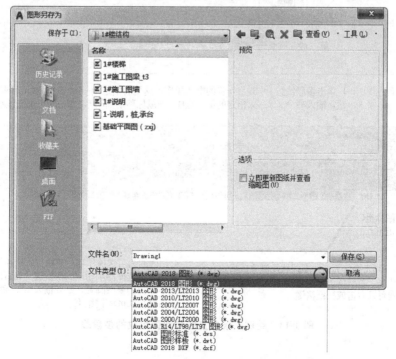

图 1-13　"图形另存为"对话框

单击 AutoCAD 左上角的"应用程序按钮"■，可以打开 AutoCAD 浏览器菜单，该菜单中也有文件的"打开""保存""另存为"菜单。

3．损坏图形的修改

如果打开一个图形文件失败或者 AutoCAD 提示该文件损坏无法打开，依次单击"应用程序按钮"■→"图形实用工具"→"修复"菜单，打开该文件进行修复。

若一个 DWG 文件不能在与 AutoCAD 兼容的其他 CAD 软件上正常打开，则可用 AutoCAD 打开该文件，依次单击"应用程序按钮"■→"图形实用工具"→"清理"菜单，打开"清理"对话框，对该文件进行清理。大多数图文件经过修复或清理处理后都可以正常打开。

1.3.3 命令行的操作选项和命令回溯

执行操作的每一步，AutoCAD 都会在命令行进行操作提示，初学者要注意观测和掌握这些提示的规律，这样能够更好、更高效地进行图纸绘制和图纸信息查询工作。

1．执行命令时的默认操作项和可选操作项

提示行的开始为当前操作的默认操作项，可选的操作项及其快捷键在[ ]内给出，要执行可选操作项，需要按可选操作项相应的快捷键。如绘制一条由直线和圆弧组成的多段线，其命令输入过程和命令行提示如图 1-14 所示，对于大多数绘图和修改等操作命令的执行细节，我们后面将不再仔细讲解，初学的读者需要自行进行练习。

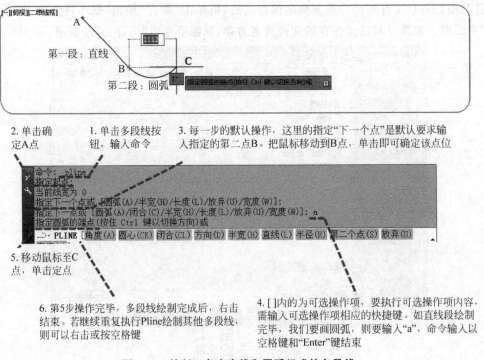

图 1-14 绘制一条由直线和圆弧组成的多段线

2．重复执行上一个命令

当前一个命令操作结束后，按空格键或 Enter 键，或者右击，AutoCAD 会重复执行上一个命令，而无须重新输入命令或者单击工具面板的按钮。

3．从命令行上溯以前的操作和查看以前的信息

当在 AutoCAD 中进行操作时，可以在待命状态下，按 ↑ 键回溯到前面任意一项操作，按 Enter 键重复执行该命令，如图 1-15 所示。激活命令行窗口，利用该操作，还可以回溯前面图元查询的数据信息。

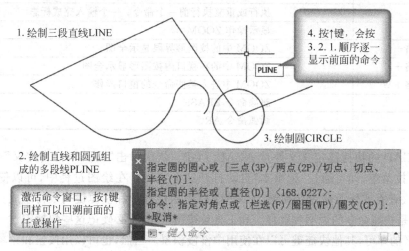

图 1-15　命令回溯操作

4．先选择后执行

AutoCAD 默认可以先选择图元后执行操作，也可以先执行命令后选择操作图元。如果要去掉先选择后执行，可打开"选项"对话框，切换到"选择集"页面，选中该页面相应的选项进行设置，详见"1.3.10　选择图元的多种方式"一节。

1.3.4　绘图及编辑命令基本分类

AutoCAD 为用户提供了丰富的图形操作命令，这些命令大致可分为绘图命令、图元编辑修改命令、块操作命令、文字及尺寸标注类的注释命令等。

1．命令输入方式

在 AutoCAD 中，多数操作命令可以通过菜单、工具条、快捷键、功能区面板、命令等 5 种不同的方式输入。

1）快捷键和命令

快捷键和命令可以在命令窗口以按键方式输入。如命令行输入的"LINE"是绘制直线的命令，"L"是绘制直线命令的缩写，通常称之为快捷键。通常情况下，命令的输入效率依

次为快捷键、工具条、菜单和命令。菜单操作通常用于工具条上没有提供或者没有快捷键的操作。对于那些不常用的比较高级的操作或者环境变量参数设置命令,初学者可在具有比较熟练的操作技能基础上,依据具体需要,查看 AutoCAD 的联机帮助,学习有关的不常用的高级命令。

对于大多数人来说,进行绘图练习时一般是右手操纵鼠标,此时左手可以用来按命令快捷键,常用的命令快捷键一般分布在键盘的左手键区,见表 1-2。

表 1-2　常用快捷键

快　捷　键	功　　能
Esc	中断或撤销一个命令
空格	执行或重复执行前一个命令;一个输入完成标志
Z	显示操作 ZOOM
Z+空格+A	ZOOM 中的按图形界限显示全图
Z+空格+E	ZOOM 中的在视口内按图形显示全图
Z+空格+W	ZOOM 中进入某些命令的窗口操作
E	删除命令 ERASE
A	画弧命令 ARC

AutoCAD 的快捷键定义文件是 ACAD.PGP。依次单击"工具"→"自定义"→"编辑程序参数"下拉菜单,即可通过"记事本"自动打开这个文件。在绘图过程中,可以依据自己的喜好,定义、查看或修改命令快捷键。ACAD.PGP 由注释行和快捷键列表行组成。注释行以分号开头,是快捷命令的说明和解释。和工具条按钮一样,不必硬记这些快捷键。一般只需记忆左手键区的即可,其他快捷键可以在使用中慢慢积累。当然,也可以用按钮和菜单输入这些快捷键对应的命令。另外,在公用计算机上,尽量不要改动 PGP 文件,以免给他人带来不便。

2) 菜单、工具条、功能区面板按钮

菜单、工具条、功能区面板按钮是通过单击 AutoCAD 界面相应内容实现操作指令的交互输入,这是一种最常用的指令的输入方式。

2．工具面板

为了提高学习 AutoCAD 的效率,提高绘图速度,需要理解和掌握 AutoCAD 命令的基本分类。

在"二维及草图"工作空间,AutoCAD 包括"默认""插入""注释""视图"等工具面板。"默认"工具面板包含"绘图""修改""注释""块""特性""实用工具""剪贴板"等。"插入"工具面板主要汇集了与图块相关的按钮,包括"块""块定义""块参照"等。"注释"工具面板主要包括"文字"和"标注"等按钮。

在 AutoCAD 中,绝大多数与绘图相关的工作,都可以通过单击工具面板上相应的工具按钮来完成。但是在某些时候,当我们不能从工具面板上找到要进行的操作命令按钮时,还需要通过单击菜单项来实现相应的操作。

3．AutoCAD 下拉菜单的基本分类

AutoCAD 下拉菜单分为"文件""编辑""绘图""修改""标注""视图""格式""工具"等。

1）文件操作类命令

文件操作类命令在"文件"菜单下,集中了文件的"新建""打开""保存""另存为""输入""输出""打印机设置""打印""网上发布"等。

2）编辑操作类命令

编辑操作类命令是与"剪贴板"相关的操作,包括"复制""带基点复制""粘贴""查找"等。其中在进行图形操作时,"带基点复制"是一个比较有用的命令。"查找"命令可以对图形中的文本进行查找及替换。

3）绘图操作类命令

在"绘图"菜单下,包括绘制"直线""多段线""矩形""弧""圆""正多边形""文字""图块""填充""表格""面域""点""多线""修订云线"等命令。

"绘图"菜单给出了比工具面板更齐全的绘图命令,如各种不同方式的圆弧、圆的绘制,多线的绘制等。

4）修改操作类命令

与编辑操作类命令不同,修改操作类命令是直接针对图形元素的编辑修改操作,如图形元素的"复制""移动""删除""旋转""缩放""拉伸""修剪""偏移""镜像""延伸""打断""分解"等。

5）标注类命令

尺寸标注类在"标注"菜单下,包括"快速标注""对齐标注""线性标注""连续标注""引线标注"等。

6）视图类操作

视图类操作显示缩放类、视口操作类、视觉样式类和 AutoCAD 界面元素类等命令。图形相关的操作包括实时缩放、平移、窗口缩放。

7）格式类命令

格式类命令是绘制图形时必需的绘图参数设置项,它们是"格式"菜单下的"线型""文字样式""标注样式""点样式""图层管理器""图形界限""图形单位"等。

8）工具类命令

"工具"菜单下的"选项板""查询""草图设置""选项""外部参照""数据连接"等是绘图环境设置的常用项。

平时练习绘图的时候,应该多依据命令分类,领会它们之间的联系和使用规律,后面我们也将在实例中讲解这些命令的运用次序和组合方式。基本技能的训练固然重要,方法的学习更是第一位的,它可以使我们获得事半功倍的效果。

1.3.5 透明命令

AutoCAD 的透明命令是可以在执行其他命令的过程中嵌套执行的命令。执行透明命令无须退出当前正在执行的命令。能透明执行的命令,通常是一些查询、改变图形设置或绘图工具的命令,如 zoom、pan、dist、from 等命令,如表 1-3 所示。绘图、修改类命令不能被透明使用,比如在画圆时想透明执行画线命令是不行的。通常使用透明命令时,在它之前加一个单引号'即可。执行完透明命令后,AutoCAD 自动恢复原来执行的命令。

在绘图过程中,有一个比较重要的透明命令 from,该透明命令不需前缀单引号。from 透明命令用来定义指定从参考基点至指定点的偏移量。

表 1-3　常用透明命令及其功能

透 明 命 令	功　　能
zoom	通过继续按 A、W 等键透明执行图形缩放操作
pan	透明执行图形平移显示操作
dist	透明执行两点距离测量
from	定点前选择参考基点,指定从参考基点至指定点的偏移量

1.3.6　鼠标的交互输入方式设置

在绘图过程中,鼠标是使用最频繁的交互设备。鼠标通常按其具有的按键数量分为 2D 和 3D 两种。2D 鼠标是只有左右两个按键的鼠标,3D 鼠标则在 2D 鼠标基础上增加了一个滚轮。鼠标的设定包括鼠标移动速度、按钮单击速度、按钮的作用设定 3 个方面。

1. 鼠标操作及按钮设定

AutoCAD 已经根据大多数用户的使用习惯,对鼠标操作和按钮作用进行默认设置。可以直接使用默认设置,不对鼠标操作和按钮做额外的设定。

2. 移动速度和按钮单击速度设定

鼠标的移动速度和按钮单击速度,依从于操作系统的设定。在 Windows 操作系统中,依次单击"开始"→"控制面板"→"鼠标"菜单,打开"鼠标属性"对话框,可以设定鼠标移动速度、双击速度、切换主要和次要按钮等项。切换主要和次要按钮设置用于左右手使用习惯不同时的设定,通常系统按右手习惯设定。

3. 鼠标按钮自定义

在 AutoCAD 中,有两种对鼠标按钮进行设定的方法。

1) 通过自定义界面

依次单击"工具"→"自定义"→"界面"菜单,打开"自定义用户界面"对话框,观察或自定义鼠标按键。

2) 用"选项"对话框

依次单击"工具"→"选项"菜单,打开"选项"对话框后,切换到"用户系统配置"选项卡,进行鼠标按键设置。取消图 1-16 上"绘图区域中使用快捷菜单"前面的选中标志,则在绘图区域右击,就不会再弹出快捷菜单,这样有时候会使绘图过程更简洁。

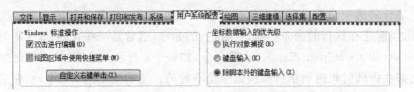

图 1-16　"选项"对话框的用户系统配置

切换到"选项"对话框的"用户系统配置"选项卡,如图 1-17 所示。单击"自定义右键单击"按钮,能进行更加详细的自定义设置。此项操作容易引起混乱,建议初学者慎重进行此项操作。

图 1-17　"用户系统配置"选项卡界面

4．鼠标按键操作的规律

对于鼠标按键规律的掌握,需融入具体的绘图练习中,只有在绘图练习中,才能更好地体会各种按键设置的效率,理解鼠标左键、右键与绘图操作的联系规律。表 1-4 列出了鼠标按键的作用。

表 1-4　鼠标按键的作用

鼠 标 按 键	作　　用	示例或说明
左键是拾取键	用于定点	
	用于选择实体	
	用于选择菜单或按钮	直线　多段线　圆　圆弧
单击后,拖动鼠标到另外一个位置,再单击	确定一个捕捉矩形区域(从左向右画出的矩形为实线,叫围窗),被围窗完全围住的实体将被选择	
	确定一个捕捉矩形区域(从右向左画出的矩形为虚线,叫叉窗),与叉窗相交或被围住的实体将被选择	
在待命状态下,按住左键,并拖动鼠标到另一位置	在 AutoCAD 2019 版本中将进入套索状态,绘制一个任意形状的套索或围栏、围窗或叉窗捕捉图元	
	在较低版本 AutoCAD 中会绘制矩形围窗或叉窗捕捉图元	—
右击	在命令执行过程中,会结束某个阶段的操作	相当于空格键或者 Enter 键
	在待命状态,会弹出相应的浮动菜单	—
中间滚轮	转动滚轮:向前,放大;向后,缩小	—
	双击滚轮:缩放到图形范围	—
	按住滚轮并拖动鼠标:平移	—

　　下面以鼠标定点方式绘制直线为例,分析鼠标按键过程:单击直线按钮 后,首先要单击鼠标确定第一点,之后再拖动鼠标到另一位置后,再单击确定线的第二点,图形窗口对应位置就会画出一条直线。画完前一条线段后,拖动鼠标到另一位置再单击鼠标,就会在前一条线段基础上,连续画出第二条线段。此时如果右击鼠标(或按 Esc 键)才会终止连续画线。

　　应灵活地穿插使用菜单、工具条、命令窗口、鼠标按键、快捷键进行绘图工作,这样会提高绘图效率。用左手输入快捷命令、右手操纵鼠标这种工作习惯,这样可以大大提高绘图效率。

1.3.7　光标设置与光标类别

　　AutoCAD 会根据情况显示不同的光标,通过光标的变化,来提示用户当前所做的工作或所处的工作状态。

1. 从光标形状断定操作类别

　　AutoCAD 在不同的工作状态,其光标是不同的,在具体学习和使用 AutoCAD 过程中,要注意观察和掌握这些光标形状与当前操作之间的对应关系,这对于提高绘图效率是十分必要的。表 1-5 列出了不同状态下的光标对应的操作。

表 1-5　光标与操作类型之间的对应关系

当前操作类型	光 标 名 称	光 标 形 状
空闲状态,可以捕捉实体	光靶	⌖
等待单击按钮	箭头	▲
等待定点状态	十字	＋
执行修改命令过程中等待拾取实体	拾取框	□
实时缩放	放大镜	🔍
实时平移	手形光标	✋

2. 动态输入跟随设置

　　按下"状态栏"的"动态输入"按钮 (低版本为 DYN),即可启用动态输入状态。在动态输入状态下,将在光标附近显示提示信息,该信息会随着光标移动而动态更新,如图 1-18 所示。动态输入在光标附近提供了一个命令界面,以帮助用户专注于绘图区域,使用户的注意力可以保持在光标附近。

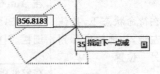

图 1-18　动态输入提示

　　依次单击"工具"→"绘图设置"菜单,打开"草图设置"对话框,切换到图 1-19 所示"动态输入"选项卡,可以在该选项卡上对动态输入方式进行设置。

3. 十字光标大小设置

　　依次单击"工具"→"选项"菜单,打开"选项"对话框,切换到如图 1-20 所示"显示"选项

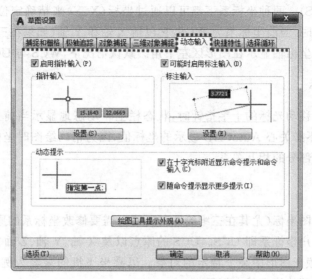

图 1-19　"动态输入"选项卡

卡,移动图上的"十字光标大小"滑动块,可以调整光标大小,当十字光标大小为 100 时,十字光标变成充满整个图形窗口的十字线,这种光标在绘制三视图对齐物体时尤其有用。

4. 拾取框

打开"选项"对话框,切换到如图 1-21 所示"选择集"选项卡,移动该图上的"拾取框大小"滑动块,可以调整拾取框大小,这种光标在需要进行实体捕捉时出现。拾取靶太小,则不容易捕捉实体;拾取框太大,又不宜控制捕捉准确度。

5. 光靶大小设定

打开"选项"对话框,切换到如图 1-22 所示"绘图"选项卡,移动"靶框大小"滑动块,可以调整靶框大小。这种光标是处于未激活任何命令的空闲状态时,在图形窗口内显示的光标。当采用 AutoCAD 默认设置时,光靶也可用于捕捉实体。

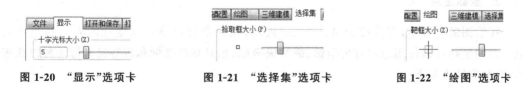

图 1-20　"显示"选项卡　　　图 1-21　"选择集"选项卡　　　图 1-22　"绘图"选项卡

1.3.8　坐标系统

在绘图过程中要精确定位某个对象,必须以某个坐标系作为参照,以便精确拾取点的位置。为了保证准确地设计并绘制图形,必须对坐标系统有一个基本了解。

1. 世界坐标系与用户坐标系

坐标(X,Y)是表示点的最基本方法。在 AutoCAD 中,坐标系分为世界坐标系(WCS)

和用户坐标系(UCS)。两种坐标系下都可以通过坐标(X,Y)来精确定位点。默认情况下,在开始绘制新图形时,当前坐标系为WCS,它包括X轴和Y轴(如果在三维空间工作,还有一个Z轴)。WCS坐标轴显示在图形区左下角。默认情况下,WCS与UCS相重合。

2. 坐标的显示

在绘图窗口中移动光标的十字指针时,状态栏上将动态地显示当前指针的坐标。通常绘图过程中,可以不必关心AutoCAD显示的坐标值,因为精确绘图时坐标的输入依据是实际对象的尺寸和各部分的相互关系。

3. 关于UCS

为便于确定绘图坐标(尤其在三维绘图时),有时需要修改坐标系的原点和方向,被修改后的坐标系就是用户坐标系即UCS。UCS的原点以及X轴、Y轴、Z轴方向都可以移动及旋转,甚至可以依赖于图形中某个特定的对象。以乘坐飞机的乘客为例,UCS可以理解为建立在自身的观察其他旅客的坐标系。

在AutoCAD中,单击"工具"→"新建UCS"菜单下的子菜单,可以通过多种方式方便地创建UCS。UCS设置是三维绘图一个很重要的工作,对三维绘图尤其有用,在第6章和第7章,我们将结合实际工程应用,讲解UCS的设置操作。

1.3.9　鼠标定点、坐标定点及图形单位

在AutoCAD中,任何图形元素的绘制,都是通过输入不同的点来实现的。点位置的确定方式有鼠标定点和坐标定点两种。

1. 鼠标定点

在图形区内通过按下鼠标左键确定一个点位置的方式称为鼠标定点。当按下状态栏上的"对象捕捉"按钮,在已有图形元素上拖动鼠标,AutoCAD会自动捕捉对象特征点。这种捕捉对象特征点实现定点的方式在绘图过程中经常使用。

2. 坐标定点

在绘图的过程中,直接按照AutoCAD提示,在命令窗口输入点坐标的方式叫坐标定点。点的坐标可以使用绝对直角坐标、绝对极坐标、相对直角坐标和相对极坐标4种方法表示,它们的特点如下。

1) 绝对直角坐标

这是对坐标原点而言的位移,X、Y、Z坐标间用逗号隔开。二维绘图使用二维坐标,X、Y坐标以逗号隔开,如(100,50.23)。

2) 绝对极坐标

这是用极半径和极角角度表示的对坐标原点的位移,极半径和极角用"<"分开,默认规定X轴正向为0°,Y轴正向为90°,例如点(4.27<60)、(34<30)等。

3) 相对直角坐标和相对极坐标

相对坐标是指相对于某一点的直角坐标或极坐标。它的表示方法是在绝对坐标表达方

式前加上"@"符号,如((@-145,80)和(@34<-30)。

4)在动态输入栏输入相对坐标和绝对坐标

当状态栏的"动态输入"状态按钮 ⬛ 开启时,相对坐标是默认设置。在"动态输入"状态按钮关闭时,绝对坐标是默认设置。可以单击"动态输入"状态按钮 ⬛ 开启或关闭动态输入状态,也可按 F12 键开启或关闭"动态输入"。当绘制一条直线,且"动态输入"按钮处于开启状态时,可以在图 1-23 所示的"坐标点动态输入栏"或命令行输入坐标点。

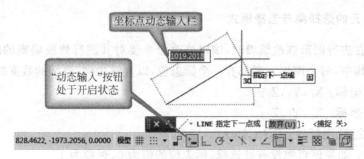

图 1-23 动态输入界面

当状态栏的"动态输入"按钮状态开启时,输入的点坐标为相对坐标可免输前缀"@",若要在"坐标点动态输入栏"输入点的绝对坐标,则需要在坐标值加前缀"♯"。例如,在"坐标点动态输入栏"输入(♯3,4)指定一点,此点在经 X 轴方向距离坐标原点 3 个单位,在 Y 轴方向距离 UCS 原点 4 个单位。

如果在命令行输入绝对坐标,则不需要使用"♯"前缀。

3. 图形单位

AutoCAD 默认坐标的输入单位为小数,角度为十进制度数,角度方向为逆时针为正。绘图单位的量纲由用户通过输入坐标数值来体现,如建筑平面图的单位为毫米,标高单位为米。单击"格式"→"单位"菜单,打开如图 1-24 所示"图形单位"对话框。单击对话框的"角度类型"下拉列表框,把角度单位设置为"度/分/秒"后,角度 35°20′30″可按 35d20′30″方式输入。

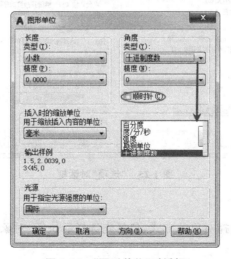

图 1-24 "图形单位"对话框

1.3.10   选择图元的多种方式

在 AutoCAD 中,对图形的信息查询和修改就离不开对图元的选择和筛选。选择图元的方法很多。例如,可以通过单击图元逐个拾取,也可利用围窗或叉窗选择;可以选择最近创建的图元、前面的选择集或图形中的所有图元,也可以向选择集中添加图元或从中删除图元。AutoCAD 用虚线亮显所选的图元,还会通过夹点显示被选择的图元上的特征点。

1. 选择图元的选择集与选择模式

选择集是在进行图形修改编辑时,编辑修改命令要对其进行修改编辑的图元集合。在图形的数据结构中,每个图形元素都有一个标志位,以直线为例,直线的数据结构大致为:

- 起始点坐标: X_1, Y_1, Z_1;
- 终止点坐标: X_2, Y_2, Z_2;
- 颜色、线型、图层号: C, Lt, Ly;
- 标志位: 如果该直线没有被选择,标志位的值为 0,否则为 1。

在编辑修改命令要对图形进行相应的修改时,它首先检查图形元素的标志位,如果标志位表明该图形元素已被选择,则就对其进行相应的修改编辑操作。

在如图 1-25 所示的"选项"对话框的"选择集"选项卡中,可以设置选择图元的几个方式。

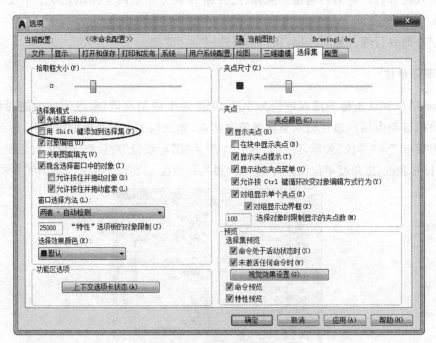

图 1-25   "选项"对话框

1) 选择集模式

选择集模式即定义选择对象的方式,包括先选择后执行、对象编组、隐含窗口、夹点及夹点大小等。

（1）先选择后执行。

支持先选择对象，之后再给出编辑修改命令。也支持先发出命令，再选择修改的对象。这个选项一般需要选中，因为在操作过程中，绘图者的思维往往集中在图形内，如果限定了命令与选择对象的次序，往往会影响思维的正常进行。

（2）对象编组。

把多个对象设置到一个编组。当组内任一对象被选择，则该组所有对象将被自动选择。"对象编组"将在本节后面详细论述。

（3）隐含窗口。

此项如果不选中，则不能使用围窗或叉窗选择对象。

（4）夹点及夹点大小。

改变夹点的大小，通常情况下此项一般不需改动。

2）选择集预览

在鼠标所在位置的图形元素尚未被选择时，凸显当前光标能够选择的图形对象，以供操作者确定是否选择这个图形对象。图 1-26 是处于空闲状态时的光靶光标在一条直线上的凸显效果。

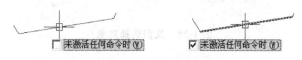

图 1-26　选择集预览

2. 用 Shift 键添加图元到选择集或者从选择集中移除图元

如果不选中"用 Shift 键添加到选择集"，则每次选择的对象总是被添加到选择集中。如果选中，在用鼠标进行单个选择时，按下 Shift 键把当前选择的对象添加到选择集。如果不按 Shift 键，则新选择的对象将取代选择集中已选择的对象。

是否选中"用 Shift 键添加到选择集"，取决于个人的喜好。不论此项选中与否，都可以实现向选择集添加对象或从选择集移出对象。

不论"用 Shift 键添加到选择集"选中与否，按下 Shift 键重复单击选择集内的对象，都会把该对象从选择集中移出。

3. 选择对象的操作模式

AutoCAD 提供了多种对象选择模式，它们分别为单个选择、围窗或叉窗选择、快速选择、过滤选择等。下面介绍各种选择模式的具体操作。

1）单个选择

单个选择是指在图形区的图形对象上，单击鼠标选择对象的一种选择操作。每次单击只能选择一个对象。能否把单个选择以及如何把单个选择添加到选择集，取决于前面的"选择模式"设置。

2）围窗或叉窗选择

在进行对象捕捉时，按住鼠标左键并从左向右拖动鼠标所画出的矩形实线窗叫围窗，被围窗完全围住的实体将被选择。围窗经常用于在一个条状区域选择一组对象,如图 1-27 所示。

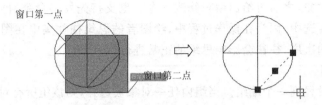

图 1-27　围窗选择对象

　　按住鼠标左键并从右向左拖动鼠标所画出的矩形虚线窗叫叉窗,与叉窗相交或被围住的实体将被选择,如图 1-28 所示。叉窗仅需绘制一个较小的窗口,就能捕捉到较大范围的对象。叉窗选择具有辐射性特征,叉窗是辐射源。叉窗经常用于有选择性地在图素密集区域选择对象。

图 1-28　叉窗选择对象

　　3) 快速选择

　　当需要选择具有某些共同特性的对象时,可利用"快速选择"对话框,根据对象的图层、线型、颜色、图案填充等特性和类型,创建选择集。启动快速选择的方式有两种。

　　(1) 用"快速选择"对话框。

　　依次单击"默认"→"实用工具"面板的"快速选择"按钮 ，或者单击"工具"→"快速选择"下拉菜单,可打开"快速选择"对话框,进行如图 1-29 所示快速选择操作。

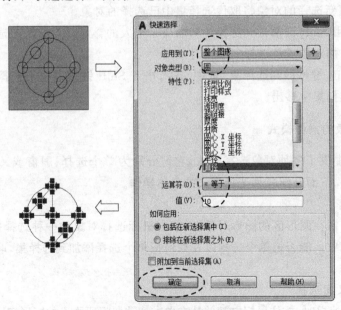

图 1-29　"快速选择"对话框

（2）用"特性"对话框。

单击"特性"对话框的"快速选择"按钮 ![img]（低版本 AutoCAD 按钮为 ![img]），也可打开"快速选择"对话框进行快速选择。

在实际绘图过程中,尽管上面两种方法都能打开"快速选择"对话框,但是方便程度还是有细微的区别。

4）过滤选择

在 AutoCAD 中,可以以对象的类型(如是直线还是圆)、图层、颜色、线型或线宽等特性作为条件,过滤选择符合设定条件的对象。在命令窗口中输入 FILTER 命令,打开"对象选择过滤器"对话框,如图 1-30 所示。

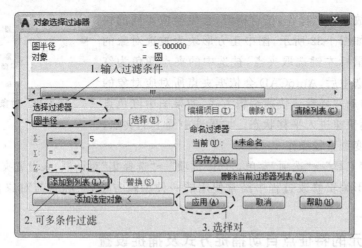

图 1-30　"对象选择过滤器"对话框

通过对话框,设定选择条件后,在图形区选择对象(如用围窗或叉窗),则符合过滤条件的对象将被选择。

过滤选择和快速选择都属于批量选择。当图纸需要修改的内容散布在图形的不同区域时,可以依据要修改图形对象所独有的特征为选择条件,实现对象的批量快速选择。在通常情况下,快速选择的选择速度要高于过滤选择。过滤选择可以设定多个选择条件,如半径是20 且颜色是红色的圆,则只能用过滤选择才能实现。

4. 对象编组

编组是已命名的对象选择集,随图形一起保存。当一个工程应用中有多个对象编组时,可以单击"默认"→"组"工具面板的"组"按钮 ![组] ,打开"对象编组"管理器,对编组进行管理。通过使用"对象编组"管理器,可以对图形对象进行编组以创建一种选择集,且能使对象编辑变得更为灵活。对象编组适合于图形操作过程中需要进行频繁编辑、修改或查询的图形对象,编组后可以大大提升图形重复选择效率。对象编组操作过程如图 1-31 所示。

1.3.11　图元的快速编辑与夹点设置

在 AutoCAD 中,未激活任何命令的空闲状态下用鼠标选择图元对象,图元特征点上将出现一些实心的小方框,这些实心小方框就是夹点。拖动这些夹点能对图元进行快速拉伸、

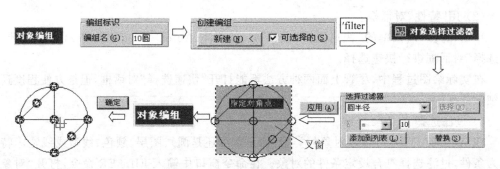

图 1-31 对象编组操作过程

移动、旋转、缩放或镜像操作,按空格键,会轮换成不同的快速编辑模式。如图 1-32 所示,图中正方形块为被选对象的夹点。可以用鼠标左键选取夹点,被选中的夹点颜色为红色。当夹点被选中后,AutoCAD 会依据夹点所对应对象的特征点类型,自动选择默认快速编辑方式,如果图中红色点为直线中线,则快速进入平移状态。如果选中圆上的夹点,则自动进入改变圆直径操作。

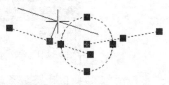

图 1-32 对象快速编辑

可以单击"工具"→"选项"菜单,打开"选项"→"选择集"对话框,来设置夹点大小。快速编辑是在对图形编辑修改过程中经常使用的一种编辑方法,它经常与对象自动捕捉一起使用。

1.3.12 图元的特征点自动捕捉方式及捕捉设置

自动捕捉是在绘图过程中自动捕捉已有图元特征点的功能。使用对象捕捉能实现输入点的快速定位,如使用对象捕捉可以快速绘制从圆心到多段线中点的直线。只有开启了"对象捕捉"状态,并且在需要定点时,对象捕捉才生效。

要充分发挥自动捕捉的功效,必须了解如何设置对象自动捕捉。对象自动捕捉设置包括两个内容。

1) 对象自动捕捉模式

在状态栏的"对象捕捉"开关按钮 上右击,弹出"对象捕捉设置"浮动菜单,或者顺序单击"工具"→"绘图设置"菜单,打开"草图设置"对话框,切换到"对象捕捉"选项卡,设置要捕捉的图元特征点,如图 1-33 所示。

(1)"启用对象捕捉"复选框与状态栏上的"对象捕捉"状态开关按钮完全同步。开启状态栏的"对象捕捉"开关按钮,"草图设置"对话框的"启用对象捕捉"复选框就会被自动选中。

(2)"对象捕捉模式"列表框中被选中的特征点,在进行鼠标定点时,才能被自动捕捉。每个特征点前面是特征点被捕捉时显示的特征标记。

2) 自动捕捉设置

单击"草图设置"对话框上的"选项"按钮,即会打开"选项"对话框并自动切换到"绘图"选项卡,如图 1-34 所示。在"绘图"选项卡上可以设置对象自动捕捉、自动追踪等功能。

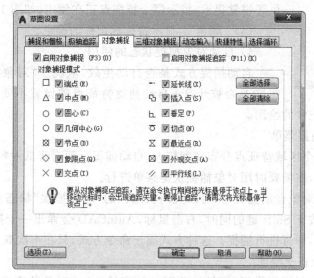

图 1-33　"草图设置"对话框的"对象捕捉"选项卡

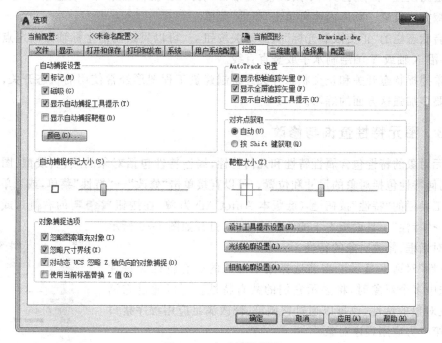

图 1-34　自动捕捉设置

3）草图设置

"草图设置"常用的选项说明如下。

（1）"标记"：设置自动捕捉到特征点时是否显示特征标记框。

（2）"磁吸"：设置自动捕捉到特征点时是否像磁铁一样把光标吸到特征点上。

（3）"显示自动捕捉工具提示"：设置自动捕捉到特征点时是否显示特征点提示文字。
默认情况下，当光标移到对象的特征点时，将显示标记和工具栏提示。此功能为自动捕捉提

图1-35 显示捕捉到端点

供了视觉提示,指示哪个特征点正在使用,如图1-35所示。

（4）"颜色"：显示特征标记框的颜色。

4）自动对象捕捉状态的使用

自动捕捉方式是否自动生效,取决于"对象捕捉"状态开关按钮是否被开启。自动捕捉特征点的设置不要过多,免得捕捉过于频繁,反而影响正常的绘图。

5）快捷对象捕捉菜单

如果图形在某个区域特征点分布密度较大,自动捕捉反而会降低对象捕捉效率,此时可取消自动捕捉状态,在需要时用对象捕捉快捷菜单进行。

不需频繁进行对象自动捕捉时,可以关闭状态栏的"对象捕捉"状态开关。当需要进行个别对象捕捉时,按下Shift键的同时,右击鼠标,AutoCAD会弹出一个捕捉快捷菜单。单击要捕捉的特征点,即可进行捕捉。这种方式属于命令方式,只在本次取点时有效。

6）对象追踪及正交绘图

AutoCAD状态栏还提供了"极轴追踪"和"动态输入"等对象状态追踪开关。单击"工具"→"绘图设置"菜单,打开"草图设置"对话框,切换到"极轴追踪"和"动态输入"选项卡,可进行追踪方式设置。具体内容可单击"帮助"菜单。

开启状态栏的"正交限制光标"状态开关按钮，可以只绘制沿坐标轴方向定点的图形元素,如沿X轴或Y轴绘制水平或竖直直线。

对象捕捉状态开关和正交状态开关是绘制建筑工程图形经常使用的状态开关,在平时学习中要多加强这方面的练习。

1.3.13 图元特性查询与修改

图元对象的特性包含属性特性和几何特性,属性特性包括对象的颜色、线型、图层及线宽等,几何特性包括对象的尺寸和位置。可以直接单击"修改"→"特性"菜单,或者单击图形区上方工具栏的"特性"按钮（低版本AutoCAD为，在按钮的右侧）,或者单击"默认"→"特性"工具面板右下的箭头按钮，打开如图1-36所示"特性"对话框,修改对象的特性。

"特性"对话框显示了当前选择集中对象的所有特性和特性值,当选中多个对象时,将显示它们的共有特性。可以通过它浏览、修改对象的特性,也可以通过它浏览、修改满足应用程序接口标准的第三方应用程序对象。

1. 用对象特性管理器修改图元的特性

尽管用特性管理器可以方便地修改被选择图元的特性,但是我们并不提倡过多地运用它来修改图形。图形的修改应该用图层管理器或者对象的格式样式管理器来修改。通过特性管理器修改对象,容易造成图面设置的混乱,反而给以后的编辑带来不便。

如果在最后出图阶段,可以使用"特性"管理,对图纸上的个

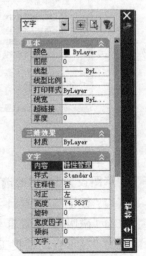

图1-36 "特性"对话框

别图形对象进行修改。如图 1-37 所示为在"特性"对话框文字内容栏,把"特性 texing"文字内容修改为"修改 texing"后,图形区内文字内容的变化。

特性texing　　　　　→　　　　　修改texing

图 1-37　"特性"管理

2. 特性匹配修改图形和文字

"特性匹配"位于"默认"→"特性"工具面板或"修改"菜单下,通过该命令,可以把待修改目标对象的特性改成与源目标图元特性一致。"特性匹配"命令首先选择匹配源目标图元,再选目标图元,操作完毕,目标图元的属性特性则将一致修改为源目标图元的属性特性。操作结果如图 1-38 所示。

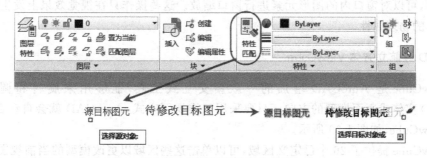

图 1-38　特性匹配的操作结果

1.3.14　图形变比改变与图形显示变换

图形变比和图形显示变换,是两个不同的概念,初学者往往对二者区分不清。

1. 图形变比

图形变比是指通过改变图形大小比例,使图形发生内在大小和屏幕视觉两个方面的变化。在 AutoCAD 的"修改"菜单下的"缩放"(scale)命令是一种常用的变比命令。另外图块插入时的插入比例,也属于图形变比。如 Scale 把一个直径是 100 的圆放大 2 倍,则圆的直径变为 200,屏幕视觉效果也随之改变。

与图形变比类似能改变图形内在本质和视觉效果的命令还有很多,如"旋转""拉伸""拉长""移动"等,它们都属于"修改"类命令,它们与"视图"菜单下的"缩放"等命令有本质的区别。

如一个直径为 100 的圆,通过图形变比命令进行变换后,其视觉效果可能变大或者变小,通过查询该圆的特性后会发现,其直径或圆心坐标也会发生改变,不再是原来的数值。

2. 图形显示变换

图形显示变换是指通过改变视区和视口,使图形只在视觉效果上发生的改变。如在"视图"菜单下的"缩放" ,"平移" 等。

如一个直径为 100 的圆,通过图形显示变换命令进行显示变换后,尽管视觉效果可能变大或者变小,但是从"特性"对话框查询可以发现其直径仍是 100,圆心坐标也保持不变。

1.3.15 AutoCAD 实时观察工具

AutoCAD 为用户提供了更加方便快捷的实时观察工具。下面我们来详细介绍这些观察工具。

1. 实时平移、实时缩放及窗口缩放

在图形区上方的快捷按钮栏,也有一些与功能区面板或下拉菜单相同的操作按钮,如常用的文件保存、打开、打印等。

通过单击"实时缩放"按钮 ,"实时平移"按钮 ,按住鼠标左键并拖动鼠标,可以在图形区对图形进行实时缩放或实时平移。单击"窗口缩放"按钮 ,在图形区给出一个观测窗口范围,可以对窗口内的图形元素进行窗口缩放。这些操作只在视觉效果上发生改变,不改变图形的物理属性。

2. 3D 导航立方体 ViewCube

ViewCube 是 AutoCAD 增加的一款新交互式工具,能够用来旋转和调整任何 AutoCAD 实体或表面模型的方向。只要采用三维视图方式,AutoCAD 就会自动在图形区显示 ViewCube,如图 1-39 所示。

ViewCube 提供了 26 个已定义区域,可以单击这些区域以更改模型的当前视图。这 26 个已定义区域按类别分为 3 组:角、边和面。选择 ViewCube 的面、边或角,用户便可以将模型快速切换至预设视图。

另外,单击"ViewCube"某一位置后,不要抬起鼠标并拖动"ViewCube",用户可以自如地将模型旋转到任意方向。

用户可以为模型定义一个主视图,以便在使用导航工具时恢复熟悉的视图。主视图设置方式如图 1-40 所示。单击"ViewCube"上的"主视图"按钮 ,即可把图形恢复到预设的主视图显示状态。

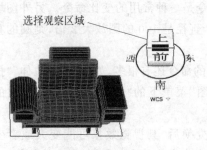

图 1-39　ViewCube

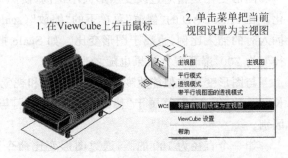

图 1-40　设置当前视图为主视图

3. 用鼠标及键盘实现实时三维观测

另外,在图形窗口压下鼠标中间滚轮,按住 Shift 键后拖动鼠标,也可以进行图形的实

时三维观察。

4．SteeringWheels 控制盘

"SteeringWheels"（即"控制盘"）是用于追踪悬停在绘图窗口上的光标的菜单，通过这些菜单可以从单一界面中访问二维和三维导航工具。单击 AutoCAD 状态栏右侧的"控制盘"按钮 ⊙，即可在图形区显示工具盘，如图 1-41 所示。

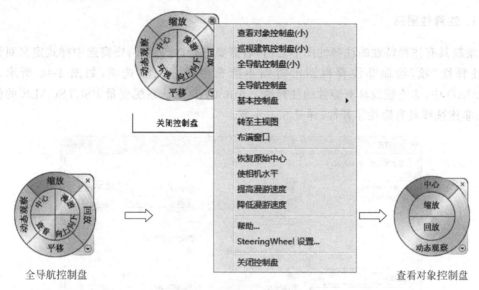

图 1-41　控制盘（SteeringWheels）

"控制盘"分为若干个按钮，每个按钮代表一种导航工具。通过移动光标带动"控制盘"到图形的适当位置后，单击"控制盘"上的按钮激活某种导航工具后，按住鼠标左键并在图形窗口内拖动鼠标，可以对图形进行显示变换。松开鼠标左键可返回至控制盘。

使用"控制盘"上的导航工具时生成的视图，将保存到模型的导航历史中。单击"控制盘"的"回放"按钮，可观察导航历史视图。

1.4　AutoCAD 注释性图形与非注释性图形的区别

有过 AutoCAD 绘图经历的读者都知道，对于那些要对图形进行变比缩放、编辑修改或者多比例、多种幅面打印输出的图纸，绘图过程中要精确控制文字、尺寸文字等图形元素的高度这项工作是十分复杂的。AutoCAD 在 2008 版以后，增加了图形元素的"注释"特性，使用户在利用 AutoCAD 绘制图纸时，又多了一个能方便控制绘图效果和提高绘图效率的好工具。

1.4.1　注释性的概念

通常用于注释性图形的注释图形元素有一个称为"注释性"的特性。在 AutoCAD 中，文字、多行文字、标注、图案填充、公差、多重引线、引线、块、属性等具有注释性。具有注释特性的图形，可以使缩放注释的过程自动化，从而使注释在图纸上以正确的大小打印。注释性

通过注释比例对具有注释特性的对象发挥作用,这部分内容将在后面章节中详细叙述。

1.4.2　注释性图形和非注释性图形的区别

文字、多行文字、标注、图案填充、公差、多重引线、引线、块、属性等具有注释特性的图元可以绘制注释性图形,也可以绘制非注释性图形。在 AutoCAD 中,直线、圆弧、多边形等几何性图元没有注释特性,注释比例不会对这些几何性图元产生作用。

1. 注释性图形

绘制具有注释特性的注释性图形之前,若需要进行样式定义,则需选中样式定义对话框的"注释性"项,绘制非注释性图形时则不能选中"注释性"选项,如图 1-42 所示。在AutoCAD 中,非连续线具有隐性的注释性。AutoCAD 默认系统变量 PSLTSCALE 的值为1 时,非连续线具有隐性注释性,详见 5.1.4 节。

图 1-42　定义注释性文字样式

2. 非注释性图形

非注释性图形是所有图形元素都不使用注释特性的图形。由于历史的原因,以往大多数熟悉 AutoCAD 的用户都习惯于绘制非注释性图形。

3. 绘图时要事先确定采用注释性图形还是非注释性图形

如果一个图纸中的所有图形元素都是按非注释性图元绘制的,则该图纸称为非注释性图形。若一个图纸中含有注释性图形元素,则该图纸即为注释性图形。绘制注释性图形元素的过程称为注释性绘图。

由于实现注释性图形和非注释性图形的精准绘图方法不同,所以绘制注释性图形时,除了几何性图形元素外,其他所有具有注释性特性的图元都应全部用注释性绘制,否则将不好实现对图形的精准控制。

1.5　本章小结

本章论述了 AutoCAD 在建筑业的基本应用的分类、AutoCAD 界面的基本组成及界面设置操作、AutoCAD 的基本命令等 AutoCAD 应用的基础知识,所有这些都是入门学习的关键切入点,应多加强练习领会。

状态栏常用开关、常用快捷键、图形区上方工具栏的使用和定点方式等是需要重点练习的内容,图形变比、图形变换、透明命令等是需要重点领会的基本概念,坐标系、绝对坐标、相对坐标以及通过对象捕捉、快速捕捉、特性查询图元特性、图元特征点及利用夹点进行快速编辑是必须熟悉的基本能力。

思考与练习

1.　思考题

(1) AutoCAD 应用能力具体体现在哪几个方面?

(2) 什么是矢量图形和位图图像?决定这两种图形信息量多少的因素都是什么?如何把矢量图形转换为光栅图像?

(3) AutoCAD 中如何转换工作空间?

(4) AutoCAD 系列软件图形文件后缀是什么?

(5) 什么是 shx 字体?什么是 ttf 字体?它们的字库分别保存在哪个文件夹?

(6) 如何实现图形的实时观察和三维轴测观察?

(7) 图形变比与显示变换的区别是什么?请分别列举一个图形变比和图形变换命令。

(8) 定点方式有哪几种?如何输入绝对坐标和相对坐标?如何输入直角坐标和极坐标?

(9) 选择图元时如何绘制围窗和叉窗?围窗和叉窗选择图元的区别是什么?

(10) 如何进行图元快速选择操作?图元快速选择和图元过滤选择有何区别?

(11) 如何查询图元的特性?如何对图元进行特性匹配操作?

(12) 什么是夹点?如何进行图元的快速编辑?

(13) AutoCAD 注释性图形与非注释性图形的区别是什么?绘制注释性图形与非注释性图形时应注意什么问题?

(14) AutoCAD 默认图形单位是哪一种?如何按度/分/秒输入角度坐标?

2.　操作题

(1) 请用"直线" ⁄ 命令和相对坐标定点方式绘制一个 10×20 的矩形,并用实时缩放 ⁣ 和实时平移 ⁣ 对其进行操作。

(2) 请用状态栏的"对象捕捉"按钮,绘制一条把题(1)中矩形一分为二的直线。

(3) 请用相对坐标、常用快捷键、按钮、菜单、面板、正交以及对象捕捉方式的不同组合,快速绘制线长度为 20 的正十字,重复进行 6 次操作,从命令窗口复制每次操作过程的提示信息粘贴到 DOC 文件中,并分标题写下操作所用时间。

第 2 章
图层管理及图纸变更的快速辨识

◄-┐
└─┘

学习目标

掌握 AutoCAD 图层的创建、改名等操作。

了解图层管理及状态操作,掌握图层特性对图形特性的关联关系。

了解 ByLayer 及 ByBlock 图形特性控制的区别。

掌握全浮动图块和半浮动图块的特点及创建方法。

掌握利用图层分组、图层过滤管理等降低图纸视觉复杂度。

掌握"DWG 比较"进行两个不同版本图纸变化的读识。

了解锁定淡入比较法对多张不同版本图纸的变化进行读识。

2.1 AutoCAD 的图层及图元特性管理

AutoCAD 的图层是用户在绘制图形或从事与图形相关工作时,用来组织管理图纸元素的最有效的工具之一。利用图层对不同的几何图形、文字、标注等进行归类处理,能使图形的各种信息清晰、有序,便于对图形进行编辑、修改和输出。

2.1.1 图层的概念及图层特性管理器

可以把图层想象成透明的虚拟胶片,用户可以在一幅图中指定任意数量的图层。AutoCAD 不仅对图层数和每层上的图元数量没有限制,还可以对图层进行分组,设定图层的各种特性和状态,管理手段多种多样,极其方便。要在图层上绘制、编辑、读识图形,需首先掌握 AutoCAD 图层管理操作。在 AutoCAD 中,对图层的管理是通过"图层特性管理器"对话框进行的。

1. 图层特性管理器

依次单击"默认"→"图层"工具面板的"图层特性管理器"对话框按钮█,或单击"格式"→"图层"菜单,即可打开图 2-1 所示的"图层特性管理器"对话框。

"图层特性管理器"对话框能够显示图形中的图层列表、图层属性或图层状态,其常用的按钮为"新建图层""删除图层""把选定的图层置为当前图层",图层较多时可"新建组过滤器"创建图层分组,使图层管理更方便。

"图层过滤器"　"新建组过滤器"　"新建图层"　"删除图层"　"把选定的图层置为当前图层"

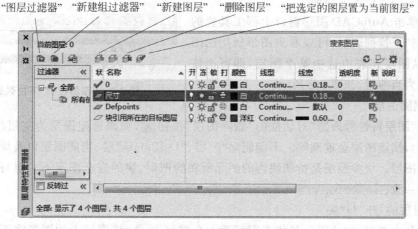

图 2-1　"图层特性管理器"对话框

2. 图层管理操作

在"图层特性管理器"对话框的不同区域右击,弹出不同的快捷菜单。通过单击"图层特性管理器"对话框的各个按钮或浮动菜单,能添加、删除和重命名图层,更改图层特性。在"图层特性管理器"对话框中,用户可以对各图层进行打开、关闭、冻结、解冻、锁定与解锁等操作,以决定各图层的可见性与可操作性等状态。图层的可见性和可操作性等状态,会通过不同的图标显示在图层列表行上。

1) 新建图层

单击"图层特性管理器"对话框的"新建图层"按钮 ⟨⟩ ,AutoCAD 会在图层列表中创建名为"图层 1"的图层(如果已有"图层 1",则会顺序命名为"图层 2",依次类推),该名称处于选定状态,因此可以立即输入新图层名。新图层将继承在新建图层之前所选中的图层特性和状态(颜色、开或关状态等)。

2) 图层的命名

图层名称可以是数字、字母和汉字的任意组合。图层的名称最长可使用 256 个字符,可包括字母、数字、特殊字符($ - _)和空格,不能使用通配符和运算符(* 、/等)。图层名宜能直观反映要绘制到该图层上的图形的物理或图形特征,如梁图线所在图层名称为"梁实线"或"梁虚线",以便以后进行管理。当多专业、多人员联合绘图时,更应依照约定的命名准则给图层命名。

3) 当前图层

当前图层是指当前的工作图层。对图元进行编辑、查询或绘制新图元时,只能在当前图层上进行。可以在"图层特性管理器"对话框和 AutoCAD 界面的快捷工具条上,指定当前图层。

把一个图层指定为当前图层的方法有 3 种:

(1) 在"图层特性管理器"对话框的图层列表中,双击图层列表所在行指定其为当前图层,图层名左侧 ⟨⟩ 标志会变为 ⟨✓⟩ 。

(2) 在"图层特性管理器"对话框的图层列表选择一个图层后,单击"置为当前"按钮 ⟨✓⟩ ,

即可把选中的图层置为当前。

（3）单击 AutoCAD 图形窗口上部工具栏的"图层控制"下拉列表框，可以看到图形所用的图层列表，从图层列表中选中某个图层，即可把该图层设置为当前层，如图 2-2 所示。

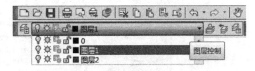

图 2-2 "图层控制"下拉列表框

4）删除图层

单击"图层特性管理器"对话框的"删除图层"按钮，如果选定图层为空层（没有任何图形元素），则该图层会被删除。不能删除"0"层、"DefPoints"层、当前图层以及块参照内隐含的嵌套图层。块参照层是指图块内的图元所在的图层，块的嵌套图层不一定与块参照所在的图层一致。

5）图层的"开"与"关"

如果某个图层被"关闭"，其状态图标为一个暗灯泡，该图层上的图形将不会被显示也不会被打印，但可以重生成（当对图形进行放大缩小的显示变换时，AutoCAD 需要对图形进行重生成）。暂时关闭与当前工作无关的图层可以减少干扰，使用户更加方便快捷地工作。图层为"开"，其状态图标为一个亮灯泡。

在图形修改编辑过程中，经常运用图层的"开"与"闭"来简化图形的显示，以便实现图形的快速编辑。在打印之前需要打开所有需要打印的图层。

6）图层的冻结与解冻

如果某个图层被"冻结"，则其状态图标为雪花，该图层上的图形对象不能被显示、打印或重新生成。因此用户可以将长期不需要显示的图层冻结，可提高对象选择的性能，减少复杂图形的重生成时间。图形的重生成是指图形缩放、平移显示时图形在图形窗口中重新显示的过程。图层解冻的图标为。

如果一张很复杂的图形，重新生成一次需要较长时间，则可将已经完成的部分所在的图层冻结起来，这样，就可以大大提高图形的重现速度。

7）图层的锁定与解锁

图层可设置为"锁定"状态。如果某个图层被"锁定"，其状态图标为，则该图层呈暗显状态，该图层上的图形对象不能被编辑或选择。在绘制其他图形时，可捕捉到锁定图层对象的特征点。这个功能对于编辑重叠在一起且需要显示参照的图形对象时非常有用。图层解锁后其状态图标为。

8）图层的打印与不可打印

如果某个图层的"打印"状态被禁止，则其状态图标为，该图层上的图形对象可以显示但不能打印。如果图层只包含构造线、参照信息等不需打印的图元对象，也可以在打印图形时关闭该图层。图层能被打印时的状态图标为。图层可与打印样式（Plot Style）相关联，关于打印样式请参见 AutoCAD 联机帮助。

9）图层及图元的颜色、线型和线宽

图层可以具有颜色、线型和线宽等特性，双击"图层特性管理器"对话框中图层列表对应的颜色、线型和线宽，可以对其进行修改或设置。

3. 图层与图元的特性或状态的关系

每个图层都有一定的图层名、开关状态、冻结状态、锁定状态、颜色、线型、线宽、打印样式、是否打印等特性或状态。在绘制图纸过程中，可以依据图层的这些特性来组织图纸。在 AutoCAD 中，图形元素的颜色、线宽、线型等可以设置为"ByLayer"（随层）、"ByBlock"（随块）等，这些操作可通过图形窗口上方工具条的"图层控制""颜色控制""线型控制""线宽控制"等下拉列表框来实现，如图 2-3 所示。我们统一把"图层控制""颜色控制""线型控制""线宽控制"等下拉列表框称为"图层及图元特性控制"下拉列表框。

图 2-3　绘图时的图层、颜色、线型、线宽控制

当在"图层及图元特性控制"下拉列表框上的图元特性为 ByLayer 方式时，则图元的特性与图层设置的颜色、线宽、线型属性一致。如果改变了图层的线型、颜色、线宽等属性或状态，则用 ByLayer 方式定义的图形元素的线型、颜色、线宽也会自动随之改变。

在绘制图形时，AutoCAD 会把图形对象的这几种特性默认设置为"ByLayer"，绘图时应尽量不改变这些设置。如果当前图层的特性不能满足绘图所需，则应改变当前层或建立新的图层。应尽量避免在"图层及图元特性控制"下拉列表框中选择特定的颜色、线宽数值等，否则会使图形变得不易管理。

4. 图形窗口上方工具条的"图层控制"下拉列表框

利用图形窗口上方工具条的"图层控制"下拉列表框，可以进行如下工作：

1）设置当前图层

如果未选中任何图形对象，"图层控制"下拉列表框中显示的是当前图层。用户可选择"图层控制"下拉列表框中的其他图层，将其设置为当前图层。

2）更改单个对象的图层

如果选中了一个图形对象，"图层控制"下拉列表框中即会显示该图形对象所在的图层。用户可在选择一个图形元素后，再选择"图层控制"下拉列表框中的其他图层，所选图形对象会被移动到新选的图层上。

3）更改多个对象的图层

如果选择了多个图形对象，并且所选择的图形对象都在同一个图层上，"图层控制"下拉列表框中显示公共的图层。如果选定的多个图形对象处于不同的图层，则"图层控制"下拉列表框显示为空白。选择了多个图形对象后，用户可单击"图层控制"下拉列表框，把它们转移到其他图层上。

4) 改变图层的状态

单击"图层控制"下拉列表框展开图层列表,单击相应的图层状态图标,可以改变图层的"开""关""冻结""解冻""锁定""解锁"等状态。

5. 图元特性的隐式设置和显式设置

在当前图层上画图,若所绘制的图形对象的线型、颜色和线宽均为逻辑值"ByLayer",则图形对象的特性与当前层的颜色、线型和线宽一致,此时的图元特性为隐式设置。

若通过单击"图层及图元特性控制"下拉列表框,将所要绘制或选中的图形对象设置成指定的颜色、线型和线宽,这种设置被称为显式设置。显式设置的图元特性会一直控制着后面绘制的实体,且不会因为当前图层的改变而改变,直到用户自己改变它。所以,显式设置实际是一种摆脱了图层管理的绘图状态,我们在前面说过,这不是一种好的设置方法。

要养成不通过显式设置来设置图元的颜色、线型和线宽的工作习惯,也尽量不要通过显式设置来对图元特性做临时的调整,哪怕只是用于一根直线。不对图元控制工具栏的ByLayer 特性随意进行修改,是一个良好的工作习惯。如果的确需要修改图元对象的特性,建议另外新建一个图层并把要改变特性的图元转移到该图层上。

6. 改变图形对象所在图层的操作练习

初学者可以按照下面建议,进行图层操作练习。该练习内容为绘制任意一条直线,改变该直线所在的图层,使该直线的图元特征随图层变化而变化。

(1) 创建一个新图,新图默认当前图层为"0"层。

(2) 开启图形窗口下方状态栏的"显示/隐藏线宽"状态开关 ,绘制一根直线。

(3) 建立一个新图层,图层名设置为"梁实线",线宽设置为 0.35mm,颜色设置为紫色。

(4) 单击"默认"→"修改"工具面板的"偏移"按钮 ,输入偏移距离 125,选择前面所绘制的直线后,再单击该直线某一侧给出偏移方向,偏移生成一条新的直线。

(5) 选择偏移出来的直线之后,可以看到在"图层控制"下拉列表框中,显示该直线属于"0"层。单击"图层控制"下拉列表框展开图层列表,选择"梁实线"图层,这样就可以把偏移出来的直线所在图层从"0"层改为"梁实线"层,如图 2-4 所示。

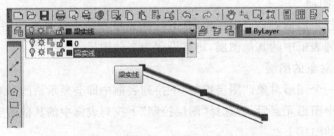

图 2-4 用"图层控制"下拉列表框改变对象的图层

(6) 单击"图层控制"下拉列表框,把"梁实线"图层设为当前层。再绘制一条直线,观测所绘直线的线宽及颜色与前面图元的区别。

(7) 单击"图层控制"下拉列表框,把图层列表中的"0"层设置为"关闭"状态。

2.1.2　复杂图形图层管理及降低图纸的视觉复杂度

在创建图形或对图纸进行信息查询时,操作或视觉上的便利程度会随图纸内容复杂程度的增加而降低,利用图层分组管理等能降低图纸操作和视觉复杂度,提高工作效率。在 AutoCAD 中,通过图层分组、图层过滤、图层特性操作、图层隔离、图层视口替代等操作,可以降低图纸复杂度。

1. 图层分组

单击"图层特性管理器"对话框的"新建组过滤器"按钮▣,可以创建图层分组。在图层分组上右击弹出浮动菜单,可以对图层分组内所有图层状态和特性进行设置,如图 2-5 所示。

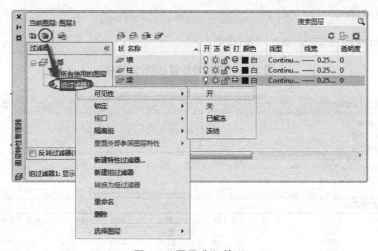

图 2-5　图层分组管理

选择已有的图层分组后,单击"新建"按钮,可以创建属于这个分组的图层。选择新建的图层用鼠标拖动该图层到其他图层分组,可把该图层分组的图层拖拽到其他分组内。按照类似操作,也可以把其他图层分组的图层拖拽到本图层分组。

当图形图层数量较多或多人共同工作时,采用图层分组策略对图层进行管理,能够提高工作效率。

2. 图层特性过滤器

与"新建组过滤器"能创建图层分组且可以在图层分组内创建新的图层不同,"图层特性过滤器"是通过图层名的特征字,对图纸中已有的图层进行分组过滤。单击如图 2-6 所示"图层特性管理器"对话框的"新建特性过滤器"按钮▣,AutoCAD 会新建一个名称叫"特性过滤器 1"的过滤组,并打开"图层过滤器特性"对话框(图 2-7)。

在"图层过滤器特性"对话框的"过滤器定义"表单中输入"图",从"图层特性管理器"对话框中可以见到图层过滤的情况,单击"确定"按钮即把当前图形中图层名包含"图"字的图层过滤到名称为"特性过滤器 1"的过滤组中。在"图层特性管理器"对话框中,单击"特性过滤器 1"(图 2-6),则图层列表中会只显示图层名含有"图"这个特征字的图层,之后就可以对该组内的图层特性进行操作管理。

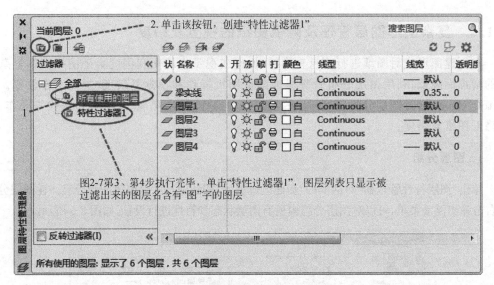

图 2-6　"图层特性管理器"对话框

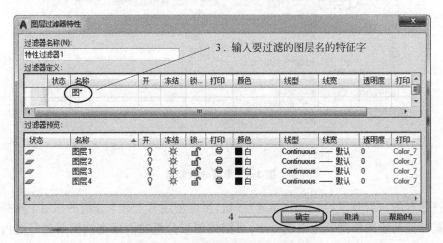

图 2-7　"图层过滤器特性"对话框

3．利用图层打开、冻结、锁定改变图纸视觉效果的复杂度

利用图层过滤管理，可以方便地对分组内的图层的打开、冻结、锁定等状态进行设置，以提高复杂图纸的图层和图形管理操作的复杂度。

值得注意的是，"关闭""冻结"图层，会使图层中的图元"隐藏"起来而无法显示在屏幕上，这样做会丢失上下文关联且无法捕捉到这些"隐藏"的图元对象。若在图纸上需要用到图元间的关联关系而不希望由于这些图元的可见而影响操作的便利性，可利用图层的"锁定"状态，来暗显这些被锁定图层上的图形对象。图层的暗显程度由图 2-8 所示的"锁定的图层淡入"滑动条来设置。"锁定的图层淡入"程度数值越高，则锁定图层上的图元显示的就越淡。

图 2-9 所示为某实际工程通过图层锁定除轴线之外的所有图层后的图形暗显情况。

图 2-8　"锁定的图层淡入"程度设置

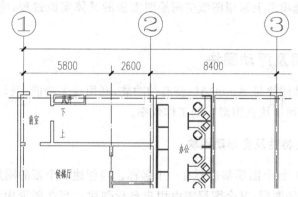

图 2-9　图层锁定及暗显效果示意图

4. 图层隔离及取消隔离

依次单击"格式"→"图层工具"→"图层隔离"下拉菜单,根据命令行提示,选择一个或多个图元后,AutoCAD 会自动锁定除了所选图元的图层之外的其他图层,这些被锁定的图元会处于暗显状态。当操作完毕,可以单击"取消图层隔离"菜单消除图层隔离。

5. 按视口替代图层属性

在图形区下方的"布局和模型"选项卡上,选择"布局 1"可以切换到图纸空间中,AutoCAD 允许图元对象在图纸空间的各个视口中设定与视口相关的图层特性,同时保留其在模型空间中的原始图层特性。在模型空间下,"混凝土墙"图层的线宽为 0.7mm,假定打印输出时的图纸幅面为 A4,当采用与模型空间相同的线宽时,图形输出到纸质图上会显得过宽,因此,我们在"布局 1"中设定图纸幅面为 A4,其线宽为 0.35mm。在"图层特性管理器"对话框中,对"布局 1"设置"视口线宽"等视口特性(图 2-10)。

利用 AutoCAD 的这个功能,我们可以建立多个不同图纸幅面的布局,通过"图层特性管理器"对话框中的"视口线宽",对不同的图纸布局设置不同的线宽组和线型,使图纸的输出更加简洁,从而避免了低版本时期要在不同幅面上打印图纸,需要不断改变图形的线宽和

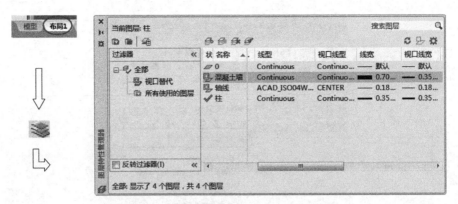

图 2-10 "布局 1"设置"视口线宽"等视口特性

线型或者线型比例的不足。

关于在"布局"选项卡上采用图纸空间绘图方法的具体实施过程,将在后面相关章节中详细介绍。

2.1.3 浮动图层及浮动图块

浮动图层及浮动图块是 AutoCAD 特有的功能,利用这个功能,我们可以创建全浮动图块和半浮动图块,从而加快在图形上的工作效率。

1."0"层的浮动特性及全浮动图块

在 AutoCAD 中,每个图层都需要有一个名称。当创建一个新的图形文件时,AutoCAD会自动创建名为"0"的图层,其余图层需由用户自行创建。当在图形中绘制一条尺寸线后,其图层列表中会自动增加一个名称叫"DefPoints"的图层。在 AutoCAD 中,"0"层和"DefPoints"图层是系统自动创建的图层,用户不能修改该两个图层的图层名。

1)"0"层的浮动特性

"0"层具有浮动特性,也叫浮动图层。"0"层之所以叫浮动图层,是因为在"0"层上绘制图形并在"0"层上用这些图形创建的图块,被插入到目标图层上时(被插入到目标图层的图块称为块参照),其块参照中图元的颜色、线型、线宽等特性将依从目标图层的特性,具有目标图层的颜色和线型。下面我们介绍浮动图块的创建及块插入过程。

(1) 保持"图层及图元特性控制"下拉列表框的图元特征皆为 ByLayer。

(2) 在"图层特性管理器"对话框中创建图 2-11 所示的图层,并按图设置图层特性。

(3) 开启屏幕下方状态栏的"显示/隐藏线宽"开关 ≡,可以观察到浮动图块的浮动特性。

(4) 以"0"层为当前图层,绘制矩形,设置"尺寸"图层为当前图层,单击"注释"→"标注"工具面板的"标注"按钮,绘制尺寸线。

(5) 再以"0"层为当前图层,单击"插入"→"块定义"工具面板的"创建块"按钮,创建浮动图块。

(6) 把"块参照"图层设为当前图层,用"插入"命令,把浮动图块插入到"块参照"层,如图 2-12 所示。可以看到矩形图元的线宽及颜色随目标图层特性而改变。因为尺寸线是在

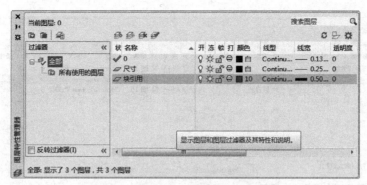

图 2-11　创建浮动图块所需要的图层

"尺寸"图层上绘制的,为非"0"层上的图元,所以尺寸线不具有浮动特性,浮动图块插入到目标图层后,尺寸线保持其被最初绘制时的原始当前图层特性,不随目标图层的特性。

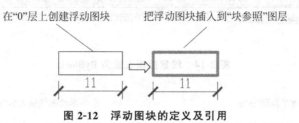

图 2-12　浮动图块的定义及引用

2) 全浮动图块

"0"层所具有的这个特殊浮动特性是个很有用的性质,可以利用"0"层的这个浮动特性,创建线宽、线型及线型比例随插入图层变化而变化的图块。在"0"层上绘制图形并创建的浮动图块,我们称之为全浮动图块。

2. 图元的 ByBlock 特性及半浮动图块

在实际绘图工作中,我们若需要保持图块中图元的某些特性不变,而图元的个别特性随目标图层变化(如线宽、颜色不变,线型跟随目标图层),就需要用到 ByBlock 特性了。利用 ByBlock 特性创建的图块我们称为半浮动图块。下面介绍半浮动图块的创建过程。

1) 创建图层,设置图层的线宽和颜色等特性

创建图层如图 2-13 所示。其中"图层 1"的线宽为 0.13mm,颜色为白色;"图层 2"的线宽为 0.5mm,颜色为红色。"图层 1"和"图层 2"的线型为"Continuous"。设置"图层 1"为当前图层。

2) 设置图层的 ByBlock 特性

在"图层及图元特性控制"下拉列表框中,设置"图层 1"的线宽为 ByBlock 特性,颜色和线型为 ByLayer 特性,如图 2-14 所示。

在"图层 1"上绘制矩形,并创建图块。再把"图层 2"设为当前图层,此时"图层及图元特性控制"下拉列表框中的线宽和颜色等可以是 ByBlock 特性,也可以是 ByLayer 特性。把创建的图块插入到"图层 2"上,开启"隐藏/显示线宽"状态开关,可以发现插入到"图层 2"之后的块参照,线宽由原来的 0.13mm 变为 0.5mm,而颜色及线型维持"图层 1"的特性不变,如图 2-15 所示。

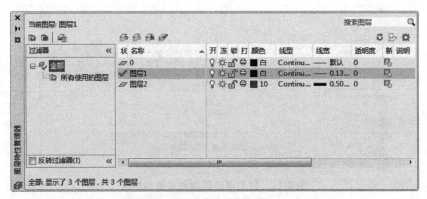

图 2-13　创建用于半浮动图块的图层

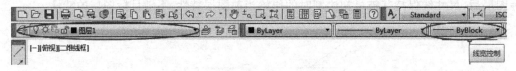

图 2-14　线宽控制设置为 ByBlock

在"图层1"上创建半浮动图块　　　　　　　　把半浮动图块插入到"图层2"上层

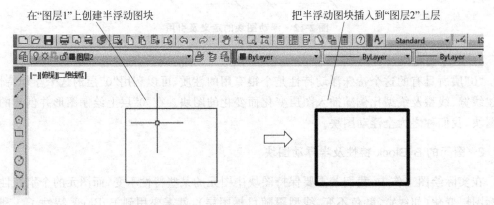

图 2-15　利用 ByBlock 特性创建并插入半浮动图块

从上面的操作我们可以知道,创建半浮动图块的关键有两点:一是在非"0"图层上绘制图元和创建图块;二是绘制图元和创建图块时,在"图层及图元特性控制"下拉列表框中,把要浮动的图元特性设置为 ByBlock,不浮动的图元特性设置为 ByLayer。

3．"DefPoints"图层的特性

"DefPoints"图层是 AutoCAD 为标注尺寸的起始或终止定位点自动添加的图层,并默认打印机图案 为虚显,该图层内容不会打印输出到纸质图上。"DefPoints"图层只有在进行了尺寸标注后才会被自动创建,如图 2-16 所示。
对于用户创建的其他图层,可以自主设置成可打印输出 和不可打印输出 ,而"DefPoints"图层的默认虚显打印属性不能更改。

尺寸线起始和终止点

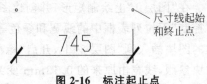

图 2-16　标注起止点

需要注意的是,绘图时不要把自己需要打印输出的图元绘制到"DefPoints"图层上。同理,在绘图时所绘制的不需要打印的辅助线,也可以绘制在"DefPoints"图层上。

2.2　图纸变更或变化的快速辨识

近年来随着 BIM 技术的迅速发展,BIM 模型能够完美呈现建筑的所有细节。但是在整个建设项目的所有环节和参与方,BIM 模型的共享尚不能完全实现,况且单纯依靠 BIM 模型或 BIM 数据,也不能实现对图纸变更变化的快速辨识。利用 AutoCAD 这个最简洁实用的图形软件平台,我们可以实现对图纸变更和图纸变化的快速定位与辨识。

2.2.1　利用 AutoCAD 的"DWG 比较"功能实现图纸变化的快速辨识

在一个工程项目建设及使用过程中,大致要经过可行性研究、项目报审、方案设计、施工图设计、招标及采购、施工及验收、交付后维护运营管理等阶段,从设计方案、图纸审查、设计优化、招标投标、施工图会审、施工过程的变更到最后竣工图,不管在哪一个环节,如果工程图纸发生变化,作为工程参与者首先要做的工作就是对图纸变化或变更内容做出准确的辨识定位,而从繁杂的图纸信息中找到这些变化,往往是对智力、体力和心理的极限考验。

1. 图纸变化与图纸变更

整个图纸的变化通常是指工程的整套或单张图纸在保持图纸总体外观不变的情况下,图纸信息的具体细节发生了多种变化,这种变化称为图纸变化。当图纸局部内容因为某种原因进行了改变或调整,或对细部构造、做法等进行了补充描述,这些变化是图纸的局部变化,在此我们称之为图纸变更。

在实际工作中,图纸变化往往牵扯多个专业且变化的图纸内容,记住或辨识从一个版本到下一个版本所发生的改变越来越困难,不仅在工程建设的不同阶段,在远程分布式团队工作中也是如此。"DWG 比较"功能提供了一种在两个图形之间执行视觉比较的方法。

以建筑工程为例,描述一个建筑物的建筑及结构图纸往往多达几十张甚至上百张,当设计院完成了施工图设计,投资方为了加快项目的建设进度,可能会同时进行项目的模拟招标、设计优化、项目报审等。当设计优化公司对图纸进行设计优化,部分构件的布置、截面尺寸、配筋就会发生图纸变化,在后期正式招投标及设备采购时,就要从两个不同版本或多个版本的表述的繁杂信息中找出这些变化,并对初期的模拟清单和设备招投标采购清单进行调整。图 2-17 为一个实际工程项目建设过程中的图纸变化情况。

下面介绍利用 AutoCAD 2019 的"DWG 比较"功能,实现对图纸变化的快速辨识。

2. AutoCAD 2019 的"DWG 比较"功能

"DWG 比较"是 AutoCAD 2019 新增的功能。在比较过程中,"DWG 比较"功能会标识两个图形中已修改、添加或删除的对象。两个图形的比较结果显示在称为比较图形的新图形中,比较图形的名称由 AutoCAD 自动创建。在比较图形中,AutoCAD 会自动在两图间存在差异的位置绘制修订云线,通过修订云线凸显差异,并把两图之间的差异自动放置在一

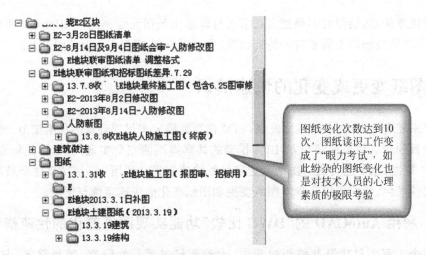

图纸变化次数达到10次，图纸读识工作变成了"眼力考试"，如此纷杂的图纸变化也是对技术人员的心理素质的极限考验

图 2-17　某建筑综合体建设过程中图纸的版本变化

个称为"更改集"的集合内。修订云线将自动放置在比较图形中名为 0-Markups 的新图层上。因为 0-Markups 是 AutoCAD 为比较结果图形自动生成的默认图层，该图层不能删除。"DWG 比较"功能有以下限制：

（1）仅能在模型空间中操作。如果选定的用于比较的图形保存在布局中，则"DWG 比较"将自动切换到"模型"选项卡。

（2）仅支持 DWG 文件之间的比较。

（3）无法检测嵌套对象的 ByBlock 特性或 ByLayer 特性更改。例如，如果有名为"椅子"的块和名为"桌子"的块，并且这些块位于另一个名为"吧台"的块定义中，则"椅子"块和"桌子"块都被称为嵌套对象。如果嵌套对象"椅子"或"桌子"的特性设置为 ByBlock，则即使修改顶层对象"吧台"为 ByLayer 特性，AutoCAD 也检测不到嵌套对象"椅子"或"桌子"的特性。

（4）比较图形仅以二维线框视觉样式显示。修订云线无法显示在等轴测视图中。

3．AutoCAD 2019 的"DWG 比较"操作

为了进行"DWG 比较"操作，我们先绘制一个图形，该图形在直线的两个端点绘制两个五边形，把图形保存为 A.dwg，再把 A.dwg 直线两端的五边形改为两个圆形，把改变后的图形保存为 B.dwg（图 2-18）。

图 2-18　用于进行"DWG 比较"的两个图形

1）进行"DWG 比较"操作

首先打开 A.dwg，单击工具面板的"协作"→"DWG 比较"按钮，打开图 2-19 所示对话框。在对话框中选择两个要进行比较的 DWG 文件后，单击"比较"按钮后，AutoCAD 自动生成一个"比较 A Vs. B.dwg"，并生成创建"0-Markups"图层，且在工具栏增加一个如图 2-20 所示的"比较"工具面板。

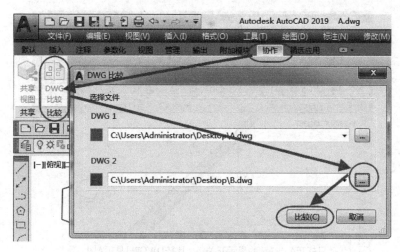

图 2-19　"DWG 比较"对话框

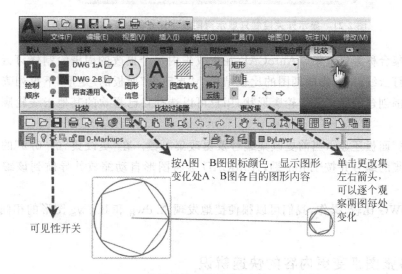

图 2-20　两图进行比较后的"比较"工具面板

2）观察比较结果

通过单击"比较"面板的"绘图顺序""比较""比较过滤器""更改集"按钮，我们能够很方便地观测到两个图形内容发生变化的位置及变化内容。

（1）绘图顺序。改变两个图形的比较顺序，该操作不影响最后的比较结果，仅控制比较图形中重叠对象的默认显示次序。

（2）可见性开关。打开和关闭对应图形前的指示开关，控制在图形区显示的图形内容。通过此开关的开启和关闭，可以显示"A 图差异部分""B 图差异部分"或"A 与 B 相同部分"的图形，如图 2-21 所示为只显示两图变化处的属于 A 图的部分。

（3）比较过滤器控制器。比较过滤器控制器用于设置是否在图形比较中包含文字对象或图案填充对象。

（4）更改集。"更改集"面板的"云线批注"在比较结果图形中显示两张图纸之间变化，

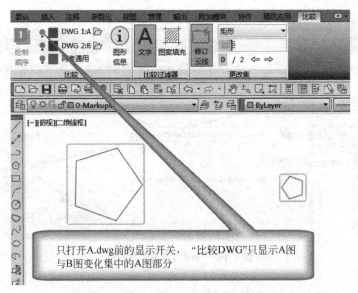

图 2-21　显示开关控制只显示两图发生变化的属于 A 图的部分

图纸变化的集合称为更改集。AutoCAD 在更改集内每个更改的周围绘制修订云线。无论是否显示修订云线,不会影响两图的比较结果。"更改集"面板的"矩形"下拉列表框为在每个更改集周围创建的修订云线轮廓形状,用户可以选择自己喜欢的其他云线轮廓以凸显更改位置。

"更改集"面板还显示当前更改集编号及更改集总数。在"更改集"的"0/2"的分子上输入特定更改集的编号并按 Enter 键,AutoCAD 会将图形自动缩放并导航到该编号所处的位置。

通过"DWG 比较"操作,我们可以很便捷地发现 A. dwg 和 B. dwg 图形的相同部分和变化部分。

2.2.2　多张图纸变更内容的快速辨识

由于 AutoCAD 2019 的"DWG 比较"功能只能进行两个 DWG 文件的比较,且不能在已有的两图比较结果图形基础上,再和第三张图进行比较,所以当进行 3 个以上图形比较时,就需要采用其他方法。这些方法大致可以分为图层锁定淡入比较法和图块锁定淡入比较法。

1. 图层锁定淡入比较法

为了便于理解,我们仍以前一节的简单图形 A. dwg 和 B. dwg 为例,介绍图层锁定淡入比较法的操作过程。

1) 对原始图形进行加工处理

由于工程图的后一个版本大多是在前一个版本上修改完成或者由专业软件自动生成的,所以不同版本往往具有相同的图层,每个图层的名称及图层的属性与特征往往是相同的。要比较多个图形间的变化,首先要对原图纸进行加工处理,把两图相同的图层名称及颜色特性进行更改,使之具有不同的颜色或不同的图层,以便于通过图层操作分辨其变化。

2) 改变原始图纸的图层设置和图层特性(如修改图层名和图层颜色)

在实际工作中,逐个修改图层名称及给各个图层指定一个颜色,往往费时、费力且没必要,所以通常做法是把某个版本的所有图形转移到一个指定的图层上,并指定一个颜色。比如我们要比较 A. dwg 和 B. dwg 两个图纸,则在 A 图上创建一个名称为"A"的图层,颜色指定为蓝色,选中 A. dwg 图上的所有图形元素,把它们转移到 A 图层上。同样,在 B. dwg 中创建 B 图层,指定颜色为"粉红"色,把 B. dwg 的所有图形元素转移到"B"图层上。

3) 对原始图纸的块参照分解

如果原始图纸中包含块参照,且不同图纸版本的块参照的内容有变化,则要先分解图形中的块参照,再把块参照中的图形元素转移到指定图层上。可以执行"快速选择"命令来选中所有块参照,具体操作如图 2-22 所示。

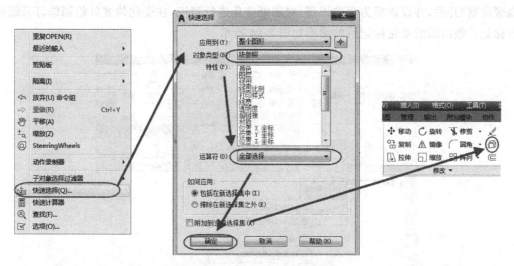

图 2-22　选择所有块参照并分解

4) 把多张不同版本的图纸进行重叠

在图纸上确定它们共同的基点,用"带基点复制"和"粘贴"命令,把多张不同版本的图纸复制、粘贴到一个新文件中,具体操作如下:首先切换到要复制的图形,按"Ctrl+A"键,选择图形的所有图形元素,右击弹出浮动菜单,选择浮动菜单的"剪裁板"→"带基点复制"命令,复制图形元素到剪裁板。再通过图形窗口上方的"文件选项卡"切换到要粘贴的目标文件,右击弹出浮动菜单,选择浮动菜单的"剪裁板"→"粘贴"命令,进行粘贴。通过前述操作,把"A. dwg"和"B. dwg"的所有图形元素复制到"A+B. dwg"之后,即可进行图纸间的比对操作。

5) 通过图层锁定、关闭、打开,进行图纸间变更的辨识

多张图纸重叠合并完毕,打开"图层特性管理器"对话框,假定选择"A"图层为最终版本,则需要锁定除了 A 图层之外的所有其他图层,本节只需锁定 B 图层。单击"默认"→"图层"工具面板的下三角按钮 图层▾,展开"图层"工具面板,调整"锁定图层的淡入"比例。图层锁定后,两图的暗显比较效果如图 2-23 所示。

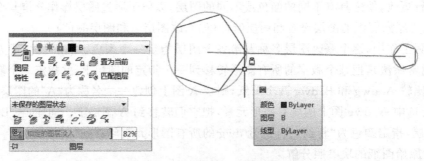

图 2-23　多版本图纸重叠锁定暗显

6) 对图纸变化处进行辨识并用粗线宽度的云线做出标记

创建一个标记图形变化的图层"A Vs. B",其线宽设定为 0.9,开启状态栏上的"显示/隐藏线宽"开关,并以该层为当前图层,对图纸变化进行辨识,在变化位置处绘制修订云线进行标记。做出图纸变化标记后的图形如图 2-24 所示。

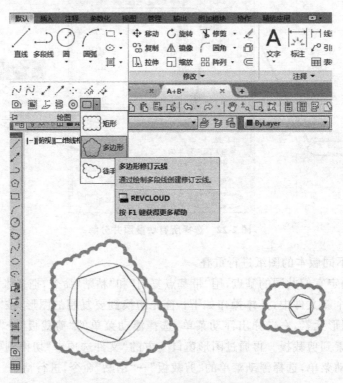

图 2-24　用修订云线对图纸变化部位做出标记

2. 图块锁定淡入比较法

当图纸内容较多时,采用图层锁定淡入比较法时图形的重现速度减慢会影响图纸变化辨识的效率,可在前面操作的基础上,把不同版本的图形创建成图块。

1) 创建一个图纸 A 图块,该图块包含 A 图纸的所有图元

(1) 在"图层特性管理器"对话框中,关闭除 A 图层之外的所有图层,如图 2-25 所示。

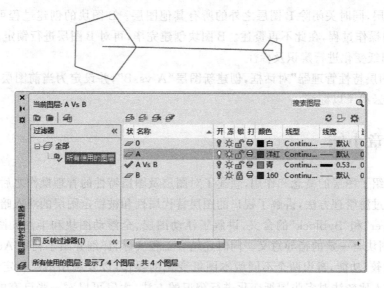

图 2-25　关闭图层 A 之外的其他图层

（2）把 A 图纸的所有内容创建为 A 图块，如图 2-26 所示。

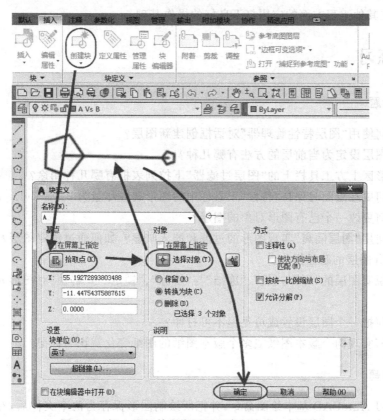

图 2-26　把 A 图纸的所有图形元素创建成一个图块

2）创建一个 B 图块，该图块包含 B 图纸的所有图元，并锁定 B 图层

需要注意的是，创建 B 图块时，如果 B 图层被锁定，则要先解锁 B 图层，并把 B 图层设

置为当前图层,同时关闭除 B 图层之外的所有其他图层。B 图块的创建过程可参考前面创建 A 图块的操作过程,在此不再赘述。B 图块创建完毕,再对 B 图层进行锁定。

3)对图纸变化进行辨识及标注

打开"图层特性管理器"对话框,创建新图层"A vs. B",并设定为当前图层,对图纸变化处绘制修订云线予以标记。

2.3　本章小结

本章介绍了图层的概念和作用,叙述了对图层及图层特性的管理操作之后,详细讲解了图层的分组过滤管理方法,讲解了视口的图层替代属性和被锁定图层的淡入暗显等内容,叙述了"ByLayer"和"ByBlock"的含义,讲解了浮动图层、全浮动图块和半浮动图块的创建方法,对创建图块有一定的指导意义。同时还结合工程实际,详细介绍了利用 AutoCAD 2019 的"DWG 比较"功能,辨识两个不同版本图纸变化的操作,以及利用图层锁定淡入比较法、图块锁定淡入比较法对多张图纸变化进行辨识的方法,大家可以对一张已有的实际工程图纸进行适当修改,并利用前面介绍的方法,对修改部分进行辨识并做标记。

通过对本章内容的学习,读者应对图层的有关操作有较深入的了解,从而为学习 AutoCAD 在其他工程方面的应用打下良好的操作基础。

思考与练习

1. 思考题

(1) 如何使用"图层特性管理器"对话框创建新图层?

(2) 把图层设定为当前层的方法有哪几种?

(3) 图形区上方工具栏上的"图层过滤器"下拉列表框有哪几种用途?

(4) 为何要在绘图时保持"特性"工具栏中的图形属性尽量为"随层 ByLayer"方式?

(5) 如何更改一个已有图形对象的图层?

(6) 如何用"图层隔离"实现图形的过滤和淡入暗显? 如何通过锁定图层及锁定图层淡入实现对部分图层的暗显操作?

(7) 请说明图层的"开"与"关"、"冻结"与"解冻"、"锁定"与"解锁"对图形元素编辑属性的影响。

(8) 如何把一个图层设置成可见但不可打印?

(9) 如何实现两个版本图纸或多个版本图纸的图纸变化辨识与标记?

2. 操作题

(1) 练习 AutoCAD 基本绘图命令,并把所绘制图形保存为两个文件后,对其中一个文件进行修改并保存。

(2) 对上题所绘制的两张图纸分别用"DWG 比较""图层锁定淡入比较法""图块锁定淡入比较法"进行比较,辨识图纸变化并对变化区域做出修订云线标记。

第3章

图纸的可续断读识方法和图纸
信息的查询与提取

◀- - - - ┐
                                                              │

学习目标

掌握 AutoCAD 图元信息的各种查询方法。

掌握 AutoCAD 的图纸数据提取方法及操作技巧。

掌握施工图可重现可续断读识方法,并通过数据提取计算单项工程量。

掌握图纸比例的查询方法。

掌握面域的创建方法和面域面积周长的提取操作。

3.1 图元信息的查询和图纸数据的提取

利用 AutoCAD 的图元信息查询和图形数据提取操作,可以获取图纸上的信息数据,为材料采购、清单工程量的计算及施工组织设计提供准确的数据资料。

3.1.1 利用查询命令或特性查询图元信息

图元信息及特性查询适合于对图元数据进行简单的查询,如查询一个图元的长度、面积、图形的属性特征、图层名等。

1. 用"查询"命令查询图元的图形信息

假如需要提取图纸中某条多段线的顶点坐标或者图中多个点对象的坐标,可以单击"工具"→"查询"菜单(图 3-1)或在命令窗口输入"list"命令,AutoCAD 会将所选择的图形信息在文本窗口以列表形式显示出来。我们可以将文本窗口中的数据复制出来,这种方法很简单,但如果要提取的数据比较多的时候,对查询数据的处理就显得比较麻烦。

在实际工作中,通常用"查询"命令查询所选择的图形元素的单个数据,如封闭图元的面积、三维图元的体积等。

2. 利用"特性"对话框查询图形元素的信息

在图形窗口右击弹出浮动菜单,选择浮动菜单的"特性"命令,选中所要查询的图形元素,打开图 3-2 所示的"特性"对话框,从"特性"对话框上可以查询图元的种类、图元的几何数据等信息,也可以修改图元的某些特征。

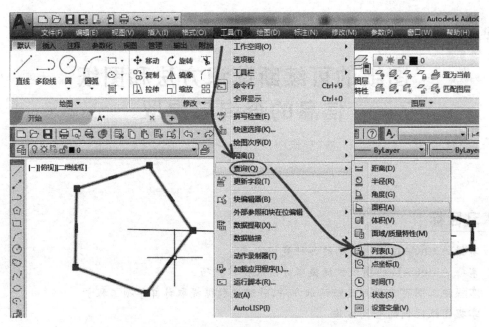

图 3-1　对图元信息进行查询列表

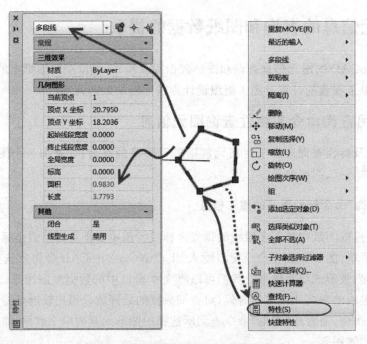

图 3-2　通过特性卡查询图元数据及类型

当所选取多个图元且图元对应的某一项特性不相同时,AutoCAD 会在"特性"对话框的相应栏目代之以"多种"予以提示。

3．图元特性的动态查询

图元特性的动态查询也是一个十分有用的工具,在进行图纸读识时,当需要查询一个图纸元素的长度时,可以选中这个图元,之后把鼠标移动到图元的夹点上,软件即会显示图元的相应特性,如图 3-3 所示。要对图元特性进行动态查询,需开启状态栏的"动态输入"开关。

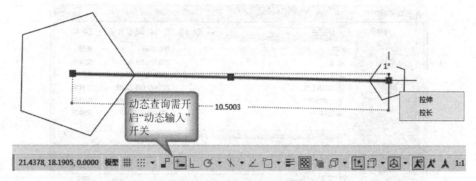

图 3-3　图元特性的动态查询

3.1.2　AutoCAD 的数据提取操作

AutoCAD 具有从当前打开的图形文件或一组图形文件(图纸集)中提取图元、图块和属性信息的功能,并能把提取到的信息,以图形表格的形式插入到当前图纸中或者输出到 XLS 文件中。当图形发生改变,可以通过简单的菜单命令,更新图形中的表格数据。

1. 提取数据表格插入到当前图形中

要执行 AutoCAD 数据提取,首先要把所绘制的图形文件保存到磁盘上,在本节我们以第 2 章的 A.dwg 作为背景文件,讲解数据提取操作。

单击"工具"→"数据提取"菜单或单击"注释"→"表格"面板的"数据提取"按钮,打开图 3-4 所示"数据提取-开始"对话框。从对话框中可以看到,AutoCAD 的数据提取共分 8 步。

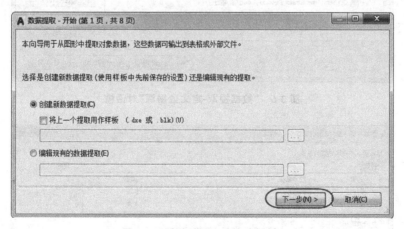

图 3-4　"数据提取-开始"对话框

在"数据提取-开始"对话框中,可以选择"创建新数据提取"选项创建新的 DXE 文件,也可以选择"编辑现有的数据提取"选项,指定一个以前的 DXE 提取文件作为数据提取的样板文件。DXE 提取文件用来存储后面各个操作步骤中对数据提取的设置。单击对话框的"下一步"按钮,弹出"将数据提取另存为"对话框(图 3-5)。对于大多数情况,我们主要关心的是数据提取操作所提取的图纸信息,对这个 DXE 文件大多是不会再次使用到,故对该文件简单命名后就可以直接单击"下一步"按钮,本节我们输入的 DXE 文件名为"3e. dxe"。

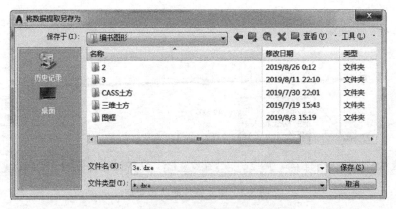

图 3-5　"将数据提取另存为"对话框

　　DXE 文件命名完毕,软件会自动打开图 3-6 所示的"数据提取-定义数据源"对话框,在该对话框中指定磁盘上的图纸集所在的文件夹。如果是提取当前已经打开的图纸的图形信息,可直接单击对话框的"下一步"按钮,打开图 3-7 所示"数据提取-选择对象"对话框。

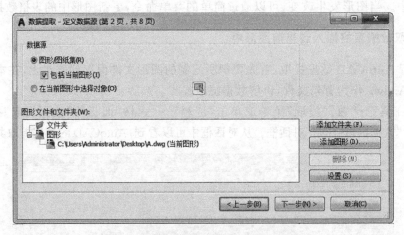

图 3-6　"数据提取-定义数据源"对话框

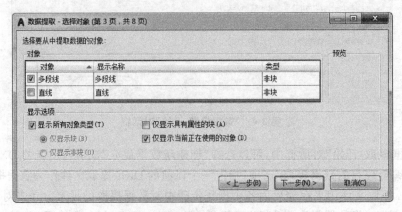

图 3-7　"数据提取-选择对象"对话框

　　假设要提取 A.dwg 中多边形的面积和周长，事先我们利用"特性"对话框，已经查询得知多边形图元类型为多段线，则在"数据提取-选择对象"对话框中只需选中"多段线"后，单击"下一步"，打开图 3-8 所示"数据提取-选择特性"对话框。该对话框中包含诸多图形元素的特征，我们只选择对话框中的"面积"和"长度"两个图元特性进行数据提取。

图 3-8　"数据提取-选择特性"对话框

　　继续单击"数据提取-选择特性"对话框的"下一步"按钮，打开图 3-9 所示的"数据提取-优化数据"对话框。选中"合并相同的行""显示计数列""显示名称列"等选项。

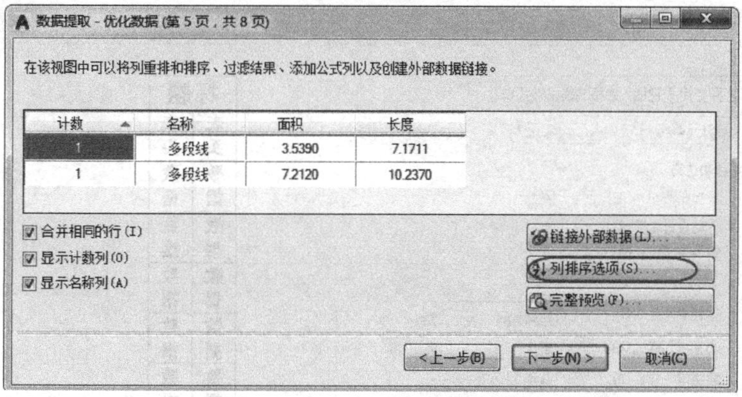

图 3-9　"数据提取-优化数据"对话框

　　单击"列排序选择"按钮，打开图 3-10 所示"排序列"对话框。单击"列"下拉列表框，可以看到有"计数""名称""面积""长度"等多种排序方式。在实际工作中，可以根据具体情况选择数据的排序方式。所选择的排序方式会体现在提取得到的数据表格中。

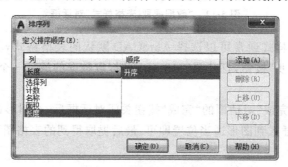

图 3-10　"排序列"对话框

本例中我们选择按"长度"排序,排序方式按"升序"。在"排序列"对话框中,选择提取的数据按长度升序排列后,单击"确定"按钮关闭"排序列"对话框,返回"数据提取-优化数据"对话框。

单击"数据提取-优化数据"对话框的"下一步"按钮,打开图 3-11 所示的"数据提取-选择输出"对话框。

图 3-11 "数据提取-选择输出"对话框

选择"数据提取-选择输出"对话框的"将数据提取处理表插入图形"选项,单击"下一步"按钮,打开图 3-12 所示"数据提取-表格样式"对话框。

图 3-12 "数据提取-表格样式"对话框

数据提取的表格样式通常可以选择 AutoCAD 默认的表格格式,单击"数据提取-表格样式"对话框的"下一步"按钮,打开图 3-13 所示的提取数据的最后一个对话框——"数据提取-完成"对话框。

单击"数据提取-完成"对话框的"完成"按钮关闭对话框后,在图形窗口选择数据提取表格的插入点,把表格插入到图形适当位置即可,最后提取得到的表格图形如图 3-14 所示。

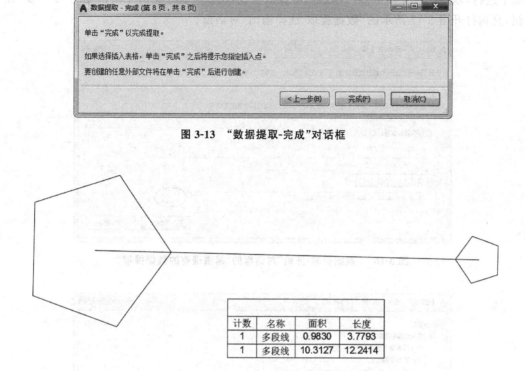

图 3-13 "数据提取-完成"对话框

图 3-14 插入到图形中的数据表格

2. 图形中的提取处理表的更新

当提取数据之后,图形内容发生了变化,可以对图形中的提取处理表进行更新。提取处理表的更新操作过程大致如下:首先选中提取处理表边框,右击弹出浮动菜单,选择浮动菜单的"更新表格数据链接"命令,即可完成表格数据的自动更新,如图 3-15 所示。

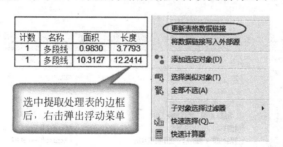

图 3-15 图形变化后提取处理表的更新

3. 将提取处理表数据写入 XLS 文件中

初次提取图形数据,要选择数据提取第 1 页"开始"对话框的"创建新数据提取"。如果前面已经进行了图形的数据提取操作,可以选择前一次提取数据时已经保存的 DXE 文件,如图 3-16 所示。从图中可以看到,数据提取依然分 8 步,但是由于是在已有的"3e.dxe"基础上进行，软件已经保留了前一次的所有提取设置，可以一直单击各个对话框的"下一步"按钮，直到打开图 3-17 所示的"数据提取-选择输出"对话框。

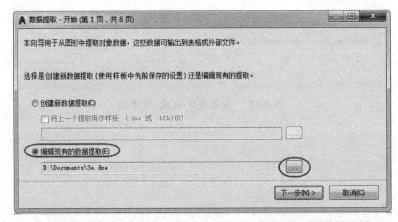

图 3-16 "数据提取-开始"对话框的"编辑现有的数据提取"

图 3-17 选择输出到 XLS 文件

在"数据提取-选择输出"对话框中，选择"将数据输出至外部文件"选项之后，单击 按钮打开图 3-18 所示"另存为"对话框，在对话框中选择输出的外部文件类型为 XLS 文件及适当的保存路径。

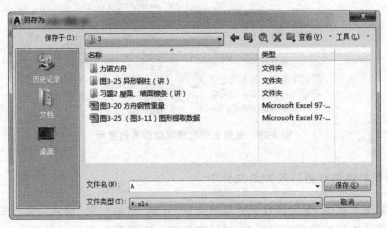

图 3-18 "另存为"对话框

本节实例我们命名输出的外部文件为 A. xls 之后,单击"保存"按钮,即可把从图形中提取的数据自动输出到 A. xls 中。用 WPS 软件打开 A. xls 文件,可以看到最后提取数据内容如图 3-19 所示。

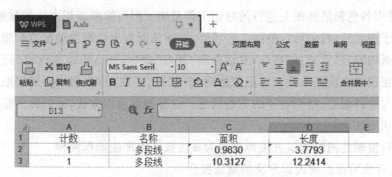

图 3-19   提取到 XLS 文件的图形信息

4. 提取数据不能正常输出到 XLS 文件的处理方法

在实际工作中,我们有时候在使用 AutoCAD 的"数据提取",并把提取得到的数据输出到 XLS 文件之后,打开 XLS 文件,会发现在 xls 表格中没有显示所提取的数据,而只是在单元格 A1 中显示有"DeleteMe"字样,此问题大多要通过操作系统功能更新才能解决。2017年 10 月 10 日,Microsoft 发布了 Windows 操作系统的安全更新,这些更新对数据连接功能进行了更改,通过更新这些补丁,可以消除电子表格只显示"DeleteMe"的问题。

如果不能确切知道具体需要安装哪个操作系统更新补丁,建议通过计算机安全工具,安装所有系统功能补丁包,重启动计算机后重新进行图形的数据提取,可以发现 xls 表格中就会正常显示所提取的数据了。

3.2   施工图的可续断读识方法和构件信息的提取

在本节我们将结合实际工程图纸,讲解利用 AutoCAD 的数据提取方法,提取空间桁架、轻钢结构屋面檩条、彩钢板龙骨的构件信息,并根据提取数据进行构件清单工程量的计算。

在实际工作中,根据本章介绍的图形数据提取技术法,我们可以进行网架网壳、玻璃幕墙龙骨、干挂石材龙骨等钢结构杆件的构件信息提取,利用提取得到的构件数据,不仅可以用于工程量的统计,还可以用于材料采购、制作下料及施工安装等。多年的工程实践证明,图形数据提取技术法尤其在钢结构工程中是十分有效实用的。

3.2.1   施工图的可续断可重现读识方法

在实际工作中,我们经常需要根据施工图纸,统计某类构件和装置的数量,如计算门窗套装饰工程量、扣除空调板空圈所占外墙装饰面积,统计预留预埋件、室内止水台、过墙洞、穿墙密封管数量,计算护窗不锈钢栏杆、空调百叶窗面积等,这些数据往往不能直接从施工图纸上提取。在没有计算机之前,要进行这些数据的统计只能采用人工计数法从图纸上数取,这种工作方式不能重现,且中间不能停顿,否则一旦由于其他原因中断了当前的计数,则只能从头重来,且不易复核也不易与他人交流。

在采用人工计数法记取图形信息时期,有经验的工程师可能会借助各色铅笔在图上进行标记,这种用各色铅笔在图上进行的标记工作是施工图可续断读识方法的雏形。

有了电子图纸后,我们可以根据工程需要,在新建图层上绘制辅助标志和辅助图线标记所读识的图纸内容,之后通过"特性"对话框和"查询"命令,查询所绘制读识标记信息,或者通过图元数据提取方法提取读识标记信息到 xls 表格,并在 xls 表格中对所提取的数据做进一步的整理与统计汇总,得到需要的工程信息。这种图纸读识方法,我们称为施工图的可续断可重现读识方法。

可续断可重现的图纸读识方法可归纳为减法操作和加法操作两种。

1) 图纸可续断可重现读识方法的减法操作

当施工图中已经绘制了要读识的构件图线时,可以根据构件名称创建相应的图层,并关闭这些图层。对图纸读识,选择要提取的构件图线,单击"图层控制"下拉列表框,把所选的构件转移到相应图层上。由于该图层已经处于关闭状态,所选构件被转移之后,其图线会暂时从图形窗口中消失。随着转移构件的增多,图形窗口中的图线会越来越少,直至所有需要提取的构件都被转移完毕,再通过关闭及打开图层操作,对所读识转移的图形进行检查修改。上述过程我们称为图纸可续断读识方法的减法操作。

减法操作完毕,可关闭或冻结不需要提取数据的图线,打开要提取的图线图层,把读识的构件复制到一个新的图形文件中,进行后续的数据提取工作。

2) 图纸可续断可重现读识方法的加法操作

图纸可续断读识方法的加法操作是指通过创建新的图层分组和图层,在新建图层上对图纸读识的内容或部位绘制辅助图线予以标记的过程。加法操作常用于读识标记数量型图纸读识工作,如读识图纸上的不锈钢栏杆长度、预留预埋件的位置及个数、地漏或止水台个数等。对图纸读识过程中所绘制的辅助图线进行编组处理,会更加彰显可续断读识方法的优点。

在实际工作中,图纸的可续断可重现读识方法,可以与图形数据提取相结合,把所提取的数据提取到 XLS 文件中,通过对 xls 数据表格进一步加工,得到更多有用的工程数据。施工图的可续断可重现读识方法的图纸的读识过程,可以重现、可以续断,便于校核,也便于与他人交流。多年的工程实践证明,该图纸读识方法是一种行之有效的高效图纸读识方法。

3.2.2　空间桁架结构施工图

本节所用实例工程为某集团工业园区内的力诺方舟光伏塔工程,其水平投影长度约为106m,最大高度为 10.6m,部分施工图如图 3-20 所示。

结构形态为空间曲面桁架结构,力诺方舟 1∶1 三维轴测图如图 3-21 所示,其建成后的效果图如图 3-22 所示。其空间桁架采用多种规格的 16mm 无缝钢管,节点为球节点。

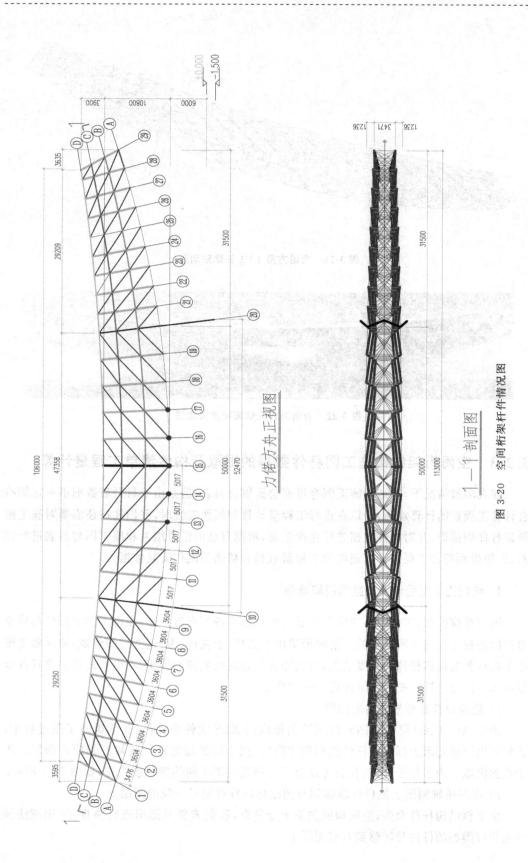

力佫方舟正视图

1—1 剖面图　空间桁架杆件情况图

图 3-20

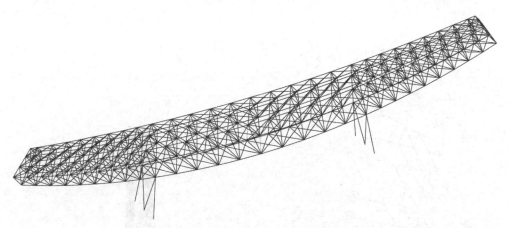

图 3-21　力诺方舟 1∶1 三维轴测图

图 3-22　力诺方舟光伏塔建成效果图

3.2.3　空间桁架结构施工图杆件数据的提取及构件清单工程量计算

在大多数情况下,钢结构施工图有可能会提供材料表,但是由于材料表数据不一定能符合计算工程量的计算规则,所以在进行工程量计算和制作安装时,我们往往还需要对施工图纸进行仔细读识,并对构件数据进行再次汇总,根据自己的汇总结果和施工图材料表进行比对,以便得到符合工程量计算规则的工程量数据和精确的制作安装数据。

1. 结构施工图的读识及数据提取准备

因为篇幅限制,本书中不能给大家展现桁架结构的所有施工图,在施工图上杆件规格是直接标注在正视图等图纸上的。空间桁架由下弦杆、上弦杆、腹杆、立柱等组成,要从施工图纸上提取各类规格杆件的长度信息,首先需要结合对纸质图的读识,在电子图纸上把杆件规格的标注信息与杆件图形元素进行一一对应。

1) 创建以杆件型号命名的图层

由于 AutoCAD 可以把图元的图层名提取到 XLS 文件中,所以在读识施工图过程中,我们可以根据图纸上标注的杆件类型创建图层,把不同类型的杆件转移到相应的图层上用于数据提取。为了便于分辨,我们可以对不同图层设置不同的颜色或线宽,如图 3-23 所示。

2) 在三维轴测图上把杆件转移到与图纸标注杆件型号一致的图层上

由于该结构杆件众多,空间构成关系十分复杂,我们需要对图形进行整理,采用减法操作把相应类型的杆件号转移到对应图层上。

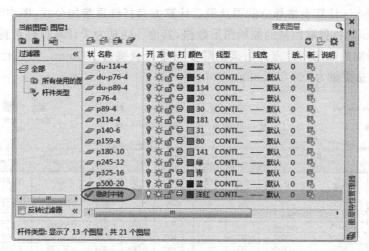

图 3-23　创建以杆件类型为图层名的图层

打开"力诺方舟三维轴测图"原始模型文件,改名另存为"力诺方舟数据提取.dwg"。

创建一个"临时中转"图层,该图层处于"打开"状态。按"Ctrl+A"键,选中"力诺方舟 1∶1 三维轴测图"中的所有杆件,单击图形区上方工具条的"图层控制"下拉列表框,选择"临时中转图层",把所有杆件转移到"临时中转"。

首先在"杆件类型"图层分组上右击,从弹出的浮动菜单中选择"可见性"→"关"命令,关闭所有杆件图层。

读识"力诺方舟正视图"等标注有杆件名称的图纸,每读到一个或几个同类杆件,就单击"图层控制"下拉列表框,把相应的杆件从"力诺方舟三维轴测图"的"临时中转"图层,转移到其相应的杆件图层。也可通过单选、叉窗、围窗、快速选择,分批选择某种杆件进行图层转移。因为所有杆件图层都处于关闭状态,所有杆件被转移后,其图线即从屏幕上消失。逐根杆件进行转移直至"力诺方舟正视图"当前显示完全消失,则杆件读识及按图层标记工作结束。

3)标记工作的正确性检查

打开"图层特性管理器"对话框,在对话框中逐一打开、关闭各种杆件的相应图层,对照施工图纸检查杆件按图层进行标记工作的正确性。如果发现前面图层转移标记有误,则要把标记错误的杆件转移到正确的图层上。

4)保存图形

正确性检查完毕且确认无误后,在"图层特性管理器"对话框中,选择"杆件类型"图层分组并右击弹出浮动菜单,选择浮动菜单的"开"命令,使所有杆件图层处于打开状态,保存"力诺方舟数据提取.dwg"。数据提取前的准备工作完毕,即可进行下一步的杆件数据提取工作。

2.空间桁架钢杆件数据的提取及用钢量计算

利用上一节所讲述的数据提取操作,提取"力诺方舟数据提取.dwg"中的"图层名"和"长度"数据,保存到 XLS 文件中。对输出的 XLS 文件进行进一步处理,得到力诺方舟总的用钢量。

图 3-24 是 xls 计算表格部分截图及最后计算方舟杆件重量的公式,图中"数量""名称""长度"为 AutoCAD 提取出来的原始图形数据,其他各列是为了计算杆件重量,我们人工在 XLS 文件上添加的数据列。方舟桁架的球节点外径直接为 100mm。通过计算,我们得到方舟桁架杆件总重量为 104 052.8kg。

$$=7850*H488*(K488-L488)*3.1415926*0.25*B488$$

数量	名称	长度	图层-杆件型号	外径 (mm)	壁厚 (mm)	净长度 长度-球节点	外径 (m)	壁厚 (m)	外周面积 (m2)	内径面积 (m2)	杆件重 (kg/m)
2	直线	5170	p89-4	89	4	5.05	0.089	0.004	0.00792	0.007	84.7
2	直线	5297	p89-4	89	4	5.177	0.089	0.004	0.00792	0.007	86.8
2	直线	5415	p89-4	89	4	5.295	0.089	0.004	0.00792	0.007	88.8
2	直线	5523	p89-4	89	4	5.403	0.089	0.004	0.00792	0.007	90.6
2	直线	6852	p89-4	89	4	6.732	0.089	0.004	0.00792	0.007	112.9
2	直线	6873	p89-4	89	4	6.753	0.089	0.004	0.00792	0.007	113.2
2	直线	4756	p89-4	89	4	4.636	0.089	0.004	0.00792	0.007	77.7
2	直线	4686	p89-4	89	4	4.566	0.089	0.004	0.00792	0.007	76.6
2	直线	4610	p89-4	89	4	4.49	0.089	0.004	0.00792	0.007	75.3
2	直线	4528	p89-4	89	4	4.408	0.089	0.004	0.00792	0.007	73.9
2	直线	4528	p89-4	89	4	4.408	0.089	0.004	0.00792	0.007	73.9
2	直线	4610	p89-4	89	4	4.49	0.089	0.004	0.00792	0.007	75.3
2	直线	4686	p89-4	89	4	4.566	0.089	0.004	0.00792	0.007	76.6
2	直线	4756	p89-4	89	4	4.636	0.089	0.004	0.00792	0.007	77.7
杆件总重量 (kg)											104052.8

图 3-24　利用提取数据计算方舟杆件重量

另外,通过对力诺方舟施工图的节点图进行读识和查询,得到我们人工编制的节点板钢杆件重量计算数据表格文件,如图 3-25 所示。

	直径或厚度	长度	宽度	个数	重量
栓钉	0.016	0.65		320	328.1
底部甲板	0.032	0.6	0.425	4	256.2
抗剪键1	0.008	0.5	0.012	4	25.1
抗剪键1	0.012	0.5	0.2	8	75.4
注脚板	0.036	0.75	0.75	6	953.8
垫板		0.025	0.08	48	60.3
节点配件总重					1698.9

图 3-25　力诺方舟桁架立柱节点板钢杆件重量

3. 利用图纸可续断可重现读识方法统计空间桁架球节点数量

下面介绍如何利用图纸可续断可重现读识方法的加法操作,来统计力诺方舟空间桁架球节点数量。

1) 创建绘制辅助图形的图层

创建名称为"球节点"图层,并把它设为当前图层,如图 3-26 所示。

2) 绘制辅助圆

对空间桁架三维轴测图进行缩放操作,选中某个节点,在节点上绘制一个适当大小的圆,把这个圆复制到其他节点上。

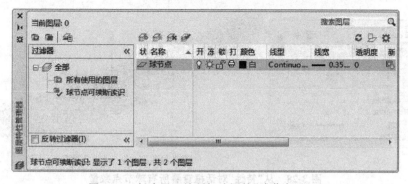

图 3-26　创建用于绘制标注圆的"球节点"图层

3）对绘制的图形进行核查

检查空间桁架的所有球节点是否都绘制了圆形。可以按住 Shift 键,压住鼠标中间滚轮,拖动鼠标来旋转空间桁架的轴测图,从不同观测角度进行观察检查。空间桁架的所有节点上绘制了辅助圆的空间桁架三维轴测图(图 3-27)。

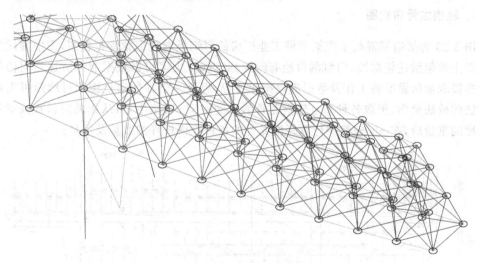

图 3-27　空间桁架三维轴测图

4）查询球节点数量

查询球节点数量有图层管理查询法和快速选择查询法两种方法。在实际工作中,对图形中的标记信息进行查询时,可以根据图纸的具体情况,灵活选择其中任何一种。

(1)图层管理查询法。在"图层特性管理器"对话框,除保持"球节点"图层处于打开状态外,关闭空间桁架三维轴测图的其他所有图层,通过围窗或叉窗选择所有"球节点",右击弹出浮动菜单,选择浮动菜单的"特性"命令,打开图 3-28 所示的"特性"对话框,从对话框可以查看到球节点数量为 226 个。

(2)快速选择查询法。保持图形中的所有图层处于打开状态。右击弹出浮动菜单,选择浮动菜单的"快速选择"命令,打开"快速选择"对话框,以所有圆所在图层为"球节点"快速选择选项参数,选择前面绘制的所有圆。打开"特性"对话框,可以查看到球节点数量为 226 个。

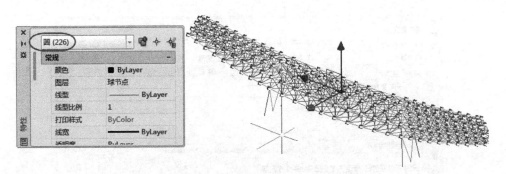

图 3-28　从"特性"对话框查看所有球节点数量

3.2.4　彩钢板墙龙骨图纸的读识

利用 AutoCAD 数据提取功能进行图形数据提取的关键,是对图纸进行充分的读识,以及进行细致的数据提取前期准备工作。

1．轻钢龙骨布置图

图 3-29 为某钢筋混凝土框架单层工业厂房的彩钢板墙轻钢龙骨布置图,图中虚线为钢筋混凝土框架梁柱轮廓线,门窗洞口绘有斜线标志线。大家可以根据前面所述空间桁架结构数据提取前所做准备工作及数据提取操作过程,思考一下如何通过图纸可续断可重现读识方法的减法操作,提取各种型号轻钢龙骨的长度到 xls 表格中,再从相关资料查找型钢单位长度的重量后,在 xls 表格中计算轻钢龙骨的各种规格杆件的数量及重量。

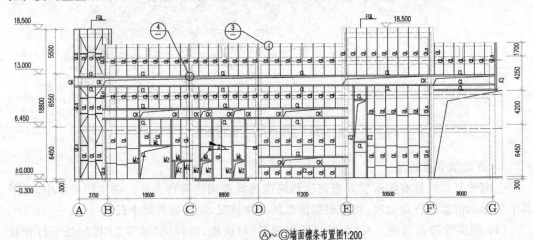

图 3-29　彩钢板墙轻钢龙骨布置图

2．各种规格龙骨

彩钢板墙轻钢龙骨布置图中各杆件规格如下:QL、CK、FQL 采用 C250×75×20×2.0(Q235B),MZ、ML、CZ、CL 采用双檩 2C250×75×20×2.0(Q235B),转角处 QLa 采用双檩 2C250×75×20×2.5(Q235B),墙檩间距≤1500mm,等间距设置,转角处檩条间距≤1000mm。

3. 拉条及斜拉条

拉条及斜拉条采用 A12 圆钢,撑杆采用 A12 圆钢＋A32×2.0 钢管。

3.3　用图纸可续断可重现读识方法计算 H 型钢柱钢材工程量

3.2 节我们介绍了施工图的可续断可重现读识方法,在本节我们将在施工图可续断可重现读识方法的基础上介绍利用面域图元来进行材料消耗量的统计。

3.3.1　变截面焊接 H 型钢框架图纸

某轿车充电停车场共有四跨,图 3-30 所示为该轿车充电停车场的 B 轴 Y 形变截面焊接 H 型钢框架,停车场顶盖为轻钢结构,上覆太阳能电池板。

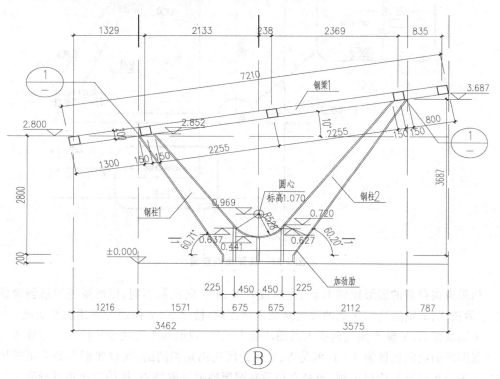

图 3-30　Y 形变截面焊接 H 型钢框架

图 3-30 中钢柱 1、钢柱 2 为 H 型截面,翼缘板厚度为 12mm,腹板厚度为 10mm,翼缘宽度为 250mm,腹板宽度变化如图所示。顶盖钢梁为箱型截面,钢板板厚为 6mm。

3.3.2　变截面焊接 H 型钢框架工程量的计算

焊接 H 型钢柱的钢材工程量计算包含 3 个部分:柱子翼缘、柱子腹板以及柱子支座节点板的用钢量。由于节点板图形比较琐碎,本书中不对其进行详细介绍。

1. 查询图形的绘图比例

在要计算焊接 H 型钢柱的钢材消耗量之前,首先要查询图纸的绘图比例。在大多数钢筋混凝土结构施工图纸中,其电子图的绘制比例大多是 1∶1,且在所描述工程对象的长度和高度方向的比例是相同的。由于钢结构的杆件长度或构件跨度较大,而其截面往往较小,所以钢结构图纸可能会出现长度和高度方向不同比例的情况。

单击"工具"→"查询"→"距离"菜单,选择图 3-31 上的某个尺寸标注的两个端点,测量图中尺寸线两个端点的图上距离,再计算这个图上距离与尺寸标注数字之商,得到图纸的绘图比例。由图 3-31 可知,该 Y 形变截面焊接 H 型钢柱的 X 和 Y 两个轴向的绘图比例都是 2∶1。

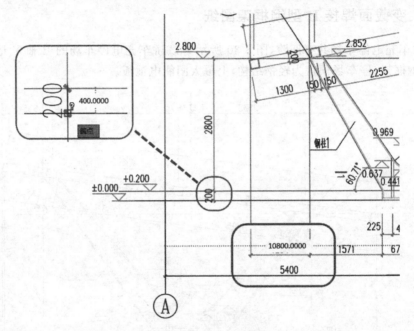

图 3-31　绘图比例查询

如果查询得到的图形比例不是 1∶1,或者 X 或 Y 向比例不同,则需要把图形创建成图块,之后按 X、Y 轴向绘图比例的反比例插入该图块,使之 X、Y 向的绘图比例都变成 1∶1。把一个图块按 X、Y 轴不同比例插入的图块插入操作,我们称为图块变比插入。尽管本节所述工程图纸的绘图比例为 2∶1,但是 X、Y 的绘图比例是相同的,所以我们不必采用图块变比插入来修正图形的绘图比例,而是在最后对图形数据提取结果,按绘图比例进行修正的方法来计算钢材工程量。

1) 柱子翼缘的钢材工程量

由于该焊接 H 型钢柱的腹板是变截面的,所以其翼缘长度不能单纯从图纸的尺寸标注上获取,需要采用图纸可续断可重现读识方法,在图上绘制辅助线来获取 H 型柱截面的翼缘长度。

2) 创建新图层

首先创建一个新的"翼缘长度"图层,并设为当前图层,图层线宽设定为 0.7mm,然后开启状态栏的线宽显示开关。

2．用多选线查询计算 H 型钢柱翼缘面积

选择"多段线"命令，沿翼缘绘制辅助线。绘制多段线的圆弧段时，需要根据命令行提示按 A 键转为绘制圆弧，圆弧段绘制完毕转为绘制直线之前，需要按 L 键选择直线开关命令。各个 H 型柱的翼缘多段线绘制完毕，除"翼缘长度"图层保持打开状态之外，关闭其他图层。选择绘制的多段线，把多段线复制到一个新建图形中并保存该文件，最后得到的四跨焊接 H 型钢柱的翼缘长度的辅助多段线图形如图 3-32 所示。

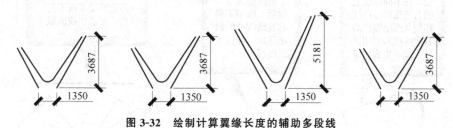

图 3-32　绘制计算翼缘长度的辅助多段线

标记翼缘长度的辅助线绘制完毕，可以选择所绘制的图形，打开"特性"对话框查看或者执行数据提取命令，得到辅助线的长度，之后根据翼缘板宽度和厚度，计算出翼缘的钢材清单工程量(图 3-33)。

	H2		fx	=+A2*D2/1000*E2/1000*F2/1000*7850				
	A	B	C	D	E	F	G	H
1	计数	名称	图层	长度(mm)	翼缘板厚度(mm)	翼缘板宽度(mm)	图形模型X、Y向比例	清单工程量(kg)
2	1	多段线	柱翼缘板	14577.9577	12	250	2	343.311
3	1	多段线	柱翼缘板	20364.1875	12	250	2	479.577
4	1	多段线	柱翼缘板	14586.6326	12	250	2	343.515
5	1	多段线	柱翼缘板	14580.3161	12	250	2	343.366
6	1	多段线	柱翼缘板	8499.0627	12	250	2	200.153
7	1	多段线	柱翼缘板	9511.7415	12	250	2	224.002
8	1	多段线	柱翼缘板	11242.0720	12	250	2	264.751
9	2	多段线	柱翼缘板	8499.0627	12	250	2	400.306
10	3	多段线	柱翼缘板	6420.9181	12	250	2	453.638
11	单个轴线四跨翼缘总重量							2598.980

数据提取输出的原始内容　　根据工程情况补充输入的计算参数及计算公式

图 3-33　单轴四跨焊接 H 型钢柱翼缘板清单工程量计算表

3．用面域查询计算 H 型钢柱腹板钢材消耗量

要计算腹板的钢材工程量，首先需要得到异型柱腹板的面积。在 AutoCAD 中，具有面积属性的图形元素为圆、封闭多段线、多边形和面域。

1) 范围较小的区域可以用封闭多段线或多边形图元来查询和提取面积数据

直接通过查看闭合多段线的特性或通过数据提取得到封闭多段线或多边形的面积。本节的焊接 H 型钢柱属于范围较小的简单图形，可以通过绘制封闭多段线直接提取其所围区域的面积。

2) 范围较大的复杂区域可通过绘制面域来提取面积数据

提取图形面积的另一个方案是在图形外缘绘制面域。在 AutoCAD 中,面域是指用户从图元对象所围成的闭合平面环创建的二维区域。要生成面域,需首先用多段线、直线、圆弧、圆、椭圆弧、椭圆和样条曲线等围成封闭的平面区域。封闭区域需形成一个单环,或单连通域才能生成面域,如图 3-34 所示。

图 3-34   能否生成面域的几种情况

生成面域时,原来的围成封闭边界的不同图元会自动转化为面域边界的一部分,所在图层也会转换为创建面域时的当前图层,图 3-34 前两个图形生成的面域如图 3-35 所示。

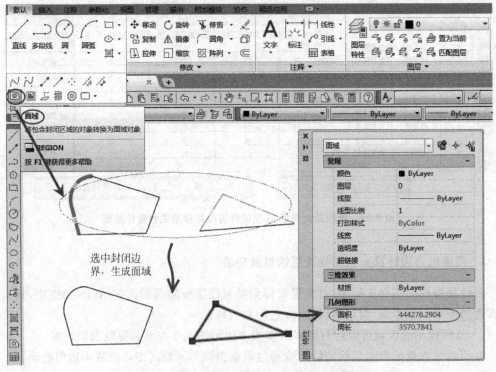

图 3-35   不同图元形成的封闭区域可以生成面域

由于范围较大、边界复杂区域边界的特征点较多,往往不能顺利地用多段线一次绘制完成,这样可以在新建的边界图层上用直线、圆弧或样条逐次绘制封闭区域的边界,边界线绘制完毕,在只保持边界图层打开的情况下关闭其他图层,单击"默认"→"绘图"工具面板的"面域"按钮后,再用鼠标选择所有面域边界图元后右击,AutoCAD 就会根据所选的面域边界图元生成为面域。面域生成成功,会在命令行提示生成的面域数量。

面域生成之后,打开"特性"对话框或选择"查询"或"数据提取"命令,即可查询到面域的面积。

3)绘制焊接 H 型钢柱腹板边界面域

本节的焊接 H 型钢柱腹板为区域较小的简单图形,我们在所创建的"腹板"新图层上绘制封闭多段线,用所绘制的多段线腹板边界生成面域,把生成的面域复制到新的图形文件中,得到的图形如图 3-36 所示。

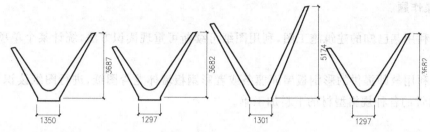

图 3-36 腹板边界面域

4)把面域的面积提取到 xls 表格并计算腹板钢材工程量

参照前面所述数据提取方法,把面域的面积提取到 xls 表格,根据所提取的数据计算腹板清单,得到图 3-37 所示计算表。

H2		fx	=+A2*C2/1000/1000*G2/1000/E2/F2*7854				
A	B	C	D	E	F	G	H
计数	名称	面积(mm)	周长(mm)	图形X向比例	图形Y向比例	板材厚度(mm)	清单工程量（kg）
1	面域	12786434.0694	16911.6635	2	2	10	251.062
1	面域	12790590.6131	16911.3237	2	2	10	251.143
1	面域	12780736.9274	16911.0542	2	2	10	250.950
1	面域	16474489.7776	22696.0336	2	2	10	323.477
焊接H型钢柱翼缘清单工程量							1076.631

"数据提取"输出的内容   根据工程情况,手工输入的计算参数和计算公式

图 3-37 单轴四跨焊接 H 型钢柱腹板清单工程量计算表

3.4 本章小结

本章介绍了 AutoCAD 数据提取操作,介绍了面域的创建特点及创建操作,叙述了利用图纸可续断可重现读识方法的减法操作和加法操作的基本操作,以及用数据提取方法计算三维空间桁架杆件钢材消耗量的具体操作过程。还结合实际工程实例,介绍了施工图纸绘图比例的查询及变比图形的调整方法,讲解了基于数据提取技术的施工图的可续断可重现读识方法及其运用技巧。

思考与练习

1. 思考题

(1) 如何使用"数据提取"从图形中提取图元的长度或面积数据？

(2) 施工图的可续断可重现读识方法有何优点？

(3) 如何查询施工图纸的绘图比例？

(4) 面域是如何创建的？

2. 操作题

(1) 利用某已知的建筑施工图,利用图纸可续断可重现读识方法,统计某个单项工程的工程量。

(2) 利用教师提供的彩钢板屋面檩条或者彩钢板墙体龙骨图纸,进行图纸读识,并制作檩条或龙骨的各种规格型材的下料加工单。

第 **4** 章

不同绘图类型的绘制策略及打印

学习目标

了解绘制新图的 3 种类型及其关系。

了解模型空间与图纸空间绘图的区别。

理解模型空间下图形的建模比例、打印比例和主副图间的相对比例。

掌握模型空间下绘图、图纸空间下绘图的几种类型及主要操作。

掌握视口比例、注释比例的作用。

掌握打印设置及打印比例的测定。

了解图纸分割打印的基本操作思路。

4.1 各种二维图形的绘制策略

交互绘制二维图形是 AutoCAD 最基本的应用。绘图的过程不是各种交互绘图操作的无序堆叠，而是根据绘图类型合理规划绘图策略，有序组织绘图次序的交互过程。在学习 AutoCAD 绘图过程中，对基本命令的练习固然很重要，但只是简单机械地重复各种命令，而不对绘图方法进行总结和学习，是不可能应对各种工作需求的。

4.1.1 不同的工作性质和工作内容对绘图的要求

了解不同工作性质对应的绘图需求，了解不同绘图要求所要采用的交互绘图策略，对提高工作效率是极其必要的。

1. 设计企业对 AutoCAD 交互绘图的要求

随着专业 CAD 软件功能的不断完善和提高，建筑及主体结构施工图纸都能由专业 CAD 软件自动生成。设计师在设计施工图纸过程中，利用 AutoCAD 主要完成如下几项工作。

1）利用 AutoCAD 编辑修改专业 CAD 软件生成的图纸

对图纸的修改完善主要用到的是在前面章节已经学习了的图层管理操作、图形信息查询、特性匹配、对图元对象捕捉和快速编辑操作等。另外，还会用到标注样式及线型修改、图形绘制及编辑命令，标注样式及线型修改我们会在后面章节中进行叙述，对图形修改完善所需要用到的编辑命令，大家可自行练习。

2) 利用 AutoCAD 绘制节点大样和详图

长期进行设计工作的设计师,都会有很多可以利用的大样图或详图素材。当设计一个新的建筑时,对于专业 CAD 软件不能自动生成的大样图或详图,设计师可以在既有的大样图或详图素材基础上,通过对图纸的编辑修改完成新的大样图或详图设计。

当把既有的大样图或详图素材合并进当前软件自动生成的图纸内时,需要对并入的图形与原有主图的图形特性进行一致性处理,如采用的尺寸标注、文字标注样式要统一,图层特性设置要统一等。图形的一致性处理可执行"特性匹配"命令或者修改标注类图元(尺寸和文字)的样式来实现,在后面用专门的章节讲解如何对合并后的图纸进行一致性处理。

3) 装饰设计等专业绘制图纸

一栋建筑的装饰、设备安装等专业的设计图纸可以在已有的建筑或结构施工图基础上,隐藏与所绘制专业图纸无关的内容后,添加绘制新的图形元素来完成。总之,设计类企业只有在个别特殊情况下,才需要从头开始创建一个完整的施工图纸。

另外,对于大尺度的图纸,设计师可能需要根据纸质图的图幅,对图纸进行分割打印。

2. 建筑施工企业和地产企业对 AutoCAD 绘图的要求

很多初学者有一个误解,就是只有到设计企业才需要用到 AutoCAD 绘图,其实这是极其片面的观点。实际上,在建筑施工企业中对 AutoCAD 应用的需求比设计企业要高得多。利用 AutoCAD 对施工图纸进行读识及数据提取,是建筑施工企业技术人员最主要的需求,关于此部分的某些内容,我们在前面章节中已有详细的论述。在本章我们主要讨论在施工企业中对利用 AutoCAD 绘制图纸的需求。

1) 利用既有的施工图纸绘制施工总平面图

施工总平面图的绘制尽管可以在既有的建筑总平面图上进行,但是有的招标方为了考核施工企业的管理水平,往往会在招标文件中提出一些苛刻的技术要求,如规定投标纸质图的图幅、纸质图的图形比例、文字高度等,这就使施工总平面图的绘制不只是绘制一些线条和标注文字那么简单。只有对 AutoCAD 绘图方法和技巧方面有一个全面的理解,才能应对这些额外的挑战。

如果建设场区较大时,同样也会遇到图纸的分割打印问题。

2) 从新绘制签证用图或施工交底用图

由于每一个建筑施工现场都有其特殊性,在施工过程中都会有数量不少的工作联系单、签证单、技术交底、工程形象进度报告等需要从新创建。年轻技术人员由于缺少经验,经常会遇到这样一个问题,就是绘制的图纸在计算机上看起来很好,但是一旦输出到纸质图上才发现完全不合乎要求,重新绘制时间不允许,对图形进行修改又找不到有效的方法,不仅耽误了工作,也损害了自己的技术形象。因此,在绘制图纸过程中实现对所绘图形的精准控制,做到"所绘即所求"是很重要的。在本书后面章节中,我们将要介绍的面向打印控制的绘图方法,能够实现一次性精准绘图。

3) 绘制工地展示栏和工程指挥部用图

在项目施工期间,我们所绘制的图纸往往需要先输出到较小幅面的图纸上,供相关人员进行讨论修改,定稿后再输出到较大幅面的正式图纸或展板上。在后面的章节中我们将简要介绍与之相应的应对策略。

3．其他方面对 AutoCAD 绘图的要求

不仅在设计企业、施工企业、地产企业会有利用 AutoCAD 绘制图形的需求，我们在绘制文稿插图时也要用到 AutoCAD。

4.1.2　绘制新图纸的 3 种类型

要在创建新图纸时实现"所绘即所求"，首先需要了解绘制新图纸的几种类型。了解了绘制新图纸的几种类型，就可以有针对性地采取不同的绘图策略。对于创建新的图纸，我们大致可以分为 3 种类型。

1．实体对象的定比例绘图

实体对象的定比例绘图指的是绘制具有明确尺度数据的实体对象，按固定打印比例输出到纸质图上的绘图类型。

GB/T 50001—2017《房屋建筑制图统一标准》按照图样的用途与被绘对象的复杂程度，给出了房屋建筑图样的常用比例，如 1∶5、1∶10、1∶20、1∶50、1∶100、1∶200 等。建筑设计企业会按照制图标准要求的比例印制纸质图，如建筑平面图、梁平法表示的配筋图等大多按 1∶100，大样图按照 1∶10 或 1∶20，可以根据所设计的建筑平面和立面体量，选择 A0、A1 或 A2 图幅或加长图幅等。如果电子图纸按固定比例打印会超出所采用的纸质图幅，则需要进行分割打印。

实体对象的定比例绘图的绘图顺序为：

1）按 1∶1 绘制实体对象的图线

我们可以按照 GB/T 50001—2017《房屋建筑制图统一标准》的规定，创建图层，设定图层的线宽及线型，在相应的图层上用 1∶1 比例绘制实体对象的图线。

2）在注写文字和符号型图形元素之前按主副图相对比例放大副图

所有实体对象的图线或大部分轮廓图线绘制完毕，在注写文字和符号型图形元素之前，按主副图相对比例放大副图

3）注写文字、尺寸及绘制符号型图元

绘制细部图线，设定文字样式、线型比例，标注文字及尺寸并绘制符号型图元。文字样式的设定、尺寸标注样式的设定、线型比例的设定等内容我们将在后面章节中介绍。

由于打印图纸时，电子图纸上的所有图形元素都要按打印比例缩放到纸质图上，所以在创建图形模型时，对于文字、尺寸线及符号型图元，我们要按其纸质图上的大小及打印比例，反推其在图形模型的大小和高度，如我们要求纸质图上的字高为 2mm，图纸的打印比例为 1∶100，则在电子图纸模型中，我们按 200mm 的高度书写文字，就能实现对图纸的精准控制。再例如要求纸质图上的轴线圆直径为 6mm，则在电子图纸模型中，我们需按照 600mm 来绘制轴线圆。

4）进行预打印，选定合适的图纸幅面打印输出

单击"文件"→"打印"菜单，打开"打印"对话框，在"打印"对话框中按预定的打印比例进行打印设置，把电子图打印到合适幅面的纸质图上。

上述这种根据预设的打印比例来创建图形模型的方法，称为面向打印控制的精准绘图方法。

2．实体对象的定图幅绘图

实体对象的定图幅绘图指的是绘制具有明确尺度数据的实体对象，按固定图幅输出到纸质图上的绘图类型。

这种绘图类型，往往用于在校学习期间，如毕业设计、课程设计、设计大作业等。以进行一个建筑物的建筑或结构设计为例，由于所设计的建筑体量大小不同，输出到纸质图上图形的缩放比例就会不同。

假如我们在开始绘制图纸时，能够通过一定的方法测得实体对象按固定图幅输出到纸质图上的打印比例，则"实体对象的定图幅绘图"就变成了"实体对象的定比例绘图"问题。定尺度定图幅不定比例绘图类型的绘图顺序如下。

1）确定图纸的打印比例

先按照实体对象所占范围大小绘制矩形图元，给出对象范围，按照选定的图纸幅面进行预打印设置，测得打印比例。关于如何在绘图初期测定和确定图纸的打印比例，我们将在后面章节中详细讨论和学习。

2）"实体对象的定图幅绘图"转化为"实体对象的定比例绘图"

在测得打印比例之后，按照"实体对象的定比例绘图"所述绘图顺序，绘制图纸模型，最后进行打印输出。

3．定图幅绘制纯图表及符号类图形

我们要在计算机上绘制图纸目录、建筑做法说明、钢结构构件材料表、施工网络图等图表类或符号类图形元素时，首先必须给它们指定一个尺寸，如指定图表的行宽和列宽，指定网络图节点的大小等。这样这些无确定尺度的图表和符号就变成了有具体尺度数据的实体对象，最后通过测定打印比例，最终也会转化为"实体对象的定比例绘图"。

对于上述不同的 3 种绘图类型，大致的绘图策略如图 4-1 所示。

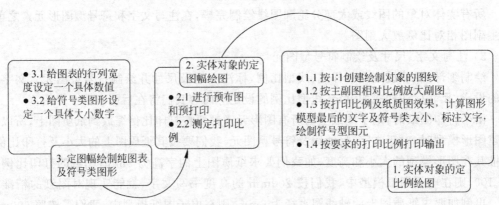

图 4-1　3 种不同绘图模式的绘图策略

从图 4-1 中可以看出，"定图幅绘制纯图表及符号类图形"经过初期的绘图准备工作之后，就能转化为"实体对象的定图幅绘图"问题；同样"实体对象的定图幅绘图"经过预布图和预打印，到了具体的绘图操作阶段，就可以转化为"实体对象的定比例绘图"问题。在本书中我们着重介绍"实体对象的定图幅绘图"和"实体对象的定比例绘图"。

4.1.3　模型空间下的绘图方式简介

创建一个新图形之后，在 AutoCAD 图形区下边标签栏有 3 个标签，它们分别是"模型""布局 1""布局 2"。在"模型"标签下，图形区显示的是模型空间，在"布局"标签下，图形区显示的是图纸空间。下面我们简要介绍一下模型空间与图纸空间的概念及绘图方式。

1．模型空间与图纸空间

模型空间是 AutoCAD 在图形窗口内虚拟的现实世界，在"草图与注释"工作空间，图形窗口能绘制二维图形，在"三维基础"和"三维建模"工作空间能创建三维图形。图纸空间是在布局卡上给出一张虚拟图纸，用户可以在虚拟图纸的视口内或在虚拟图纸上绘制图形。

2．在模型空间下绘制图形

在模型空间下绘制图形是一种传统的图形绘制方式，学习 AutoCAD 交互绘图，首先必须学习在模型空间下绘制图形的方法及基本操作。如图 4-2 为在"0"层上绘制一个 100×50 的矩形并标注其尺寸的绘图过程。

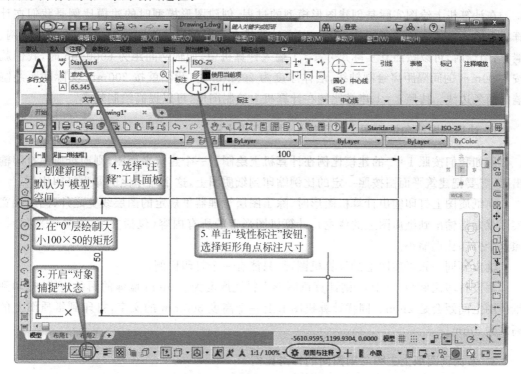

图 4-2　模型空间下绘制图形

在模型空间的图形窗口内，我们可以按 1∶1 比例绘制实际对象的图形模型，之后把创建的图形模型打印输出到纸质图上，或保存为 DWG 图形文件供其他专业软件使用。

专业 CAD 软件自动绘制的建筑或结构施工图以及专业软件与 AutoCAD 之间的图形接口都是基于模型空间的。如多层及高层集成设计系统 PKPM2010 软件，可以读取天正建筑软件绘制的 DWG 文件，从中识别建筑轴线、承重墙及门窗洞口，PKPM2010 软件生成的

T 图形文件能转换生成的 DWG 图形,广联达土建计量平台软件、广联达 BIM 土建计量软件能导入 DWG 文件并进行构件的智能识别等,实现这些功能所用到的图形都是基于模型空间的。

AutoCAD DWG 图形与部分专业软件生成的 DWG 图形文件转换处理,我们将在后面章节中予以介绍。

4.1.4 模型空间下图形的建模比例、打印比例和主副图间的相对比例

当我们用手工把一个建筑平面绘制在纸上时,首先要确定纸质图与实际建筑平面之间的比例关系,这个比例称为绘图比例。手工绘制图形时,都要用实体对象的真实大小除以绘图比例得到纸质图上的图形大小,之后在纸质图上绘制相应的图线。在计算机上绘制图纸与手工绘制纸质图不同,我们无须像手工绘制纸质图那样计算实际对象在纸上的大小,而是可以在计算机上按对象的实际大小创建图形模型,最后通过打印输出把图形缩印到纸上。

1. 创建实体对象图形模型时的建模比例

在计算机上绘图实际是创建图形模型的过程,创建图形模型时的建模比例是我们在计算机上输入实体对象时所用的比例。以在计算机上绘制建筑平面图为例,我们在输入轴网、墙体、门窗时,可以按照其实际尺寸 1∶1 输入计算机中,如轴网间距为 6000mm 时,我们就按 6000mm 的间隔距离绘制轴线,墙体厚度为 200mm 时,我们就按 200mm 实际间距绘制墙的两条边线。按照 1∶1 建模比例在计算机上绘制图形,可以提高绘制效率。

2. 计算机图形向纸质图上打印输出时的打印比例

假如我们按照 1∶1 的建模比例在计算机上绘制了一个建筑平面图,则向纸质图打印输出时,需要把建筑平面图按照一定的比例缩印到纸质图上,这个缩印比例即为打印比例。

向纸质图上打印输出计算机图形时,除了图层管理器里规定的图层线宽之外(图层线宽实际就是指输出到纸质图上的线宽),计算机图形上的所有内容(包括文字、符号等)都会按照这个打印比例缩小。

输出到同一张纸质图上的计算机图形,只能有一个打印比例。

假设打印比例为 1∶100,则计算机图形上描述厚度为 200mm 墙体的两条边线,打印到纸质图上间距会是 2mm。同样计算机图形上一个高度 300mm 的文字,打印到纸质图上的高度为 3mm。

3. 多比例图纸上主图与副图间的相对比例

当一张纸质图纸上既有建筑结构的平面图,又有构件或节点的大样图时,根据制图标准,它们往往需要采用比建筑平面图更小的比例来展现图形的细节,如建筑结构平面图按 1∶100,大样图按 1∶20。由相同比例的图形组成的图纸为单一比例图纸。由多个不同比例的图形组成的图纸,我们称之为多比例图纸。

1) 主图与副图间的相对比例

多比例图纸上占据图纸幅面较大区域的某个图形称为主图,其他图形称为副图。输出

到纸质图上的副图比例与主图比例不同,它们之间的比值,为副图与主图之间的相对比例,如大样图和建筑平面图间的相对比例为 5∶1。

2) 多比例图纸图线的绘制及打印比例

我们手工在纸上绘制多比例图形时,是用实体对象的真实大小除以绘图比例,得到图线的长度或间距,并把它们绘制在纸质图上。在计算机上创建多比例图形模型时所用的绘图方式与手工绘制图纸完全不同。如拟绘制在图纸上的建筑结构平面图按 1∶100,大样图按 1∶20,则可以首先按 1∶1 的建模比例在计算机上绘制建筑平面图和大样图的控制图线,之后在保持建筑平面图主图大小不变的情况下,把大样图按主图和副图之间的相对比例 5∶1 放大,再绘制细部图线,进行文字、尺寸线和符号等标注,直至绘图完毕,把整张图纸按 1∶100 的比例打印,这样输出到纸质图上之后,建筑平面图的比例为 1∶100,大样图的比例则为 1∶20。

4.1.5　在图纸空间绘制图形的方式简介

在图纸空间绘图具有更大的灵活性,可以实现更多类型、更高效率的绘图操作。作为代价,与模型空间绘图相比,图纸空间绘图的前期准备操作就稍显复杂,图纸空间与模型空间绘图的绘图策略完全不同。

1. 图纸空间图纸布局

图纸空间也是一个无限大小的空间,单击“布局”标签,可以进入图纸空间。首次进入图纸空间,AutoCAD 会创建一个默认的图纸布局,在图纸布局上给出一个虚拟的图纸,如图 4-3 所示。在虚拟图纸上或虚拟图纸之外的任意位置,可以设置多个视口。

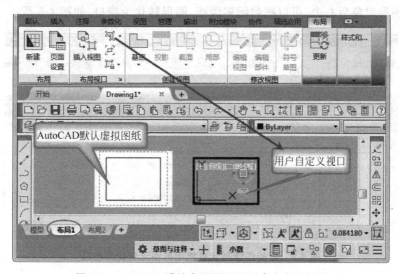

图 4-3　AutoCAD 默认虚拟图纸和用户自定义视口

在图纸空间,既可以直接在虚拟图纸上绘图,也可以在视口内绘制图形模型。在虚拟图纸上绘图就像在纸质图上绘图一样,需要把现实对象按照绘图比例进行缩小后才能画到图纸上。在视口内绘图类似在模型空间绘制图形模型,但是需要一些针对视口的操作。

2. 图纸空间的虚拟图纸和视口

单击"布局 1"标签进入图纸空间之后，AutoCAD 会自动在屏幕上部的工具面板上增加一个"布局"工具栏，并在虚拟图纸上创建一个视口，如图 4-4 所示。

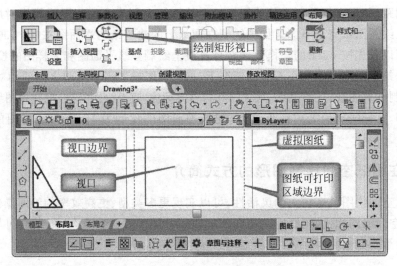

图 4-4　图纸空间的虚拟图纸及视口

选择视口边界，在选择并拖动视口边界的夹点，可以调整视口的形状及大小。切换到"布局"工具面板，单击"视口布局"工具面板的按钮 矩形 或 多边形 ，可以在虚拟图纸上创建矩形或多边形视口。单击"布局视口"工具面板的"对象"按钮，选择已经绘制好的封闭多段线、圆形等图形对象后右击，可以把封闭多段线、圆形转化为视口，如图 4-5 所示。

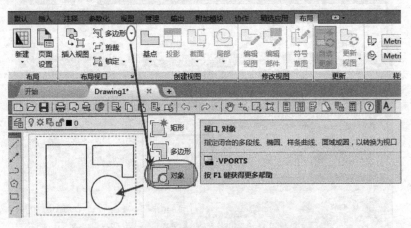

图 4-5　绘制任意形状或把圆形图元转化为视口

在视口内绘图类似在虚拟世界创建现实对象的图形模型，AutoCAD 会按照我们事先设定的视口比例，把创建的虚拟图形模型投射到视口之上。在图纸空间的虚拟图纸上可以设置多个视口，就像一个房间可以有多个窗户。在视口内绘图，就像房间内的不同观察者在不同位置，通过不同的窗户观察窗外世界一样，每个视口可以通过不同的视口比例来映射相同的或不同的图形模型，也可以按不同比例映射同一个图形模型的相同或不同的部分。

3．创建新布局及调整布局图纸幅面

单击布局标签的"新建布局"按钮 ✚ ,可以创建一个新的图纸布局。同一个图形模型,可以映射到同一个布局的不同视口内,也可以映射到不同的图纸布局上。

在"布局 1"的标签上右击,弹出图 4-6 所示浮动菜单,选择浮动菜单的"页面设置管理器"命令,打开"页面设置管理器"对话框,可以修改图纸布局的图纸幅面等。

4．激活视口并在视口内绘图

在一个视口内双击,能激活该视口,视口激活后其边界变为粗线。当一个视口激活后,即可通过绘图命令在视口内绘制图形。要关闭视口内的栅格点,需切换到模型卡,按"F7"键,或直接关闭状态栏的"栅格"开关。

图 4-6　布局浮动菜单

5．直接在虚拟图纸上绘图

当要从当前视口退出到虚拟图纸上,则需要在虚拟图纸上双击鼠标。退出到图纸上之后,被激活的视口边界会变为细线,此时单击绘图命令,可以直接在虚拟图纸时绘制图线或注写文字。

6．读入一个图形并在视口内显示出来

不论在模型空间还是在图纸空间,我们都可以通过 AutoCAD 界面上方快捷工具栏的"打开"命令,读入一个 DWG 图形。一个图形一旦被读入,它就会显示在图纸空间的视口内。

7．改变图纸布局背景颜色

在图纸空间内,当鼠标处于待命状态时,右击弹出浮动菜单,执行"选项"命令,可以打开"选项"对话框。切换到"选项"对话框的"显示"标签,单击"颜色"按钮,打开图 4-7 所示的"图形窗口颜色"对话框。

选择"图形窗口颜色"对话框"上下文"栏目的"图纸/布局"项目,再选择"界面元素"栏目的"图纸背景"项目后,可以选择"颜色"栏目中的任意颜色,定义虚拟图纸的背景颜色。通常情况下,可以选择"白色"或"颜色 9"。

4.1.6　注释性图形与非注释性图形

注释能使图形中的文字、标注、符号、属性等图形对象具有自动缩放特性。注释通过注释比例对被其注释的对象发挥影响,注释比例是与模型空间、布局视口和模型视图一起保存的设置。

能够拥有注释性的图形对象,必须是 AutoCAD 规定的可以具有注释特性的图元。在 AutoCAD 中,文字、尺寸线、图块可以定义为注释性图元,非连续线具有隐式注释性。对于不能拥有注释性的直线、圆弧等图元,注释比例不能对其产生作用。

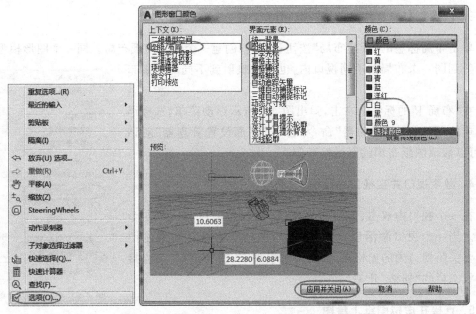

图 4-7　"选项"菜单及"图形窗口颜色"对话框

1. 注释性图形与注释性图元

要绘制注释性图形,需要对能拥有注释性的图元进行注释性定义。

1) 注释性图元定义与注释性图元

在 AutoCAD 中,文字、尺寸线、图块、非连续线等图元可以具有注释性。如图 4-8 所示的"文字样式"对话框选中了"注释性"选项时,该文字样式即为注释性文字样式,在"文字样式"对话框中其名称之前会缀以雪花图案。同样,尺寸标注样式、注释性图块定义前面,AutoCAD 也会用雪花图案做出标记。

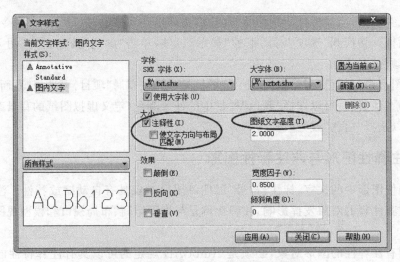

图 4-8　在"文字样式"对话框中定义注释性

在绘图时,使用该文字样式注写的文字具有注释特性,称为注释性文字。在图形中把鼠标移动到注释性图元上时,会自动出现雪花图案提示。

定义注释性文字样式、尺寸标注样式参数时,其大小或高度为纸质图上的高度。

2）注释性图形

含有注释性图元的图形,我们称之为注释性图形。在注释性图形中,既包含非注释性几何图线,也包含注释性文字、尺寸线和图块等注释性图元。

2．模型空间下注释比例的定义

定义注释性文字样式、尺寸样式和创建了注释性图块之后,在绘制注释性图元或插入注释性图块之前,首先要按图 4-9 所示定义图形的注释比例。在模型空间下绘制注释性图形,注释比例为图形的打印比例,例如若打印比例为 1∶100,则设模型空间下所绘制的注释性图形也是 1∶100。

图 4-9　模型空间下设定注释比例

需要注意的是,在模型空间每个图形只能定义一个注释比例,用一个注释比例绘制多比例图纸需要合理组织绘图顺序。所以,通常在模型空间绘制非注释性图形。

3．图纸空间下绘制注释性图形的视口比例与注释比例

可以把在不同视口绘制的图纸,想象成在一张图纸上制作的粘贴画,在同一张图纸上,可以粘贴大比例尺度的珠峰图片,也可以粘贴一个细胞的显微图样。

1）视口比例的设定

当我们绘制一个任意图形,或者读入一个旧图形后,激活一个视口并在视口内滚动鼠标滚轮或者使用"实时缩放" ±_q 、"窗口缩放" 🔍 命令对视口内图形缩放,如果此时视口未被锁定,屏幕下方状态栏会显示当前视口比例的变化情况。这个随视口内的图形缩放而不断变化的比例即为视口比例,如图 4-10 所示。

2）锁定视口

当视口被锁定之后,再激活视口并对视口图形进行缩放操作,视口与图形一起同步进行显示效果缩放,视口比例不再变化。锁定视口的方式有 3 种。

（1）视口处于激活状态时通过状态栏的"视口锁定"状态按钮锁定视口。

当对被激活的视口内图形进行缩放调整到合适大小时,可以单击图形窗口下方状态栏的"视口锁定"状态按钮,把处于未锁定状态的🔓标志改为锁定状态🔒来锁定视口。视口被锁定之后,滚动鼠标滚轮或者使用"实时缩放" ±_q 、"窗口缩放" 🔍 命令对视口内图形缩放时,视口比例会保持不变,视口和图形会同时被缩放。

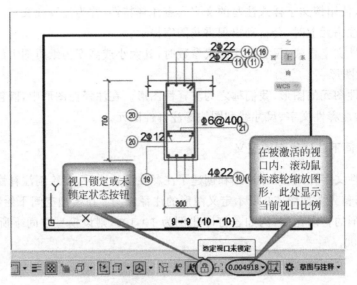

图 4-10　视口比例

（2）视口处于非激活状态时，单击"布局"工具面板的"锁定"按钮锁定视口。

单击视口外的虚拟图纸从激活的视口内退出。选择视口边界后，单击"布局"工具面板的锁定按钮，可以锁定所选择的视口。

（3）视口处于非激活状态时通过浮动菜单来锁定视口。

在视口处于非激活状态时，选择视口边界后，右击弹出浮动菜单，选择浮动菜单的"显示锁定"→"是"命令，即可锁定被选择的视口，如图 4-11 所示。

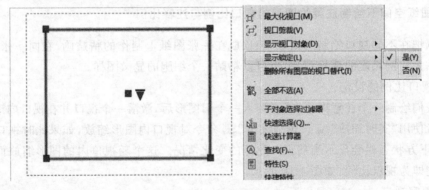

图 4-11　锁定视口

3）解锁视口

对应上述 3 种视口锁定方式，视口的解锁也为 3 种，在此不再赘述。

4）视口的注释比例设定

在缩放视口内图形到适当大小并要开始绘制注释性图形之前，必须先单击如图 4-12 所示状态栏上的"选定视口的比例"按钮，在展开的比例列表上选择或定义与视口比例相匹配的比例，该比例即为将要绘制的注释性图形的注释比例。

绘制注释性图形时，AutoCAD 会按注释比例对所绘制的注释性图形进行自动缩放，如

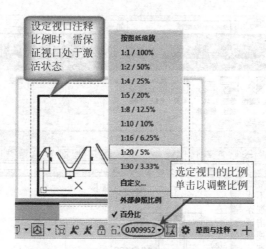

图 4-12 设定注释性图形的注释比例

我们要输入一个在纸质图上高度为 2mm 的注释性文字,当我们设定了注释性文字样式高度为 2mm,视口的注释比例为 1∶100 时,我们在视口中输入该文字时,AutoCAD 会自动把该文字的高度设定为 200mm,对注释比例的这个特性,我们将在后面讲解注释性图形时进行详细叙述。

需要注意的是,注释比例会自动影响非连续线的绘图效果。在实际教学过程中,我们会遇到部分同学总不能很好控制非连续线的绘图效果,大多是因为他们不知道注释比例也会影响线型效果。图 4-13 为注释比例对非连续线绘图效果的影响情况示意图。因此,不论是在图纸空间还是模型空间绘制图形,只有绘制注释性图形元素时,才需要设定注释比例,否则应确保注释比例为 1∶1。

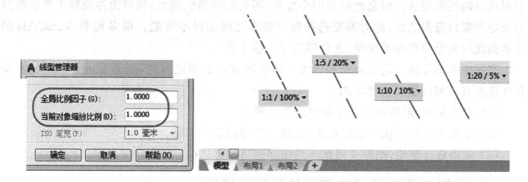

图 4-13 注释比例对非连续线绘图效果的影响

在图纸空间,视口比例和注释比例类似模型空间绘图的打印比例,只不过此时图形是像剪贴画一样输出到虚拟图纸的不同位置。

4．视口超出窗口视界范围时的处理

在视口未处于锁定且为未激活状态时滚动鼠标滚轮缩放图纸布局,会使图纸布局或视口边界超过窗口视界范围状态,如图 4-14 所示。

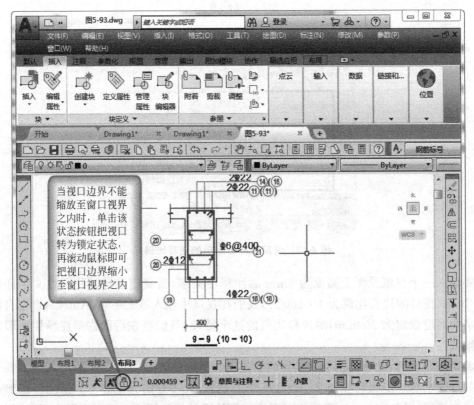

图 4-14　视口边界放大至窗口视界之外

　　此时若在图上双击鼠标也能激活图形所处的视口。当视口被激活后,滚动鼠标滚轮可以对视口内图形缩放。但是此时我们会发现,不论如何缩放图纸,视口边界或整个图纸布局总会处于窗口视界之外,此时若要选择视口边界已经变得不可能。很多初学 AutoCAD 的读者到此时就会显得束手无策,无法继续下一步工作。

　　当图纸布局和视口超出窗口视界无法再缩回窗口范围之内时,则需要进行下面三步操作才能把视口缩回窗口视界之内。

　　(1) 双击鼠标,激活边界处于视界之外的视口。

　　(2) 单击工具栏的视口锁定按钮,把视口变为锁定状态 🔒。

　　(3) 滚动鼠标滚轮,把整个图纸布局缩回窗口视界之内,如图 4-15 所示。

4.1.7　模型空间与图纸空间下的绘图路线图

　　在实际绘图工作中,我们可根据需要在模型或布局卡上切换并进行绘图操作,但是在模型空间或在图纸空间内绘图,需要采取不同的绘图路线。

　　如果我们把绘图过程比作攀登一座山峰,模型空间绘图和图纸空间绘图、注释性绘图或非注释性绘图是几条不同的登山之路,当我们一旦选定一条徒步登山之路,原则上在登山途中是不能随意转换登山路线的。

　　如徒步登山一样,在绘图时一旦我们选定了绘图是基于模型空间还是图纸空间,是注释性绘图还是非注释性绘图,就要按照相应的绘图策略进行绘图直至绘图完成。要从一种绘

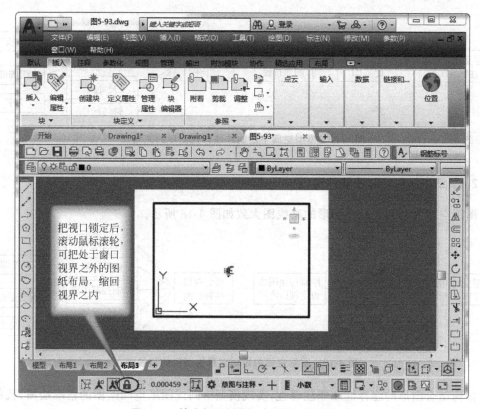

图 4-15 锁定视口把图纸布局缩回视界之内

图模式转换到另一种模式,要么从头重来,要么需要对已绘制的图形进行大量的修改转换工作。原则上绘图时,不能同时采用两种不同的绘图操作路线。在 AutoCAD 中绘制新图形的绘图操作线路图如图 4-16 所示。

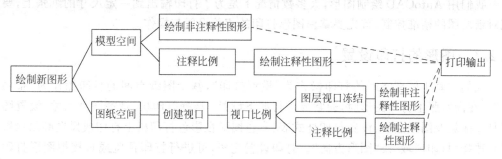

图 4-16 不同绘图方式的绘图操作线路图

在图 4-16 中,我们给出了 4 条图形绘制路线,在实际工作中,要结合工作团队的绘图习惯和前后工序的相关技术要求,来选择具体采用哪种绘图路线。下面介绍一下模型空间下绘制非注释性图形和图纸空间内绘制注释性图形两种常用的绘制路线图。

1. 模型空间下绘制非注释性图形

模型空间下绘制非注释性图形的路线图大致如图 4-17 所示。

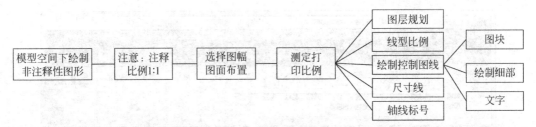

图 4-17　模型空间下绘制非注释性图形的路线图

2. 图纸空间内绘制注释性图形

图纸空间内绘制注释性图形的路线图大致如图 4-18 所示。

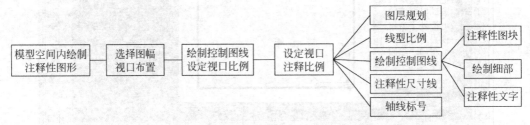

图 4-18　图纸空间内绘制注释性图形的路线图

如何结合图形的注释性和非注释性,实现模型空间或图纸空间绘图的精准绘图,我们将在后面章节中详细叙述。

4.2　AutoCAD 的图形打印操作

我们用 AutoCAD 绘制图形,大多数情况下是为了打印输出到一定尺寸的纸张上,要实现对纸质图的精准控制,首先要掌握图形打印的相关设置与操作。

4.2.1　图形的打印设置

我们称基于模型空间的打印操作为"模型打印",基于图纸空间的打印操作为"布局打印"。在向纸张上打印图形时,通常要进行如下设置:选择打印机、选择图纸尺寸、设置图纸可打印区域及图纸边界、设置打印样式表(彩色图形在彩色打印机上打印成黑白必须设置此项)、选择"打印区域"及"图形方向"。打印设置完毕,可进行打印预览或直接把图形打印输出到纸张上。

1. 模型空间下的打印操作

AutoCAD 打印图形的设置及打印输出操作是通过"打印"对话框进行的。在 AutoCAD 中,可以有多种方式打开"打印"对话框。在模型空间下,单击"菜单浏览器" ![A] →"打印"菜单、单击下拉菜单"文件"→"打印"菜单、单击图形窗口上方快捷工具栏的"打印"按钮 ![打印] ,以及在"模型"标签栏上右击,弹出浮动菜单,选择浮动菜单的"打印"命令,都可以打开如图 4-19 所示的"打印-模型"对话框。

图 4-19　"打印-模型"对话框

"打印-模型"对话框中有多个打印设置项,按照打印设置,AutoCAD 会在对话框上显示打印效果的缩略图,在缩略图上标有图纸的高度和宽度,中间阴影区域为图形所占位置。

1) 选择打印机

单击"打印-模型"对话框的"打印机/绘图仪"下拉列表框,软件会显示如图 4-20 所示的系统打印机的列表。

该列表中给出的既有实体打印机,也有虚拟打印机。其中含有 PDF 和 DWF 字母的皆为虚拟打印机。不同的打印机可以选择的图纸幅面是不同的,通常进行打印预览时,可以选择"DWF6 ePLot. pc3"虚拟打印机,该虚拟打印机可以支持从 A1～ B5 的所有图纸幅面。

图 4-20　操作系统打印机的列表

2) PDF 打印

选择含有 PDF 字样的虚拟打印机,可以把图形打印输出到 PDF 文档。该种打印方式可以把包含本地绘图环境的矢量图形发布到 PDF 文档中,这样再通过打印 PDF 文档到纸张上时,就可以实现与 AutoCAD 绘图环境无关的打印输出。

PDF 打印实际是把 DWG 矢量图转化为位图,受位图或打印机分辨率的限制,图纸线条的清晰度会有所降低。在学校进行绘图大作业或课程设计时,可以考虑在自己的计算机上采用 PDF 打印,把绘制好的图形发布到 PDF 文件,再到专业打印社打印输出到要求的图纸幅面上。

3) "图形方向"选项栏

单击"打印-模型"对话框的 ⊙ 或 ⊙ 按钮,可展开或收缩对话框。展开对话框后,可见到被遮挡的"图形方向"选项栏,如图 4-21 所示。

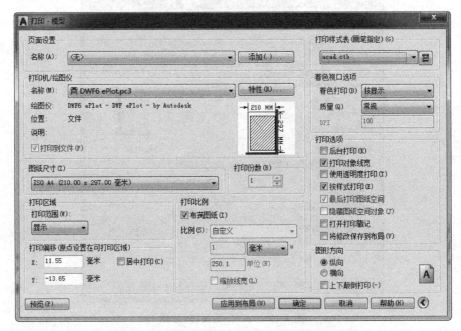

图 4-21　显示"图形方向"的"打印-模型"对话框

4)"居中打印"勾选项

选中"居中打印"勾选项,把打印的内容打印在图纸的中间。此项一般是必选项。

5)"打印选项"和"打印戳记"

"打印选项"一般采用 AutoCAD 默认的设置,AutoCAD 默认的选中"打印对象线宽"和"按样式打印"两个勾选项。"按样式打印"是指按打印样式表定义的对象颜色、线宽等打印特性打印。"打印样式表"选择框位于"打印-模型"对话框的右上角,AutoCAD 默认的样式表为"无",用户可以选择"acad.ctb"打印样式表。选中"打开打印戳记"勾选项后,该勾选项右侧会出现一个"打印戳记设置"按钮，单击该按钮,可以定义在每个图形的指定角点处放置打印戳记并将戳记记录到文件中。

6)选择图纸尺寸

单击"图纸尺寸"下拉列表框,展开当前打印机可用的图纸列表,从中可以选择不同的图纸幅面,如图 4-22 所示。选择图纸幅面时尽量移动滑动条到图纸幅面列表的上部,选择"ISO full Bleed..."类型的图纸幅面,这样能方便后面进行"图纸可打印区域"及"图纸边界"设置操作。

7)选择"打印区域""图形方向",进行图形的打印预览或输出到纸张上

当图纸幅面及图纸可打印区域设置完毕,即可确定图形的打印区域。通常图形的打印区域按"窗口"方式确定,单击"打印范围"下拉列表框,选择"窗口"打印方式,用鼠标在图形区确定一个窗口,在这个窗口之内的图形将被打印,具体操作如图 4-23 所示。

在模型打印时,用窗口方式选择图形的打印范围是常用的打印方式。可以重复单击"窗口"按钮,调整图形的打印范围直到满意为止。

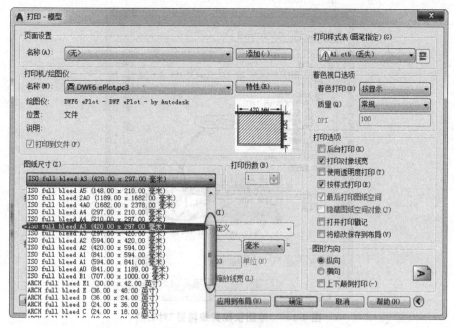

图 4-22　选择图纸尺寸

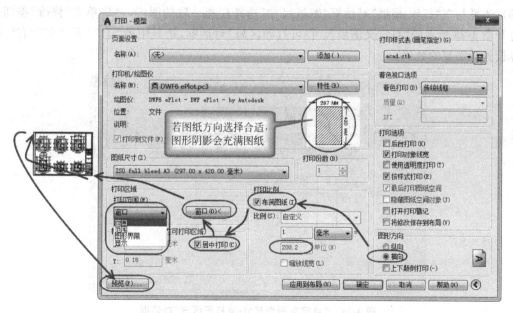

图 4-23　图形打印区域选择

8) 设置图纸可打印区域及图纸边界

选择了打印机、图纸尺寸及图形的打印范围之后，为了实现对所绘图形的精准控制，还需要单击"打印-模型"对话框的"特性"按钮，打开图 4-24 所示的"绘图仪配置编辑器"对话框，把纸质图的可打印区域设置成与图形范围相匹配的数值。

在"绘图仪配置编辑器"对话框中，选中"修改标准图纸尺寸(可打印区域)"列表项之后，

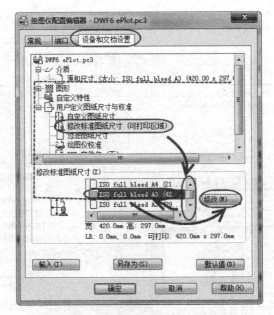

图 4-24 "绘图仪配置编辑器"对话框

移动"修改标准图纸尺寸"列表栏的滑动条（"ISO full bleed A3（42…"类图纸在列表的上部），选择与在"打印-模型"对话框"图纸尺寸"选择栏相一致的图纸，之后单击"修改"按钮，打开图 4-25 所示的"自定义图纸尺寸-可打印区域"对话框，把其中的"上""下""左""右"边界设置为需要的数值。

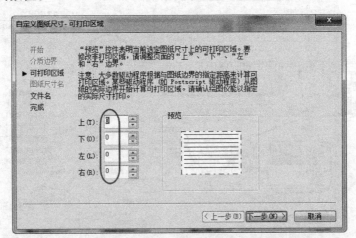

图 4-25 "自定义图纸尺寸-可打印区域"对话框

在"自定义图纸尺寸-可打印区域"对话框中，可按下面两种情况，设置"上""下""左""右"边界数值。

（1）当在图形中只绘制了图框

当在图形上绘制了图纸的图框，且图形打印区域按"窗口"方式选择为图框以内部分为打印范围，则在设置纸质图的可打印边界时，需要"上""下""左""右"边界预留图框至图纸边缘距离。通常图框至图纸左边缘距离为 25mm，其他 3 个边缘为 10mm。

（2）当在图形中的图框外侧绘制了图纸边缘线

当在图形上的图框外周绘制了图纸边缘线，且图形打印区域按"窗口"方式选择了图纸边缘线以内为打印范围，则在设置纸质图的打印边界时，需要"上""下""左""右"边界预留数值全填为 0。

图纸的可打印区域设置完毕，单击"自定义图纸尺寸-可打印区域"对话框的"下一步"按钮，中间按提示输入图纸可打印区域配置 BMP 文件的文件名，直至"完成"。可单击"BMP文件名"把配置好的 BMP 文件附着到打印配置里以备后用。

9）设置打印样式表

打印样式表是指定给布局打印或模型打印的打印特性集合。这些特性定义在一个被称为打印样式表的文件中。在打印图形时应用，用户可以使用 AutoCAD 默认的打印样式表文件 acad.ctb，也可以自己创建打印样式表。

当要把绘制含有彩色图线的图形在彩色打印机上打印成黑白时必须设置此项。单击"打印-模型"对话框右上侧的"打印样式表"按钮 ▤，打开"打印样式表编辑器"对话框，按图 4-26 所述操作，设置把对象颜色打印成黑色。

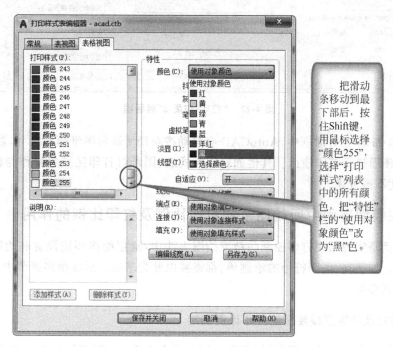

图 4-26　"打印样式表编辑器"对话框

10）打印预览和打印

打印设置完毕，即可通过打印预览观察打印效果，或单击"打印-模型"对话框的"确定"按钮，把图形输出到纸张上。

2. 图纸空间下的打印操作

在图纸空间下，单击"菜单浏览器" ▲→"打印"菜单、单击下拉菜单"文件"→"打印"菜单、单击图形窗口上方快捷工具栏的"打印"按钮 🖶，以及在"布局"标签栏上右击，弹出浮动菜单,选择浮动菜单的"打印"命令,都可以打开打印对话框。在图纸空间下打开的打印对话框标题栏会缀以布局编号,如在"布局 2"上打开的打印对话框名称为"打印-布局 2"对话框,如图 4-27 所示。

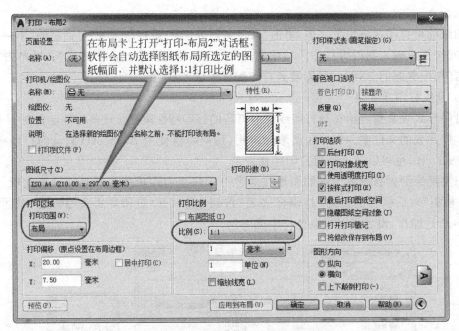

图 4-27 "打印-布局 2"对话框

在"打印-布局 2"对话框中,AutoCAD 会自动按布局所选的图纸幅面尺寸,默认按 1∶1 打印比例对图形进行打印输出。其他如打印样式表、图纸可打印区域等操作与模型空间打印相同,在此不再赘述。

4.2.2 在模型空间中所绘图纸的打印比例及打印比例的作用

打印比例是实现面向打印控制的精准绘图方法中,确定绘图环境设置和绘图参数的重要基础数据。如字高、图面符号的绘制等,都需要以此为基础。后面很多章节中我们将不断用到这个比例参数。

1. 实体对象的定图幅绘图的打印比例测定

为了理解打印比例的作用,我们首先绘制一个大小为 A3 图纸幅面 100 倍的矩形,其高度和宽度分别为 42 000mm 和 29 700mm,沿矩形对角线绘制一条斜线,在对角线中点绘制一个与原长边相切的圆,最后得到的图形如图 4-28 所示。如果所绘制的图形超出图形范围,可依次输入"Z""空格""A"把图形缩放到图形窗口之内。

单击 AutoCAD 快捷工具栏的"打印"按钮,打开"打印-模型"对话框,选择 A3 幅面图纸"ISO full bleed A3(42 000mm×29 700mm)",单击"打印-模型"对话框

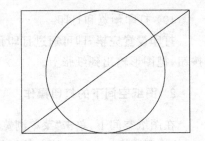

图 4-28 A3 幅面大小的矩形放大 100 倍

的"特性"按钮,打开"绘图仪配置编辑器"对话框,在"绘图仪配置编辑器"对话框中选择与
"打印-模型"对话框相同的图纸幅面名称后,设定其可打印区域距图纸边的距离为 0 后,再
在"打印-模型"对话框中选中"布满图纸"、"居中打印"、图形方向为"横向"的勾选项,选择打
印范围为"窗口"选择方式,用鼠标选择矩形的对角点确定打印区域后,AutoCAD 会依据上
述打印设置,自动测算打印比例为 1:100,并把打印比例显示在"打印-模型"对话框的"打
印比例"栏目中,如图 4-29 所示。

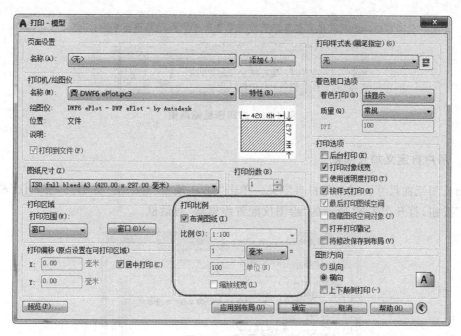

图 4-29　打印比例

需要注意的是,当选择"布满图纸"后,"打印比例"栏目的"打印"编辑框为暗显,表示该
打印比例为软件根据打印设置自动测算的,不能随意修改。

单击"打印-模型"对话框的"预览"按钮,可以预览图
形输出到 A3 幅面图纸的打印情况,如图 4-30 所示。

从图 4-30 中可以看到,前面所绘制的 42 000mm×
29 700mm 打印时,按打印比例缩小至 1/100,正好充满
A3 幅面图纸。打印比例是个很重要的概念,必须真正理
解它的作用和含义。打印比例是图形打印到图纸上时,
所有图元几何特征的缩放比例。如打印比例为 1:100。
表示 100 个绘图单位长度的图线,打印到纸质图上的长

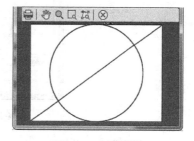

图 4-30　打印预览

度为 1 个绘图单位。42 000mm×29 700mm 大小的矩形,打印比例为 1:100 时,打印到纸
质图上缩小至 1/100,就是 420mm×297mm。同样图形中 100mm 高度的文字,打印到纸质
图上的高度为 1mm;直径为 100mm 的圆,打印到纸质图上的直径是 1mm。

2.实体对象定比例绘图的打印输出及打印预览

对于实体对象的定比例绘图,则需要去掉"布满图纸"的勾选,由用户在"打印-模型"对

话框的"打印比例"栏目中输入打印比例。输入打印比例之后,要观察"打印-模型"对话框的打印缩略图或打印预览所选定的图纸幅面是否合适。

如果按设定的打印比例打印的图形超出了图纸幅面,则"打印-模型"对话框的打印缩略图会在超出的相应方位上用红色粗线给出示意,如图 4-31 所示。四边都为红色粗线,则要从"打印-模型"对话框的"图纸尺寸"列表中选择更大一些的标准图幅,如果是横向或竖向的某个方向给出了红色粗线标识,则可选择加长的图纸。

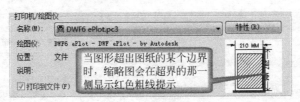

图 4-31　打印预览缩略图

3．用户自定义加长图纸

加长图纸的尺寸可以由用户自定义。单击"打印-模型"对话框"打印机/绘图仪"栏目的"特性"按钮,打开图 4-32 所示的"绘图仪配置编辑器"对话框。

图 4-32　"绘图仪配置编辑器"对话框

选择"绘图仪配置编辑器"对话框的"自定义图纸尺寸"后,单击"添加"按钮,打开图 4-33 所示"自定义图纸尺寸-开始"对话框,在该对话框中选择"创建新图纸"选择项,单击"下一步"按钮,继续设置"介质边界""可打印区域",至"自定义图纸尺寸-图纸尺寸名"对话框。

在"自定义图纸尺寸-图纸尺寸名"对话框中,给出图纸名称,如图 4-34 所示。继续单击"下一步"按钮,直至最后关闭"绘图仪配置编辑器"对话框,AutoCAD 会自动返回"打印-模型"对话框。

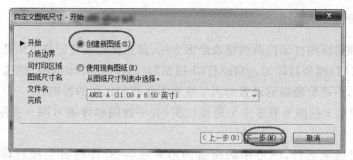

图 4-33　创建新图纸

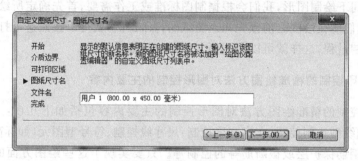

图 4-34　定义图纸尺寸名

最后在"打印-模型"对话框的"图纸尺寸"列表中,选择自定义的图纸名之后,打印缩略图即会按新定义的图纸幅面进行更新,从新更新的打印预览缩略图可以看到提示图形越界的红色粗标志线消失了,说明新设定的图纸幅面能满足图形的打印要求,如图 4-35 所示。若图形阴影区远小于图纸尺寸,则可以单击"特性"按钮,打开"自定义图纸尺寸-图纸尺寸名"对话框,定义或选择更合适的图纸幅面。

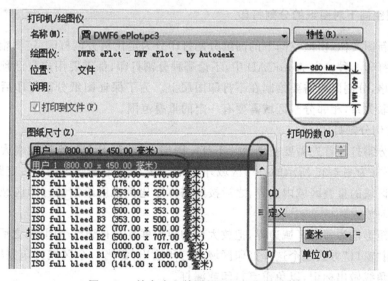

图 4-35　按自定义的图纸显示打印缩略图

4．打印比例的作用

为了便于理解面向打印控制的精准绘图方法，首先我们需要记住下面几个关键内容。

（1）AutoCAD模型打印时，当在"打印-模型"对话框的"打印选项"栏选中了"打印对象线宽"勾选项时，图层管理器里设置的图层线宽不受打印比例的影响。

（2）不论图纸上的图形有多少个建模比例（如平面图和详图），同一张图纸只有一个打印比例。

（3）除图层线宽之外，图形中的所有图形对象，在打印时都会按打印比例缩放到纸张上。

在模型空间下绘制图形，我们会根据制图标准或工作需要，首先确定所绘图形纸质图上的效果，如果我们能在绘图之前预先知道图纸的打印比例，就可以按照这个打印比例去预设我们的图形绘制过程，这样就可以实现面向打印的精准绘图了。

5．面向打印控制的精准绘图方法对图形控制的主要内容

面向打印控制的精准绘图方法对图形控制的主要内容包括如下几项：图形的线宽控制、非连续线的线型比例控制、文字高度控制、尺寸线控制、符号型图元（如标高符号、轴线符号）的控制、对钢筋保护层或截断筋等的控制等。只要实现了这些绘图方面的精准控制，我们就可以一次性绘制出我们所需要的纸质图，在第5章我们将详细介绍面向打印控制绘图方法的具体操作。

4.2.3 图纸分割打印

图纸的分割打印就是把一张较大的图纸分区域打印到多张图纸上，在模型空间和图纸空间都可以实现对图纸的分割打印。

1．模型空间下对图纸的分割打印

与创建新图类似，模型空间下的图纸分割打印分为定比例分割打印、定图幅分割打印和定字高分割打印3种。在AutoCAD中，不论哪种分割打印，都需要用户自己预先在图形上绘制分割区格，分割区格需要绘制在不打印图层上。为了保证图纸分割打印后不丧失与邻近区域的关联关系，相邻分割区域需要有一定的重叠范围。

1）定比例分割打印

定比例分割打印首先需要在创建的不打印图层上，绘制一个与纸质图幅大小相同的矩形框，该矩形框为图4-35所示的打印区域外廓，之后把该矩形框向内偏移一定距离，得到相邻分割打印区域的重叠区域内边界，之后按所需打印比例把所绘制的打印区域外廓和重叠区域边界同时放大。

以内侧矩形框为邻近区域边界，把放大后的矩形框复制布满整个图纸，之后以外侧框为打印范围，用"窗口"方式逐个选择打印区域并打印输出，每当一个区域打印完毕，可以在区域上绘制对角线做出标记，以免重复打印或漏打。

为了便于对分割打印的图纸检索，可以在打印框内侧适当位置给出类似文档页码一样的文字编号，最后再打印一个分割区域缩略图以便于图纸的查找读识。其缩略图如图4-36所示。

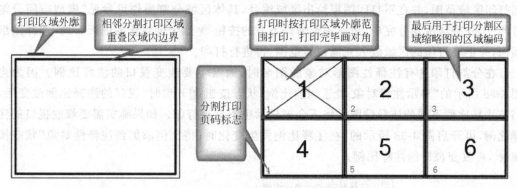

图 4-36　定比例分割打印分割区域缩略图

2）定图幅分割打印

定图幅分割打印通常用于草图打印，其打印区域的划分通常要保证分割打印出来的纸质图能有一定的可读性和分辨率。

通常可以选择图纸上尺度较小的图形元素或密度较大区域的图元，用"查询"命令或"特性"对话框查询其图上大小，之后设定该图元打印到纸质图上的大小，用纸上大小除以其图上大小，得到每个分割区域的打印比例。这样"定图幅分割打印"就转化成了前面的"定比例分割打印"问题，就可以按照定比例分割打印的操作步骤对图纸绘制分割区域并进行分割打印了。

3）定字高分割打印

定字高分割打印要测定图内文字高度，首先要判断文字的类型是非注释性文字还是注释性文字，可先选择图内文字，打开"特性"对话框，查看该文字所用的文字样式，文字样式前面缀以雪花图案的为注释性文字，没有缀以雪花图案的为非注释性文字。图内文字高度查询操作可按图 4-37 所示操作顺序进行。

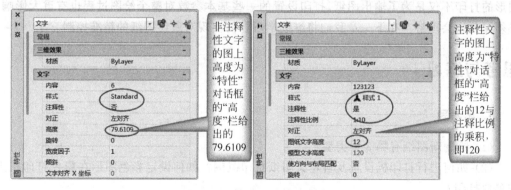

图 4-37　图内文字高度查询

根据预设的纸上文字高度和查询得到的文字图内高度，求得分割打印的打印比例，这样"定字高分割打印"就转化成了前面的"定比例分割打印"问题。

2．图纸空间下对图纸的分割打印

图纸空间下对图纸的分割打印，通常也需要根据分割打印的 3 种情况，在不打印图层绘制打印区域范围,并在不打印图层给出区域编号,具体区域分割操作可参见"模型空间分割打印"。分割区域划分完毕,单击图形窗口下方的按钮➕逐个创建新的图纸布局,选择图纸幅面,并把要打印的区域放大充满视口范围,再进行打印。

在分割打印含有注释性图形对象的图形时,通常不要改变视口的注释比例。因为当图 4-38 所示的"显示注释对象-处于当前比例"状态按钮🅰开启时,视口的注释比例改变后,与该注释比例不同的注释性图元将不会被显示也不会被打印。如果确实需要修改视口的注释比例,可开启图 4-38 所示的"在注释比例发生变化时,将比例添加到注释性对象"状态按钮🅰,再改变视口的注释比例。

图 4-38　将注释比例变化添加到注释性对象

4.3　本章小结

在本章中我们学习了二维图形文件绘制分为模型空间下绘图、图纸空间下绘图和非注释性绘图、注释性绘图等几种绘图策略,讲述了绘制新图纸的"实体对象的定比例绘图""实体对象的定图幅绘图""定图幅绘制纯图表及符号类图形"3 种类型的绘图特点,讲述了模型空间下图形的建模比例、打印比例和多比例图形的主副图的相对比例,以及多比例图形的绘制思路,学习了图纸空间视口的创建、视口比例、注释比例的作用,以及在图纸空间创建图形的几种方法。

在图形打印方面,我们学习了打印设置、打印比例测定以及图形分割打印的具体思路。图形的打印不仅是为了输出图纸,打印设置的一些基本参数对整个绘图过程也有重大影响,必须深刻领会理解。在下一章我们将继续学习如何实现对所绘图纸的精准控制。

思考与练习

1. 思考题

(1) 绘制新图纸有哪 3 种类型?

(2) 如何进行打印机设置及自定义图纸打印范围? 如何设定彩色图形在彩色打印机上按黑白打印?

(3) 模型空间下绘图的建模比例通常宜取多少? 在模型空间下,多比例图纸的绘制思路是什么?

(4) 如何在模型空间下测定图纸的打印比例? 打印比例的作用是什么?

(5) 请解释在图纸空间绘图时,视口、视口比例、视口激活、视口边界、页边距边界、图纸边界的含义。

(6) 在图纸空间下绘制图形的方法有哪几种? 请简单说明。

（7）请解释什么是注释性图形的注释比例。如何设定注释比例？注释比例有何作用？

（8）如何判断一张既有图形文件是用哪种绘图方法绘制的？

（9）在模型空间下图纸的分割打印分为几种？定比例分割打印的操作思路是什么？

2．操作题

（1）用模型打印，在选择任意一款打印机后，勾选"布满图纸"，用"窗口"打印方式，在屏幕上分别确定两个以上不同大小的打印区域，观察打印比例的变化。

（2）在 AutoCAD 界面工具栏任意位置右击，从快捷菜单中选择"视口"，显示出视口工具栏。之后进入布局打印，激活视口，对图形进行放缩，观察视口工具栏里视口比例及视口内图形的变化。

第 **5** 章

面向打印控制的精准绘图方法

掌握模型空间中面向打印控制的绘图方法。

掌握特殊符号及堆叠数字的输入。

掌握钢筋保护层、截断筋的绘制方法。

掌握非注释性图形和注释性图形的文字样式、尺寸标注样式的设定方法。

掌握符号图块和实体图块的创建、插入、重定义、替换及块编辑操作。

掌握利用多段线绘制有宽度的实体对象的绘图方法。

掌握模型空间中绘制多比例图形的方法。

掌握图纸空间中基于共同图形绘制不同图纸的多种方法。

了解多人协同作图的基本过程。

了解图纸幅面变化时既有图形的编辑修改策略。

掌握模型空间图纸转化为模型空间图形的方法。

5.1 模型空间内非注释性图形的精准绘图方法

如果把绘制图纸的过程比拟为建造一栋建筑,只有一边施工一边控制建造质量是最科学的做法,若待房屋建成后又发现所建造的房屋出现质量问题,再回头加固维修,则是一件非常痛苦的事情。

高质量的图纸都有好的准确度、清晰度、区分度。图形的质量不仅取决于图线及标注信息能否正确反映图形对象的几何特征和技术特征,还取决于图线宽度、非连续图线的线型比例、文字的大小、尺寸线的外观以及图面符号大小等是否恰当。

5.1.1 面向打印控制的单一比例图纸的绘制策略

要实现单一比例图纸的精准绘制,首先要根据绘图任务的要求区分绘图类型。在前一章我们已经了解到,绘图类型分为实体对象的定比例绘图、实体对象的定图幅绘图和定图幅绘制纯图表及符号类图形 3 种。3 种绘图类型都可最终归纳为实体对象的定图幅绘图。不论哪一种绘图类型,归根结底首先要确定图纸的打印比例,之后根据打印比例来控制绘图参数的设置,实现面向打印控制的精准绘图。

实体对象的定图幅绘图又可分为单一比例绘图和多比例多图形绘图两种。模型空间下面向打印控制的单一比例图纸的绘制过程大致如下：

1．进行图面布置及打印比例测定

在模型空间内,根据所要绘制的图形对象情况,在一个打印属性设置为不打印的图层画出图形外廓,按标准图纸尺寸绘制图纸边框,再绘制图框,之后把图纸边框及图框放大,直至其能恰好围住图形外廓为止,完成图面布置。图面布置完成之后,进行"打印"设置,选定图纸幅面,修改图纸打印区域边界,测定打印比例。

2．进行图层规划,设定线型比例

根据所绘制图形对象的情况,创建图层列表,设定图层线宽及线型。通常情况下,绘制图形中的第一种非连续线时,通过设定线型的"全局比例因子"来体现线型比例。线型的"全局比例因子"与非连续线的纸上长度、线型文件定义的非连续线格式和打印比例 3 个参数密切相关。

3．按 1∶1 比例创建图形模型,绘制主要图线,创建实物图块并插入实物图块

在相应图层上绘制图形对象的控制图线。在实际绘图过程中,我们也不必等到所有图线都绘制完毕再进行文字及尺寸标注。但是,为了保证文字和尺寸标注定位合理且标注正确,在进行文字和尺寸标注之前必须绘制好图形的控制图线。

4．设定文字样式、尺寸标注样式及创建符号图块并插入这些图块

根据打印比例,设定文字样式的字体高度和定尺寸标注样式,进行文字及尺寸线标注。根据需要,按纸质图大小创建必要的符号图块,并按打印比例倒数放大插入符号图块。继续绘制图纸中的细部图线。

5．图形的保存及图纸输出打印

在绘图过程中,要注意随时保存图形。图形较复杂时,每一个阶段性成果至少要用两种以上不同的方式进行备份,如存储在硬盘、U 盘、云盘或发到邮箱。图纸绘制完毕,进行打印输出。

在前面章节中,我们已经学习了图纸的图面布置及打印比例测定,下面我们将详细介绍绘制单一比例复杂图纸的方法和技巧。

5.1.2　图层规划及线宽、线型

通过图层规划正确地预设图形中图线的宽度、线型、颜色及打印属性,通过图面布置和打印预览测定模型空间下所绘图纸的打印比例,是绘制任何图形时都必须首先进行的工作。大多数绘图效率和质量不高的绘图人员,都是因为没有进行这些至关重要的工作,即开始匆忙进行具体绘图操作。

在本章我们依托一个建筑平面图的绘制,来讲解模型空间内面向打印控制的非注释性图形精准绘图方法。

1. 要绘制建筑平面图内容介绍

如图 5-1 所示的建筑平面图包含的内容大致为：轴线及轴线编号；绘制墙、柱、花格梁图线；绘制内外墙上的门窗，书写门窗编号，书写房间的名称，绘制室内楼、地面的标高（底层地面为±0.000）；绘制电梯、楼梯图线及楼梯的上下行方向；绘制卫生器具、水池、工作台、橱、柜、隔断及其他设备；标注建筑平面外周尺寸及内部定位尺寸，书写图名。

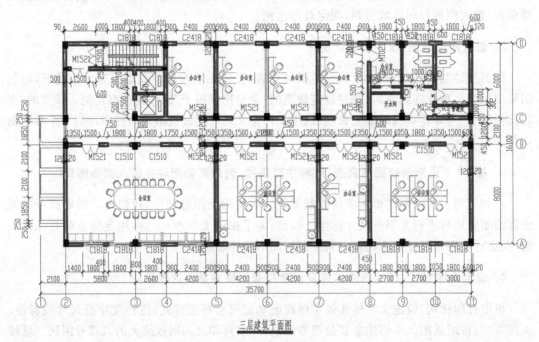

图 5-1　建筑平面图

从前面罗列的内容可知，建筑平面图不仅包括墙体、柱子、家具、楼梯、电梯等建筑构部件，还包括轴线系统、尺寸文字标注、图面文字说明、图纸名称等图面符号。根据 GB/T 50001—2017《房屋建筑制图统一标准》的规定，在图纸上要按照规定的线宽和线型来描述不同建筑构部件，标高、轴线圆等图面符号也按规定的大小来绘制。

2. 图线的线宽

由于图线的宽度和线型属于图层的特性，所以，要绘制符合要求的图纸，首先要分析所要绘制图形的对象特征，确定合理的线宽和线型，初步规划图形元素的绘制次序，并通过图层规划来反映这些绘图前所做的前期工作。

在绘制建筑工程图纸时，建筑对象不同的部分，采用的线宽各不相同。具体线宽的采用要服从相关专业的规定。

1）线宽组的选择

建筑及结构图纸的线宽，须服从 GB/T 50001—2017《房屋建筑制图统一标准》、GB/T 50104—2010《建筑制图标准》、GB/T 50105—2010《建筑结构制图标准》的规定。图线的宽度分为粗线、中粗线、中线、细线 4 种，线型分为实线、虚线和点划线 3 种。绘图时依据图线描述对象的不同,分别采用不同的线宽和线型。制图标准对线宽组的规定如表 5-1 所示,1.4 或 1.0 线宽组可用于 A0 或 A1 幅面图纸,1.0 或 0.7 线宽组适用于 A1、A2 幅面图纸,0.7 或 0.5 线宽组适用于 A3、B4 幅面,其他幅面可酌情选择。

表 5-1　GB/T 50001—2017《房屋建筑制图统一标准》规定的线宽组

线宽组值/mm			
b	1.4	1.0	0.7	0.5
$0.7b$	1.0	0.7	0.5	0.35
$0.5b$	0.7	0.5	0.35	0.25
$0.25b$	0.35	0.25	0.18	0.13

绘图时需要依据制图标准规定,选定一个合适的线宽组。不同大小幅面的图纸,可以采用不同的线宽组,但是同一张图纸必须用同一组线宽,如果粗线选用 1.0mm,则中线和细线应分别为 0.5m 和 0.25mm。

2) 建筑图纸的线宽

GB/T 50104—2010《建筑制图标准》对建筑图上各种线宽表达的内容有十分详细的规定。当同一张图纸上,$0.5b$ 宽度的线宽描述的构件层次较多时,可用 $0.7b$ 或 $0.5b$ 予以区分,如板配筋图上同时要画出梁肋和梁翼缘,梁肋可用 $0.7b$,翼缘可用 $0.5b$;又如板配筋图上用 $0.7b$ 线宽表示主体结构构件(梁柱),用 $0.5b$ 线宽表示二次浇筑次要结构构件的图线(构造柱)。一般情况下,图纸上线宽可只用 b、$0.5b$、$0.25b$ 3 个线宽,通常绘图时不同图形对象的线宽可参见表 5-2。图 5-2 以图例形式给出部分图线的线宽。

表 5-2　建筑结构制图线宽规定

名　　称		线　　型	线宽	一　般　用　途
实线	粗	——	b	建筑平面图及剖面图剖到的主要构配件、立面图的外轮廓、详图中的构件轮廓、剖切符号,结构施工图中的钢筋线,图框
	中粗	——	$0.7b$	当结构施工图中需要区分主次结构构件轮廓时,主体结构或一次浇筑结构构件的可见到或剖到的构件轮廓
	中	——	$0.5b$	结构施工图中可见到或剖到的构件轮廓,建筑平剖图中剖到的次要构配件、平立剖详图中的一般构件
	细	——	$0.25b$	尺寸线、尺寸界线、索引符号、标高符号、引出线
虚线	粗	▪▪▪▪▪▪	b	截图中的桁架屋架等缩略线
	中	- - - -	$0.5b$	平面图或详图中不可见的构件轮廓、结构平面图的板下梁
	细	- - - -	$0.25b$	详图中不可见的次要构件轮廓
点划线	粗	—·—·—	b	柱间支撑、垂直支撑、设备基础轴线图中的中心线
	细	—·—·—	$0.25b$	轴线、中心线、对称线
折断线	细	—/—	$0.25b$	折断边界
其他		——	$1.4b$	立剖面的地平线

3. 线型

在 AutoCAD 中,要绘制非连续线,需要首先加载 AutoCAD 预定义的线型文件并定义线型比例。绘图时 AutoCAD 会根据线型文件定义的非连续线绘制模式及线型比例,在图

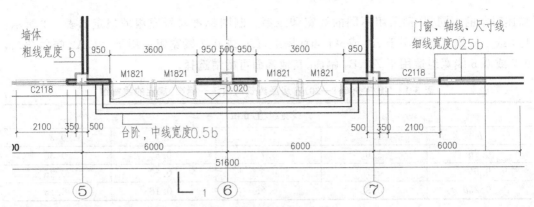

图 5-2 建筑平面图线宽示意

形中绘制非连续线。

1) 加载线型到图形

单击"格式"→"线型"菜单,打开图 5-3 所示"线型管理器"对话框,单击对话框的"加载"按钮,打开图 5-4 所示的"加载或重载线型"对话框,在其"可用线型"列表中,选择所要加载的线型之后,单击"确定"按钮,即可把选择的线型加载到 AutoCAD,并自动返回到"线型管理器"对话框。

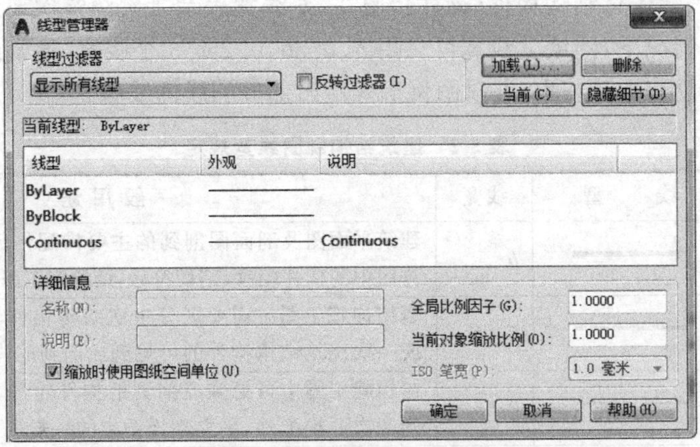

图 5-3 "线型管理器"对话框

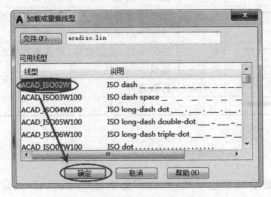

图 5-4 "加载或重载线型"对话框

绘图时可选用"ACAD_ISO04W100"线型绘制轴线点划线,用"ACAD_ISO02W100"或"ACAD_ISO03W100"线型绘制虚线,用"Continuous"线型绘制连续线。连续线"Continuous"不需要到线型文件中加载。

2）从已加载到图形的线型列表中定义图层的线型

单击"图层特性管理器"对话框的图层列表中图层相应的线型名称,打开图 5-5 所示的"选择线型"对话框,若其"已加载的线型"列表中含有图层要使用的线型,则选中该线型,单击"确定"按钮即可完成图层所用线型的定义。

图 5-5 "选择线型"对话框

3）所用线型未加载到图形时的定义图层线型操作

若"选择线型"对话框的"已加载的线型"列表中未含有图层要使用的线型,则需要单击"选择线型"对话框的"加载"按钮,打开"加载或重载线型"对话框,把需要的线型加载到当前图形之后,再进行图层所用线型的定义。

4. 图层规划

通过对前面章节的学习,我们已经了解到,通过图层管理操作,能很方便地实现图形元素的显示和编辑控制,提高绘制复杂图形的效率和准确性。在绘图时进行图层规划的过程,实际就是规划绘图顺序和设置图纸上不同图线特性的过程,原则上绘制任何图纸都应从图层规划开始。

创建图层及设置图层特性要考虑"图形的实物特征""图形的图元特征""图元区分度"三方面。图形的实物特征主要是区分诸如墙柱、梁、板及门窗等实物的物理属性,图形的图元特征主要是考虑图形元素的遮挡关系,确定图线的虚实类型和线宽,图元区分度主要是为了便于分辨具有同样线宽的图形元素,可通过对相同线宽和线型的图层设置不同的颜色来区分。

选定在绘制拟输出到 A3 图纸的建筑平面图时,粗线线宽为 0.53mm,依照图 5-6 流程建立图形的图层,并进行图层特性设置,最后创建的图层系统如图 5-7 所示。

"图形外廓""辅助细线"图层是在绘制图纸时,用于标记图形大小的矩形轮廓及绘制用于图形修剪、延伸、镜像操作的辅助线的专用图层,单击"图层特性管理器"图层列表中"图形外廓"图层的按钮 🖨,使之变为 🖉。

在实际绘图过程中,我们不一定能一次性地规划并创建好所有图层,但是对于定位轴线、主要构件图线、标注及尺寸线等图层,宜在绘图开始时即规划创建主要图线的图层,设定图层的特性,也可以在绘图过程中根据需要随时创建其他图层。

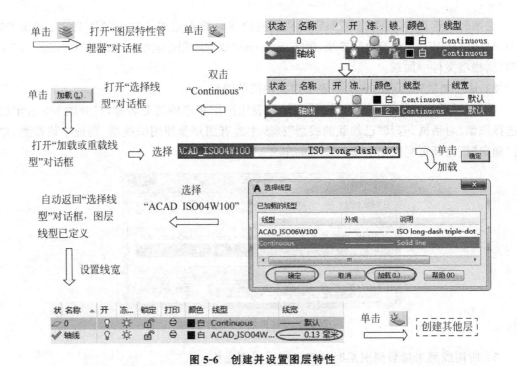

图 5-6　创建并设置图层特性

图 5-7　建筑平面图图层系统

5.1.3　绘制图纸前的布图操作与打印比例测定

　　不论是单一图形图纸的绘制,还是多比例图纸的绘制,要做到对绘图效果的精准控制,都需要在绘图工作开始之前,进行图面布置,选定纸质图图幅,测定打印比例,根据打印比例来控制绘图参数设置,从而达到控制图纸的打印效果的目的。

1. 定图幅打印的单一图形图纸的图面布置及打印比例测算

从图 5-1 可知,本章所要绘制的建筑平面总尺寸为 $35m \times 16m$,考虑建筑平面外周尺寸线所占区域大小,设定建筑平面图总的大小为 $40m \times 20m$。下面我们以这个尺寸进行平面图面的布置。

1) 按所预估的图域大小绘制图形外廓

在通常情况下,可以默认绘图单位为毫米。把"图形外廓"图层设为当前图层,在模型空间的图形窗口中,单击"默认"→"绘图"工具面板的"矩形"按钮,绘制如图 5-8 所示矩形图形外廓。

当所绘制的矩形超出图形窗口范围时,可通过滚动鼠标滚轮将图形缩小至图形窗口之内。若无论如何

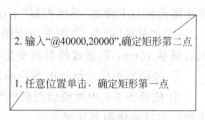

图 5-8　绘制图形范围外廓

滚动鼠标滚轮都不能把图形缩小到窗口之内时,则需要在命令窗口,依次按"Z""空格""A"键或单击"视图"→"缩放"→"全部"下拉菜单,调整图形的绘图界限,并把所绘制的矩形全部显示在图形窗口之内。

2) 绘制图框轮廓及图纸边缘轮廓

假定我们所要绘制图形输出的纸质图幅为 A3 图纸。绘制图框轮廓和图纸边缘可以有两种方法,一种是插入已有的图框,另一种是自己绘制矩形轮廓。

(1) 按 1∶1 比例插入外部 DWG 图框文件并放大

按 1∶1 比例插入外部图框后,再把图框放大到适当大小,使图形外廓占据图框范围的 $80\% \sim 90\%$ 为佳。具体操作分为插入图框图块和参照放大图框两个部分:

单击"插入"→"图块"菜单,或单击"默认"→"块"工具面板的"插入"按钮,弹出"插入"对话框。单击"插入"对话框的"浏览"按钮,选择把保存在磁盘上的 DWG 图框文件,按 1∶1 比例插入到图形外廓的左下侧。注意插入图框时,要离开图框外廓一定距离,不要紧贴图形外廓,也不要插入到图形外廓之内。图框插入后的位置介于图 5-9 所示 A、B 两点位置处。

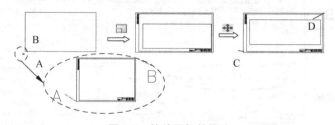

图 5-9　缩放图框并修改

单击"默认"→"修改"工具面板的"缩放"按钮,围窗选择刚插入图框的所有图形元素,右击结束选择,再单击刚插入图框图形的图纸边框左下角 A 点为缩放基点之后,AutoCAD 提示"指定比例因子或[复制(C)/参照(R)]〈1〉:",按"R"键选择"参照"缩放方式,再依次单击图框图形的图纸边框 A、B 两点后,拖动鼠标到 D 点位置,使图框包含图形外廓,单击鼠标完成对图框的缩放。

(2) 交互绘制图框轮廓及图纸边缘轮廓

交互绘制图纸外廓或图框并放大的过程大致如下:

① 以"图纸边缘"图层为当前图层,在图形外廓左下角(图 5-9 中 A、B 两点位置处),按 1:1 绘制尺寸为 420×297 的矩形。注意绘制的图纸边缘矩形需按标准图纸尺寸绘制,不能随意绘制一个任意矩形作为图纸边缘,否则将来图纸打印区域的高宽比与纸质图的高宽比不一致,会影响绘图效果。

② 执行"偏移"命令,把图纸边缘矩形向内偏移 10mm,之后选择偏移得到的矩形,通过单击图形窗口上部的"图层控制"下拉列表框,把它转移到"图框"图层,得到图框矩形图元。

执行"分解"命令,把图框矩形图元分解,得到 4 个图框直线图元,把右侧竖直图框直线向右偏移 15mm,再通过修剪命令把图框图线出头部分修剪掉。

③ 按纸质图尺寸绘制图签栏的图线。

④ 依照图 5-9 中对原始图框的"参照"缩放操作,把绘制的图纸外廓、图框及图签栏放大到能包括整体图形外廓。

(3) 单击"默认"→"修改"工具面板的"移动缩放"按钮✛,选择图形外廓,把它移动到图框中间位置,以使将来图面更加美观。

3) 测量打印比例

单击 AutoCAD 界面右上角快捷工具栏的打印按钮🖨,打开"打印-模型"对话框,分别进行下面设置:选择 AutoCAD 预设的"DWF6 ePlot.pc3"虚拟打印机,选择图纸幅面为"ISO full bleed A3",选中"布满图纸""居中打印"勾选框。单击"打印范围"下拉列表框,选择按"窗口"方式打印,在图形窗口顺序单击图 5-10 中的 A、B 两点为打印区域之后,自动返回到"打印-模型"对话框,观察"打印比例"栏目显示的打印比例,可知此图的打印比例为 1:100.1。由于所绘制的图纸边缘轮廓会有所变化,读者如果自己操作后测定的打印比例不是 1:100.1,则后面的图形控制操作按自己测定的打印比例进行即可。

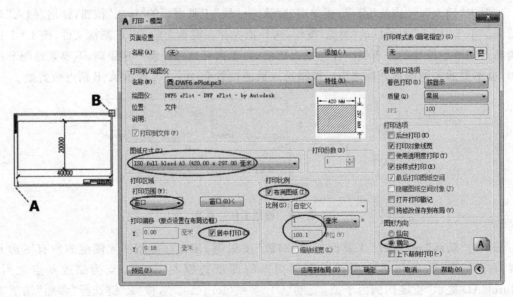

图 5-10　选定图纸幅面并测量打印比例

后文为了叙述方便,取本章所绘制的建筑平面图,纸质图幅为 A3 时打印比例为 1:100。

2. 定图幅定尺寸的多比例图纸的图面布置及打印比例测算

定图幅定尺寸多比例图纸的图面布置及打印比例测算,可以首先在"图形外廓"图层上绘制主图的图形外廓,之后通过比较或观察,用矩形绘制出副图图形外廓。当所有图形的图形外廓绘制完毕,参照前面所述,插图图框或交互绘制图纸边框并放大围住所有图形外廓,之后选择图纸幅面,测量打印比例。多个图形图纸的图面布置如图 5-11 所示。

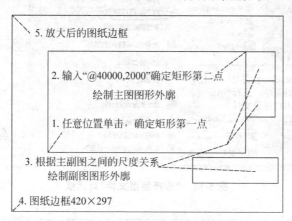

图 5-11　多个图形图纸的图面布置

5.1.4　线型比例测算及定位轴线的绘制

线型比例是否合适,不能仅仅凭借图形在屏幕上的显示效果,要保证图形打印到图纸上的线型比例符合绘图要求,绘图经验较少的初学者需要根据线型文件规定的短划线长度和打印比例来测算线型比例。

1. 用 Windows 系统的记事本打开线型文件

可以用"记事本"打开线型文件观察线型的定义情况,具体操作为:单击"加载或重载线型文件"对话框的"文件"按钮,打开如图 5-12 所示"选择线型文件"对话框。

在文件列表框中选择 acadiso,右击弹出浮动菜单,选择"用记事本打开该文件"命令,可以在记事本中看到 AutoCAD 对各种线型绘制样式的定义,如图 5-13 所示。

AutoCAD 的线型文件 lin 由注释行、标题行和模式行 3 项内容组成。

1) 注释行

以两个分号(;;)为开始标记,是一些关于线型的文字说明。

2) 标题行

由线型名称和线型图案描述组成,标题行以"∗"为开始标记,线型名称和描述由逗号分开。该行内容为线型的图样,会直观显示在"选择线型"对话框中。

3) 模式行

定义线型、短划线和间隔距离,其格式为:

```
* ACAD_ISO04W100,ISO dash _ _ _ _ _ _ _ _ _ _ _ _ _ _ _ _ _
A,24, − 3,0, − 3
```

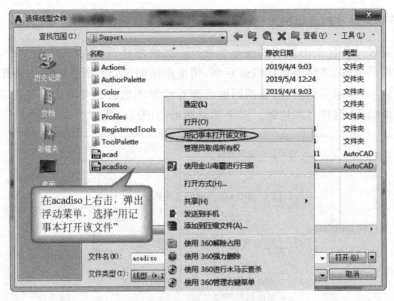

图 5-12 "选择线型文件"对话框

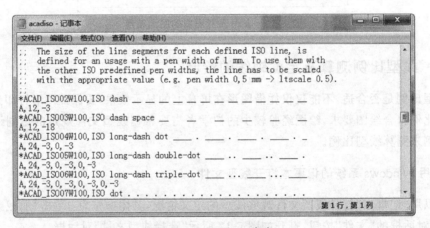

图 5-13 acadiso-记事本

表示线型名为"ACAD_ISO04W100"的每一组绘制模式。其中 24 为短划线,—3 为间隙,0 为圆点。每组数字的长度取图形默认的绘图单位,建筑工程图纸的单位通常为 mm。

从 acadiso.lin 文件中,我们可以看到"ACAD_ISO02W100"或"ACAD_ISO03W100"虚线每组短划线长度为 12。为了后面计算线型比例方便,我们可以记住 24 和 12 这两个数值。

2."线型管理器"中几个比例因子的作用

在 AutoCAD 图形中,非连续图线的每一划长度由线型文件定义的模式长度、线型比例、注释比例、视口比例等多个参数共同确定。单击"格式"→"线型"下拉菜单,打开图 5-14 所示"线型管理器"对话框进行线型比例定义。

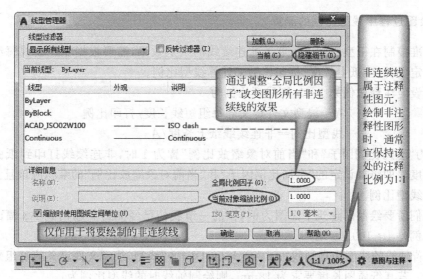

图 5-14 "线型管理器"对话框

1)"全局比例因子"

"全局比例因子"能影响所有非连续图线图元,包括已经存在或以后要绘制的新图元,通过修改"全局比例因子"能改变图形中所有非连续线的显示效果。如果在"线型管理器"对话框中看不到"全局比例因子"和"当前对象缩放比例"这两个参数,可单击对话框的"显示细节"按钮,即可显示线型比例的详细信息。

在绘图时如果线型比例设置太小或太大,都会导致所绘制的非连续线在视觉上看起来似乎是一根连续线,此时可通过合理设置"线型管理器"对话框中的"全局比例因子",使虚线显示出来。具体方法为先把"全局比例因子"设置为一个较小值(如 0.1),观察非连续线显示情况,若仍为连续线,则再设置为一个较大值(如 100)。无论输入较小值还是较大值,都仅仅是为了观察非连续线的显示情况,要精确控制纸质图上非连续线的打印效果,还需要按照下文所述的方法来计算并设置线型比例。

2)"当前对象缩放比例"

"当前对象缩放比例"仅作用于该比例修改以后所绘制的新的图形元素,改变"当前对象缩放比例"不会改变图形中已有连续线的外观。当仅通过"全局比例因子"不能很好地兼顾两种以上非连续线的外观时,就需要在绘制新的非连续线型时,通过"当前对象缩放比例"来调整新绘图线的线型比例。

3. 各种比例对非连续线外观的影响

在模型空间内绘制非连续线,图形中非连续线每组长度等于线型文件定义长度、注释比例的倒数、全局比例因子、绘制该图形时的当前对象缩放比例的乘积。向纸质图输出时,图形中非连续线的每组短划线,再按打印比例缩小输出到纸质图上。当 PSLTSCALE 取值默认 1 时,图形中非连续线的每组长度为:

线型比例=注释比例的倒数×全局比例因子×绘制该图形时的当前对象缩放比例

图形中非连续线的每组长度=线型文件规定的非连续线每组长度×线型比例

纸质图上非连续线每组长度=图形中非连续线的每组长度/打印比例

4．绘图过程中线型比例的测算

要精准控制在模型空间下绘制的非连续线的纸上效果,需要根据非连续线每组短线的线型文件定义长度、纸上长度、打印比例来计算线型比例。

首先设定注释比例为 1∶1,则线型比例为

$$A=线型文件定义的每组短线长度/打印比例$$

$$线型比例=非连续线纸上长度/A$$

式中,A 为"全局比例因子"和"当前对象缩放比例"皆为 1 时,非连续线打印到纸张上的每组短线长度。即将要设定的"全局比例因子"和"当前对象缩放比例"的乘积应该且只能等于测算出的线型比例。

以我们所要绘制的建筑平面图为例,在前一节我们已经测得其输出到 A3 幅面图纸时的打印比例是 1∶100。

(1) 若轴线的线型为点划线"ACAD_ISO04W100"线型,线型文件定义的每组短线长度为 24mm。若其纸质图长度要求为 18mm,则绘制轴线时的线型比例为:

$$轴线的线型比例=18/(24/100)=18/0.24=75$$

(2) 若梁虚线的线型为点划线"ACAD_ISO02W100"线型,线型文件定义的每组短线长度为 12mm。若其纸质图长度要求为 3mm,则绘制梁虚线时的线型比例为:

$$梁虚线的线型比例=3/(12/100)=3/0.12=25$$

不管何时以何顺序绘制轴线和梁虚线,都要保证"全局比例因子"和"当前对象缩放比例"的乘积应该且只能等于其相应的线型比例,即可实现对非连续线的精确控制。

5．"全局比例因子"和"当前对象缩放比例"设置

在模型空间绘制图形时,在保证注释比例为 1∶1 的前提下,应依据下面原则设置"全局比例因子"和"当前对象缩放比例"。

(1) 绘制图形中第一种非连续线时,"当前对象缩放比例"保持为 1 不变,"全局比例因子"按第一种非连续线的线型比例设置。如图 5-15 为绘制实例建筑平面图的轴线时,设置的"全局比例因子"和"当前对象缩放比例"。

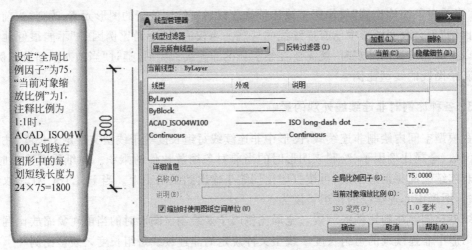

设定"全局比例因子"为75,"当前对象缩放比例"为1,注释比例为1:1时,ACAD_ISO04W100点划线在图形中的每划短线长度为24×75=1800

图 5-15　设定线型比例并绘制轴线

（2）绘制图形中第二种非连续线时，保持已经设定的"全局比例因子"不变（不改变已经绘制好的非连续线的纸上效果），按所要绘制的第二种非连续线的线型比例与"全局比例因子"的比值，设定"当前对象缩放比例"。绘制实例建筑平面图的梁虚线时，"当前对象缩放比例"为 25/75（约为 0.33）。

6. "特性"对话框中图元的"线型比例"是绘制该对象时的"当前对象缩放比例"

需要特别注意的是，AutoCAD 会把"线型管理器"的"当前对象缩放比例"保存在图形对象的特性中，如图 5-16 所示"特性"对话框的"线型比例"实际是"线型管理器"的"当前对象缩放比例"。

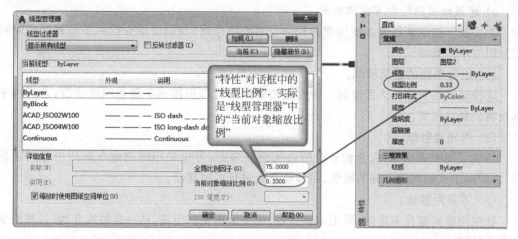

图 5-16　"线型管理器"对话框的"当前对象缩放比例"与"特性"对话框的"线型比例"

7. 修改既有图形中非连续线的绘图效果

当要修改图形中已经绘制好的所有非连续线的外观效果时，可以通过修改"线型管理器"中的"全局比例因子"来实现。

如果只想修改其中的一部分，则只能选择要修改的非连续图线，之后修改其"特性"对话框中的线型比例。

8. 线型文件 lin 与 DWG 文件的关联关系

AutoCAD 会把图形所用的线型名称，以及线型的"全局比例因子"保存在 DWG 文件头部，把"当前对象缩放比例"作为图元的特性保存在每一个图元之内，打开已有的 DWG 文件时，AutoCAD 会根据图形信息中包含的线型比例及本地计算机上的线型文件来重现图形。

线型文件 lin 是独立在 DWG 文件之外的存储在本地计算机的文本文件，当把本地计算机绘制的 DWG 文件复制到其他计算机时，本地计算机的线型文件 lin 不会跟随 DWG 图形一起被复制。所以在绘图时不要随意改动线型文件对线型所做的定义，在绘图时需通过设置线型比例来改变非连续线的绘制效果。

9. 绘制轴线

线型比例设置完毕,即可以开始绘制轴线。由于建筑平面千差万别,所以在绘制轴线时,应根据轴线的具体组成情况,选择适当的命令组合来进行具体的绘制。

1) 轴线长度

不管采用前面哪种方式绘制轴线,都必须首先绘制出一条水平和竖直轴线。开始绘制第一条轴线时,可以在图面图域轮廓内的适当位置绘制一条适当长度的轴线,再通过偏移等命令绘制其他同向轴线。所有轴线绘制完毕,再绘制一条辅助线作为剪裁边界,通过剪裁命令,裁掉轴线多余的部分即可。

2) 建筑轴线的绘制方法和原则

为了便于初学者能够方便地理解和学会图纸的绘制,我们简单介绍一下绘制轴线时可以采用的不同策略。

(1) 组合平面的建筑轴线。

这种轴线系统应分区段绘制。带有倾角的网线可以先按水平竖直网格绘制,之后再平移旋转到最终位置。

(2) 等距离轴线。

当轴线间距离相等,或者相等者所占比例较多时,可以先用阵列命令阵列出等间隔轴线,之后对于个别间距不等的轴线,用移动命令进行成组移动。

(3) 不等距轴线。

轴线间距离变化不定时,可用偏移命令,逐个给出偏移距离,从一根轴线开始,偏移绘制出其他轴线。

3) 绘制轴线

本章建筑平面图轴线的绘制过程大致为:

(1) 单击图形上方工具条的"图层过滤器"下拉列表框,把"轴线"层置为当前层。

(2) 开启"正交"模式状态开关,在图形窗口适当位置按适当长度绘制第一条水平轴线。

(3) 单击"偏移"按钮 ,依照"输入偏移距离、选择要偏移的线、在第一条轴线上方单击给出偏移方向、空格结束偏移、空格重复下一次偏移"分别以 6000mm、2100mm、6000mm 偏移绘制另外 3 条水平轴线。

(4) 绘制竖直轴线,它们的偏移间隔为 2100mm、5800mm、2600mm、4×4200mm、2×2700mm、3000mm。

(5) 单击删除按钮 ,选择前面进行图面布置时所绘制的平面图图形外廓后,右击删除之(因为平面图图形外廓绘制在不打印图层,在不妨碍绘图情况下,也可不删除平面图图形外廓);单击"移动"按钮 ,用围窗选择绘制的所有轴线,把轴线移动到更合适的位置。操作过程如图 5-17 所示。

5.1.5 尺寸样式定义及非注释性尺寸标注

在轴线绘制完毕之后,随即进行尺寸标注及轴线标注,能够便于检查定位轴线位置是否正确,也便于确定其他图形元素的绘制位置。但是由于在建筑平面图中,轴线圆位于尺寸线的外围,所以尺寸标注应先于轴线标注。

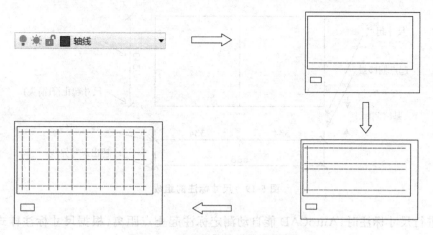

图 5-17　绘制建筑轴线的操作过程

1．尺寸标注的类型

AutoCAD 提供了十余种标注工具用以标注图形对象的尺寸,分别位于"标注"菜单或"标注"工具栏中,常用的尺寸标注方式如图 5-18 所示,使用它们可以进行角度、直径、半径、线性、对齐、连续、圆心及基线等标注。

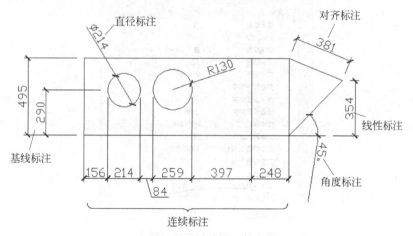

图 5-18　标注的类型

2．尺寸标注的组成

在建筑工程图中,一个完整的尺寸标注是由如图 5-19 所示的尺寸标注文字、尺寸起止符(箭头)、尺寸起点及尺寸界线等组成。下面我们介绍一下对图面质量影响较大的尺寸标注组成项。

1) 尺寸标注文字

尺寸标注文字可以反映图形对象的尺寸或标识值。在同一张纸质图纸上,各个图形的比例可以不同,但是其尺寸标注文字的字体、高度必须统一。正式的施工图纸上尺寸文字高度需满足制图标准的规定。

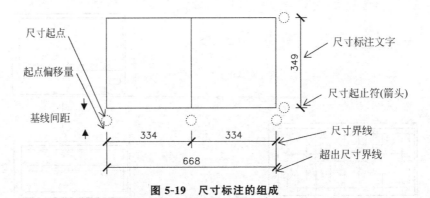

图 5-19　尺寸标注的组成

在进行尺寸标注时,AutoCAD 能自动测定标注起止点距离,根据尺寸标注样式设定的主单位测量比例因子和主单位精度,自动换算出尺寸文字的数值并予以标注。

在对图形编辑修改时,可以通过尺寸线"特性"中的"文字"→"文字替代",交互修改尺寸标注文字内容,如图 5-20 所示。

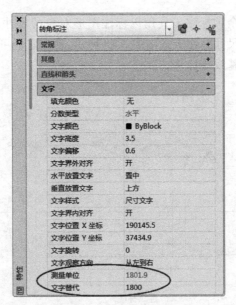

图 5-20　尺寸标注文字替代

2) 尺寸起止符(箭头)

建筑工程图纸中,尺寸起止符必须是 45°中粗斜短线。尺寸起止符绘制在尺寸线的起止点,用于指出标识值的开始和结束位置。

3) 尺寸起点

尺寸标注的起点是尺寸标注对象标注的起始定义点。通常我们会通过自动捕捉图元对象的特征点来进行尺寸标注操作,所以尺寸的起点与被标注图形对象的起止点通常是重合的。[为了向初学者表述起点的含义,图 5-19 中我们特意将尺寸起点(图中的小圆点圈)离开矩形特征点一定距离。]

4）尺寸界线

从标注起点引出的表明标注范围的直线,可以从图形的轮廓、轴线、对称中心线等引出。尺寸界线是用细实线绘制的。

5）超出尺寸界线、起点偏移量、基线间距

超出尺寸界线为尺寸界线超出尺寸线。起点偏移量为尺寸界线离开尺寸线起点的距离。基线间距为使用 AutoCAD"基线标注"时,基线尺寸线与前一个基线对象尺寸线之间的距离。

3. 建筑制图标准对尺寸标注的规定

由于尺寸标注是绘制图纸的一个重要环节,所以 GB/T 50001—2017《房屋建筑制图统一标准》对尺寸标注做了详细的规定。现依据制图标准,把尺寸标注的主要参数要求罗列如下:

1）尺寸线、尺寸界线及尺寸起止符(在 AutoCAD 中被称作"箭头")

尺寸线应用细实线绘制,应与被注长度平行。

尺寸界线应用细实线绘制,一般应与被注长度垂直,其一端应离开图样轮廓线不小于(起点偏移量)2mm,另一端宜超出尺寸线 2～3mm。

尺寸起止符一般用中粗斜短线绘制,其倾斜方向应与尺寸界线成顺时针 45°,长度宜为2～3mm(AutoCAD 的箭头长度是其投影长度)。如果图纸幅面较小(小于 A3)幅面,尺寸起止符的斜长度可以定义为 1.2～2mm。小幅面图纸中,较小的尺寸起止符会使图面显得整洁美观。

2）尺寸线超出尺寸界线(出头)值

标准规定尺寸线可以根据个人习惯,也允许略有超出,但一般不超出。

3）多道尺寸线之间的间隔距离(基线间距)

图样轮廓线以外的尺寸界线,距图样最外轮廓之间的距离,不宜小于 10mm。平行排列的尺寸线的间距,宜为 7～10mm,并应保持一致。

4）尺寸数字

图样上的尺寸单位,除标高及总平面以 m(米)为单位外,其他必须以 mm(毫米)为单位。在建筑工程制图中,图面尺寸精度一般精确到毫米级,即尺寸数字为整数。图形对象的真实大小以图面标注的尺寸数据为准,不需注写尺寸数据的计量单位,如某对象长度标注尺寸为 5000,即表示其长度为 5000mm。

尺寸数字一般应依据其方向注写在靠近尺寸线的上方中部,尺寸数字的书写角度与尺寸线一致。

5）尺寸文字的高度

GB/T 50001—2017《房屋建筑制图统一标准》规定,图纸中的阿拉伯数字的最小高度为2.5mm。在建筑制图中尺寸文字的高度一般取 2～3mm。

依据绘图经验,对于较小幅面的图纸(如 A3 以下),尺寸文字可以为 1.5～2.5mm,小图纸幅面,如果尺寸文字过大,会使图面显得粗糙且不美观。

4. 尺寸标注的基本步骤及尺寸线的图形特性

AutoCAD 的尺寸标注命令都被归类在"标注"下拉菜单下,进入 AutoCAD 后随意绘制几条直线,单击"标注"下拉菜单的尺寸标注命令,就可以进行尺寸标注。下面我们进行一个标注练习：

　　单击"新建"文件按钮🗔新建一个图形后，单击绘制"直线"按钮✏，在图形区用相对坐标绘制一条长度为 500mm 的水平线，如果直线画到图形区以外，在命令窗口依次按"Z""空格""A"键，把直线全部显示在图形区。之后单击"标注"→"线性标注"下拉菜单或单击"注释"工具面板的"标注"按钮🗔，用鼠标左键分别选择水平线的左右两个端点或直接选择该直线，进行水平尺寸标注。

　　标注之后可以发现标注的尺寸文字很小，并且尺寸两端的尺寸起止符根本就看不清楚，用窗口方式或鼠标滚轮把图形放大后，可以看见尺寸线两端的起止符号是箭头（不是建筑制图规范要求的中粗斜线），放大尺寸线中间的尺寸数字，可以看见 500 尺寸文字标注内容为"500"。

　　在上面基础上，我们继续进行下面的操作，单击"修改"→"缩放"菜单，选择前面绘制的直线，把图形放大 2 倍，发现尺寸文字会随直线一起放大。观察放大后的尺寸标注，大小和箭头并没改变，但是尺寸文字由 500 变成了 1000，如图 5-21 所示。

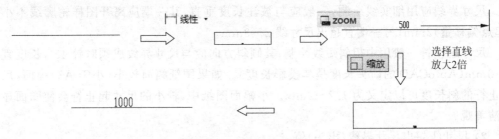

图 5-21　尺寸标注演示

　　通过上述操作，我们基本了解了尺寸标注的操作和特性。尺寸标注的尺寸线是由多个尺寸线元素组成的匿名块，该匿名块具有一定的"智能"，当标注对象被缩放或移动时，标注该对象的尺寸线就像黏附其上一样，也会自动缩放或移动，且除了尺寸文字内容会随标注对象图形大小变化而变化之外，还能自动控制尺寸线的其他外观保持不变。

　　通过观察所标注的尺寸线，我们还可以发现图 5-21 存在下面一些问题：
- 尺寸起止符是箭头，不符合制图标准规定。
- 不知道打印到图纸上的箭头到底多大，是否合适。
- 不知道打印到图纸之后，尺寸文字的高度是否符合制图标准的要求。
- 图形放大后，尺寸文字的标注内容也从 500 变为 1000，这也可能不是我们所希望的。
- 图形放缩后，尺寸标注（箭头大小、文字高度等）的外观没有变化。

那么，到底该如何进行尺寸标注，才能解决这些问题呢？

5．尺寸标注样式及样式名

　　在 AutoCAD 中，尺寸标注的外观及效果是由标注样式决定的。通过标注样式可以控制标注的外观，也能对尺寸标注外观进行修改。

　　在进行图纸打印时，图形中尺寸标注的所有几何外观（尺寸文字内容保持不变）会和非连续线及文字一样，都会按打印比例缩印到纸质图上。因此，要保证尺寸标注的图面效果和准确度，必须深入了解尺寸标注的基本构成规律。

　　单击"格式"→"标注样式"下拉菜单或单击"注释"工具面板标注栏的按钮🗔，打开"标注样式管理器"对话框,再单击"标注样式管理器"的"新建"按钮,AutoCAD 会打开"创建新标注样式"对话框,对于非注释性尺寸标注,在这个对话框里给新建的标注样式进行命名后,无须勾选"注释性"勾选项,单击"继续"按钮,则进入"新建标注样式"对话框,设置具体的标注样式参数,其过程如图 5-22 所示。

图 5-22　新建标注样式过程

标注样式的命名要按照"有意义,易识别"的原则,如"1-100 平面"表示该标注样式是用于标注 1:100 绘图比例的平面图。

新建标注样式时要选择一个既有样式作为基础样式,新样式标注参数会自动套取基础样式的参数,用户可在"新建标注样式"对话框中对其进行具体的修改。

6. **尺寸线参数的作用及面向打印控制绘图时的定义方法**

尺寸标注的几何参数包括图 5-23 所示的"线""符号和箭头""文字""调整""主单位"等选项卡上的多个参数,它们控制着尺寸标注的外观,定义尺寸参数时需要掌握下面几个方面:

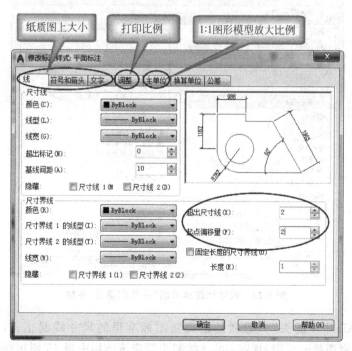

图 5-23　尺寸标注样式的"线"参数

(1)尺寸标注样式对话框中"线""符号和箭头""文字"页面下的所有参数值为纸质图上的数值。

（2）在模型空间内绘制非注释性图形时,尺寸标注样式对话框中"调整"页面下的"使用全局比例"为图纸打印比例的倒数。

（3）在模型空间内绘制非注释性图形时,"主单位"页面中的"测量单位比例因子"为图形建模比例的倒数。如图形按 1∶1 建模后放大了 5 倍,则应把"测量单位比例因子"定义为 1/5,即 0.2。

7. 尺寸样式参数的设定

下面我们简要介绍在绘图时通常需要设置的几个参数。其他不常用的参数,在需要时大家可通过单击"帮助"按钮,查看 AutoCAD 的随机帮助。

1）"线"参数选项卡

"超出尺寸线"值,制图规范规定纸上数值为 2～3mm。

"起点偏移量"值,制图标准规定离开被标注对象距离不能小于 2mm。

"基线间距"用于限定"基线"标注命令标注的尺寸线离开基础尺寸标注的距离,在建筑图标注多道尺寸线时有用,需要时一般设置在 7～10mm。

"线"的颜色、线型、线宽:通常情况下采用 AutoCAD 默认的 ByBlock 即可。

2）"箭头和符号"选项卡

"箭头和符号"选项卡可以设置尺寸线和引线箭头的类型及尺寸大小等,如图 5-24 所示。通常情况下,尺寸线的两个箭头应一致。

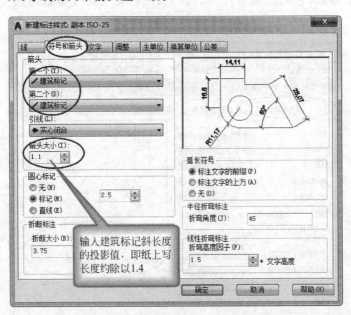

图 5-24　尺寸标注样式的"符号和箭头"参数

在 AutoCAD 中,"箭头"标记就是建筑制图标准里的尺寸线起止符,GB/T 50001—2017《房屋建筑制图统一标准》规定:尺寸线起止符应该选用中粗 45°斜短线,短线的纸上长度为 2～3mm。"箭头大小"定义的值指箭头的水平投影长度,假若为 1.5mm 时,绘制的斜短线总长度为 2.12mm。

3）"文字"选项卡

尺寸文字设置是标注样式定义的一个很重要的内容。在进行"文字"参数设置中，标注用的文字通常需要专用于尺寸标注的文字样式，该文字样式中的文字高度必须设置为 0，而在"标注样式"对话框中设置尺寸文字的纸上高度，如图 5-25 所示。

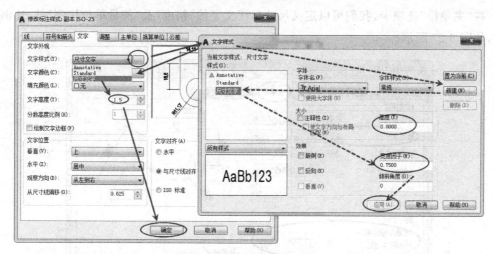

图 5-25　标注样式文字设置

如果文字样式中的尺寸文字高度为非零，则图形中的尺寸文字将直接使用该高度，则尺寸样式"文字"选项卡中的文字高度编辑框将不可用（处于灰显状态），"调整"选项卡的"使用全局比例"对非零文字样式不起作用。

4）"调整"选项卡

在"调整"选项卡，设置"使用全局比例"为打印比例的倒数，其他参数按默认设置，如图 5-26 所示。在模型空间下面向绘制打印控制的非注释性图形时，不要选中"注释性"勾选项。

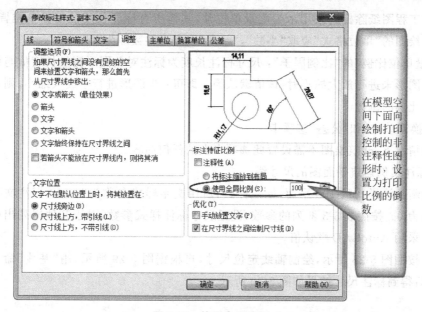

图 5-26　使用全局比例

绘制标注尺寸线时，AutoCAD 会自动将"线""符号和箭头""文字"选项卡上所定义的各参数的纸上高度与"使用全局比例"相乘，来绘制尺寸线。修改了"使用全局比例"的值，图形中所有尺寸线的外观会自动根据新设定的比例进行调整。

5）"主单位"选项卡

在"主单位"选项卡，我们可以定义尺寸标注文字的"精度"及"测量单位比例"的"比例因子"，如图 5-27 所示。

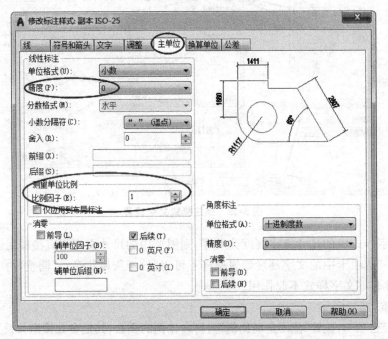

图 5-27 "主单位"选项卡

建筑工程图纸除标高采用米为度量单位外，其他所有标注长度的度量单位皆为毫米。因此建筑绘图的"单位格式"应取"小数"，"精度"取毫米整数即为"0"。

"测量单位比例"的"比例因子"：尺寸标注长度为标注对象图形测量长度值与该比例的乘积。当图形未进行放大缩小时，该值默认为 1 即可；当图形进行了放大缩小，则填入图形放大缩小比例的倒数。

6）"换算单位"和"公差"选项卡

通常情况下，建筑绘图不需设置此选项卡上的任何内容。

7）标注实例建筑平面图的尺寸线

创建新标注样式"1-100 平面"标注样式，所用文字样式名称为"1-100 标注文字"，文字样式高度为 0。按照表 5-3 罗列的参数，设置尺寸标注样式参数，对于其他未列出的尺寸样式参数可采用 AutoCAD 默认值。

首先按照图 5-28 所示，绘制轴线定位尺寸，再根据图 5-29 所示，用"基线"命令标注总尺寸，最后得到标注尺寸结果如图 5-30 所示。

表 5-3　绘制实例建筑平面图时需要定义的几何参数列表

参 数 类 型		参 数 名 称	图 纸 值
纸上高度	线	基线间距	10mm
		超出尺寸线	2mm
		起点偏移量	5mm 或酌情确定
	符号和箭头	箭头	建筑标记
		箭头大小	1.1mm
	文字	文字样式	1-100 标注文字
		文字高度	1.5
调整		使用全局比例(打印比例倒数)	100
主单位		精度	0
		测量单位比例(图形缩放比例的倒数)	1

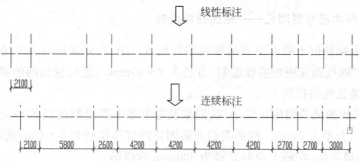

图 5-28　线性标注和连续标注

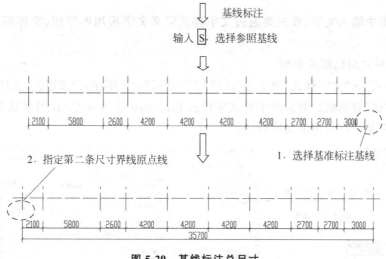

图 5-29　基线标注总尺寸

5.1.6　文字样式定义及轴线符号

　　轴线符号是符号型图形元素,绘图时只能根据纸质图上的大小和打印比例,推算其在图形中的大小。下面我们首先结合轴线符号的绘制,讲解符号型图元、文字样式及文字输入等

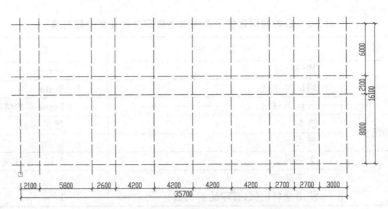

图 5-30　标注尺寸的最后结果

相关的绘图方法与操作,大家可根据所介绍的方法,绘制图形中类似的图形元素。

1.模型空间内符号型图元——轴线圆的绘制

轴线符号由圆和位于圆心位置的轴线编号组成,GB/T 50001—2017《房屋建筑统一制图标准》规定:"轴线圆应用细实线绘制,直径为 8~10mm。定位轴线圆的圆心应在定位轴线的延长线或延长线的折线上"。

由于 A3 图幅的纸质图幅面较小,我们拟设定本章中所绘制的建筑平面图的轴线圆输出到纸质图上的大小为 6mm。按照我们前面测定的打印比例为 1:100,则需要把"轴线名称"图层设为当前图层,在图上绘制直径为 600mm 的圆形。

2.文字样式定义

要在图形中输入文字,首先要通过文字样式定义文字所用的字库、字体高度及字体宽高比。

1) 文字样式对话框及参数

单击"格式"→"文字样式"菜单或"注释"工具面板的"文字样式"按钮,会打开如图 5-31 所示"文字样式"对话框。对话框中的文字样式 Standard 是 AutoCAD 的默认文字样式,样式"轴线文字"是用户自建的文字样式。

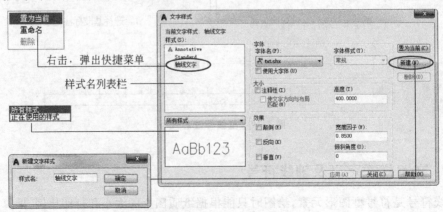

图 5-31　"文字样式"对话框

"文字样式"对话框的"样式"列表框可按"所有样式"和"正在使用样式"两种方式显示图形的文字样式列表。在样式列表框中右击弹出浮动菜单,浮动菜单有"置为当前""重命名""删除"3 个项目。

(1)"置为当前":被置为当前的文字样式称为当前文字样式。图形中书写文字的字体、字体高度、宽度因子等都将按当前文字样式来定义。

(2)"重命名":选定文字样式并右击,可修改文字样式的名称。

(3)"删除":可以删除未被使用的文字样式,此操作用于清理无用样式。不能删除当前文字样式和被图内文字使用的文字样式。

如果"文字样式"对话框中的"注释性"被选中,则该文字样式就具有了注释性。在图形中书写注释性文字时,文字的图形高度为样式高度与注释比例倒数的乘积。在文字样式列表中,具有注释性的文字样式名字前也将有一个 ▲ 标记,如图 5-32 所示。

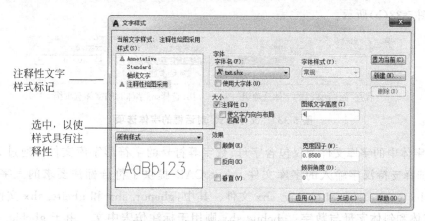

图 5-32　建立注释性文字样式组

2)新建文字样式

单击"新建"按钮,可以创建新的文字样式。新建的文字样式首先按"样式#"(#为编号数字)默认名称显示在"样式名"列表框中,可对"样式#"修改。使用系统默认的文字样式"Standard""样式1",容易造成混乱且不易识别,会给图形的绘制和修改带来困难,建议绘图时不要使用"Standard""样式#"等。

3)新建文字样式的命名原则

文字样式应依照"具有意义,不宜混淆"的原则进行命名。如建立用于书写图名的文字样式,可起名为"图名文字";用于标注尺寸的文字样式,可起名为"尺寸文字"等。如果一张图纸中包含多种绘图比例,则不同比例之间的文字样式也应有所区别,如"尺寸文字(1-50)""尺寸文字(1-100)"等。

文字样式名是存储在图形中的图形参数之一,当在一图形上并入或粘贴另一个图形文件的图形时,它会自动带入被插入或复制图形文字及其文字样式。如果两个图形使用的文字样式名称不同,我们只要执行"快速选择"命令,选择要修改的文字,之后把所选文字"特性"对话框中的文字样式改为另一类文字所用的文字样式,即可实现图形文字的一致性修改。如果两个图形中有同名文字样式,AutoCAD 将保持当前图形的文字样式定义和两个图形的文字的原有特性,这样合并后图形的文字样式定义就会与文字特性内容不一致,会给图形的检查修改带来困难。

4) 字体设置

"文字样式"对话框的"字体"选项组用于设置字体名和字体样式。"字体名"下拉列表框用于选择西文字体字库名。当字体名选择 ttf 字体时,字体选项组的"使用大字体"勾选项变为不可用,此时,"字体名"右侧显示的是"字体样式"列表框,用于选择字体格式,多数中文 ttf 字体只有"常规"一种,有的西文字体可以选择斜体、粗体和常规字体等,如图 5-33(a)所示。

当"字体名"选择了 shx 字体时,字体选项组的"使用大字体"勾选项变为可用,勾选"使用大字体"勾选项,"字体名"下拉列表框标题会变为"shx 字体",同时其右侧的"字体样式"下拉列表框标题会变为"大字体"下拉列表框,可以从"大字体"下拉列表框选择大字体 shx 字库,如图 5-33(b)所示。

(a) 选择ttf字体时的字体选项组　　　　　(b) 选择shx字体时的字体选项组

图 5-33 "文字样式"对话框的字体选项

shx 字体中的字库文件为仅包含字母、数字等符号的字符形字库文件。通过大字体字库,可以选择支持汉字输入的字库文件。AutoCAD 提供了符合标注要求的大字体文件:gbenor. shx、gbeitc. shx 和 gbcbig. shx 文件。其中,gbenor. shx 和 gbeitc. shx 文件分别用于标注直体和斜体字母与数字;gbcbig. shx 则用于标注仿宋中文。由于 gbcbig. shx 存在一些缺陷,所以在实际绘图时,用户一般喜欢用自定义的 shx 中文字库,如 Hztxt. shx 仿宋矢量字库。

(1) 使用 ttf 字体。

使用 ttf 字体的图,一般用于文书制作、出版印刷和非施工图纸等。在绘制施工图纸时,一般不使用 ttf 字体。

选择 ttf 字体时要注意字体名称,"T 宋体"为正放的宋体字,"T@宋体"为侧放的宋体字。书写文字和选择字体时,应考虑文字的书写角度和放置方式,以便写出符合要求的文字。

(2) 使用 shx 字体。

shx 字体一般用在施工图纸中。常用的字符型字库为"txt. shx""simplex. shx"。AutoCAD 自带的"txt. shx"中不含钢筋等级符号,要在图纸上书写钢筋符号,则需要用含有钢筋符号的同名字库文件覆盖掉原来的 txt. shx。目前国内常用的含有钢筋字符的字体文件有 PKPM 软件的"txt. shx"、探索者软件的"Tssdeng. shx"等。

要在图形中书写中文文字,则所定义的文字样式在选择了"字体名"的字符型字库之后,还需要选中"使用大字体",并在"大字体"下拉列表框中选择需要的中文大字体字库。

（3）打开图形时图内文字显示乱码或问号的解决方案。

打开一个图形时，AutoCAD会按照图5-34所示的"有效的支持文件搜索路径"顺序搜索图形所用的字库文件。

图5-34　打开图形时字库文件的搜索路径

如果搜索路径中找不到图中所用的shx字库文件，则AutoCAD会打开一个对话框要求用户指定替代字库。如果替代字库不合适，则图形中的文字会出现乱码或问号。通过查询乱码文字的"特性"得到其所用字库文件名称后，退出AutoCAD，把图形所用的shx字库复制AutoCAD安装文件目录的FONTS文件夹后，重新运行AutoCAD再打开图形，大多数情况下都能正常显示图内文字。

若把正确的字库文件复制到FONTS，重新运行AutoCAD打开图形后仍不能正常显示图内文字，则要考虑可能是如下情况导致：

① 在搜索路径顺序上位于FONTS前面的其他路径中有不正确的同名字库文件。

② 图形中的文字是由其他软件绘制的非标准的AutoCAD文字图元（如天正建筑标注的尺寸文字），需要回到原来的CAD软件，把图形转化为纯DWG文件（天正建筑转t3文件）。

③ 所复制的字库文件是从其他字库文件改名而来，不是真正所需要的字库。

④ 系统环境等其他原因，可能需要重新安装操作系统。

5）文字样式高度

文字样式高度指在"文字样式"对话框的"高度"编辑框中设定的文字高度，文字样式高度为纸上高度与打印比例倒数的乘积。若纸质图上的轴线文字高度为4mm，当打印比例为1∶100时，"轴线文字"文字样式高度应设为400mm，字库文件为"txt.shx"。

6) 用单行文字输入轴线符号

在绘图过程中,可以使用"单行文字"命令创建一行或多行文字。单行文字创建的每行文字都是独立的对象,可对其进行重定位、调整格式或进行其他修改。

(1) 单行文字输入方式。

单击"绘图"→"文字"→"单行文字"菜单,或输入 text 命令,或在"文字"工具面板单击"单行文字"按钮,都可以创建单行文字对象。单击单行文字输入命令后,命令窗口即显示如下信息:

- 命令: _dtext
- 当前文字样式:"轴线文字"   文字高度:400   注释性: 否
- 指定文字的起点或[对正(J)/样式(S)]:

输入"J"或"S",确定对正方式和选择文字样式,整行文字对正方式如图 5-35 所示。

图 5-35   文字的对正方式及对正点名称

(2) 轴线符号的输入。

在"轴线编号"图层,沿轴线圆上部特征点绘制一条适当长度的轴线延伸线。轴线的直径为轴线符号纸上大小与打印比例倒数的乘积。

开启"对象捕捉",单击"文字"工具面板的"单行文字"按钮,按照图 5-36 所示操作,输入轴线编号文字。

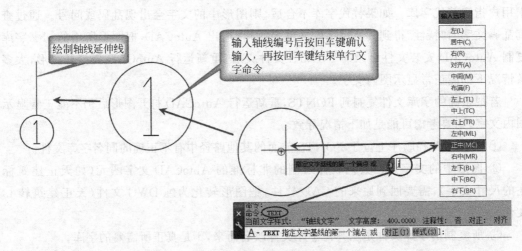

图 5-36   输入轴线编号文字

把轴线延伸线、轴线圆、轴线名称复制到其他轴线(对于字母型轴线符号,可以先把绘制好的轴线符号旋转 90°之后,再复制)。复制完毕,双击每个轴线文字,修改为所在位置的轴线编号,得到如图 5-37 所示样式。

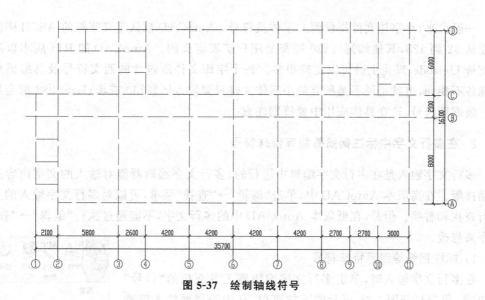

图 5-37　绘制轴线符号

5.1.7　特殊符号、堆叠文字的输入及文字编辑

在实际绘图时,有些特殊字符(如°、±、φ 等)不能从键盘上直接输入,为此不仅需要文字样式所用的字库文件中包含这些特殊字符,还需要通过特殊输入方式,才能在 AutoCAD 中绘制这些特殊符号。

1. 单行文字的特殊字符输入

在通过单行文字输入特殊字符时,AutoCAD 是通过字符的 ASCII 编码从字库提取文字信息的。在"输入文字:"提示下,按表 5-4 所列输入特殊字符 ASCII 编码或控制符,当 ASCII 编码或控制符输入完毕,AutoCAD 就会把输入的 ASCII 编码或控制符转换为特殊符号。"％％"前缀表示输入的数值为十进制。

表 5-4　单行文字时常用文字的控制符

字　库	控　制　符	功　　能
txt. shx tssdeng. shx	％％O	打开或关闭文字上划线
	％％U	打开或关闭文字下划线
	％％D,％％127	标注度数(°)符号
	％％C,％％129	标注直径(φ)符号
	％％P,％％128	标注±符号
	％％130	一级钢筋符号φ
	％％131	二级钢筋符号φ
	％％132	三级钢筋符号φ
gbxwxt. shx	％％176	标注度数(°)符号
	％％177	标注±符号
	％％178	平方符号^2
	％％179	立方符号^3
	％％180	一级钢筋符号φ
	％％181	二级钢筋符号φ
	％％182	三级钢筋符号φ

一般说来,小字体文件提供西文字体及符号,AutoCAD 默认定义字符的 ASCII 码范围只是从 32 到 128,其他如%%130 等都是用户扩展定义的。AutoCAD 的 R14 版本以后增加支持 Unicode,理论上讲可以支持很多。每个字库文件所包含的西文符号及其编码顺序可能各不相同,也就是说不是所有的小字体文件只要输入%%130 或者\U+0082 都会显示出一级钢筋符号,这在具体应用中要特别注意。

2. 在多行文字中标注钢筋等级等特殊符号

多行文字输入是在多行文字编辑中进行的,多行文字编辑器能对输入的文字内容进行自动排版。在高版本 AutoCAD 中,单击"编辑"→"查找"菜单,可以对多行文字输入的文字进行查找和替换。但是,在低版本 AutoCAD 中的多行文字,不能通过执行"编辑"→"查找"命令来修改。

1) 标注钢筋等级等特殊符号

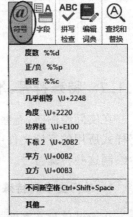

在多行文字输入时,单击多行文字编辑器工具面板的"符号"按钮 @,可以打开图 5-38 所示的下拉菜单,从中选择要输入特殊符号菜单,可以进行特殊符号的输入。

由图 5-38 可以发现,除度数、正/负号等个别特殊字符能使用十进制 ASC 码(%%d、%%p)输入之外,其他需前缀"\U+nnnn"。"\U+nnnn"为十六进制 Unicode 码,在多行文字中,输入钢筋符号,需要把十进制 ASC 码转换为 Unicode 码。"%%130"对应"\U+0082"、"%%131"对应"\U+0083"、"%%132"对应"\U+0084"。若文字样式中选用 PKPM 软件的 txt. shx 字库之后,在多行文字编辑器中输入"2\U+008220 2\U+008320 2\U+008420",则直接显示钢筋符号如图 5-39 所示。

图 5-38　多行文字编辑器的"符号"菜单

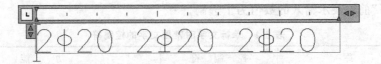

图 5-39　在多行文字中直接输入钢筋符号

2) 字符映射表

在多行文字编辑器中,选择"符号"@下拉菜单的"其他"命令,打开图 5-40 所示"字符映射表"对话框,可以从"字符映射表"选择合适的"字体"和字符,再把字符复制到图形中。

单行文字支持 ASC 码,输入钢筋符号为%%130~%%%135;多行文字支持 Unicode 码,输入钢筋符号为\U+0082~U+0087。

3. 用多行文字创建堆叠文字

在 AutoCAD 中,输入多行文字时可以用特殊分隔符实现诸如 m^2、A_2、1/2、$\frac{1}{2}$等堆叠数字或"$\frac{1\ 工区}{A\ 标段}$"等堆砌文字。

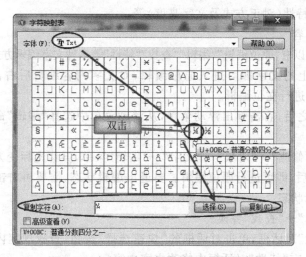

图 5-40　多行文字编辑器的"字符映射表"

1）堆叠文字的分隔符

在多行文字编辑器中，可输入要堆叠的数字和文字，并用以下字符中的一个作为分隔符：

（1）斜杠（/）以垂直方式堆叠文字，由水平线分隔。

（2）井号（♯）以对角形式堆叠文字，由对角线分隔。

（3）插入符（^）创建上下角标堆叠，不用直线分隔。如 2^ 堆叠后是上角标，^2 堆叠后是下角标。

2）堆叠数字

当输入中间用堆叠字符分隔两组数字后按空格键，AutoCAD 会自动将堆叠符前后数字改为堆叠状态。如输入"1♯2"后按空格键，则"1♯2"会自动转化为"1/2"。

3）堆叠字符

要对字符或文字内容进行堆叠，需要在输入用堆叠字符分隔两组字符和文字之后，先选择需堆叠的文字，单击多行文字编辑"格式"工具面板上的堆叠按钮 。对于字符或文字，只有选择到 AutoCAD 默认堆叠符号时，堆叠按钮才呈现为可用状态 ，如图 5-41 所示。

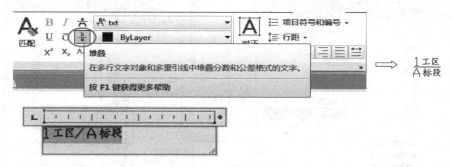

图 5-41　堆叠文字

4. 编辑文字内容及修改文字特性

在绘图过程中，不可避免地需要对图内文字进行编辑修改等操作，文字编辑包括编辑文字内容及修改文字特性(对正方式及文字高度)等。

1) 编辑文字内容

在 AutoCAD 可以有"原位编辑""编辑""查找""特性"等多种文字编辑方式,具体操作如下:

(1) 双击图形上的文字即可进入原位编辑,对文字内容编辑后右击结束。AutoCAD 2004 以前版本不能进行在位编辑。

(2) 选择文字之后,右击弹出浮动菜单,从浮动菜单中选择"编辑"命令,也可以对文字内容进行修改。

(3) 依次单击"修改"→"对象"→"文字"→"编辑"菜单,屏幕光标变为方形捕捉光标□,选择要编辑的文字后,即可进行原位编辑。要退出编辑状态,需要再右击,直到光标变为光靶形状 ⊞ 结束编辑状态。

(4) 单击"编辑"→"查找"替换。

(5) 打开"特性"对话框,单击对话框的"快速选择"按钮,查找规定内容的文字,之后再打开"特性"对话框,在"特性"对话框中修改文字内容。

2) 修改文字特性

可通过"选项"对话框修改文字的特性。选择要修改的文字,之后单击"修改"→"特性"菜单,打开"特性"对话框,在对话框中编辑文字高度。该种编辑修改文字方式,会导致图形文字的实际高度与文字样式高度不匹配,尽量不要采用。

5. 文字样式及文字样式高度修改

在 AutoCAD 中,仅仅修改某个文字样式的字库文件或字高,即使退出 AutoCAD 重新打开图形,图形中使用这个文字样式的文字也不会发生任何改变。

要使改变后的文字样式生效,需用"快速选择"命令,选择图形中使用该样式的所有文字,再右击弹出浮动菜单,执行浮动菜单的"特性"命令,弹出"特性"对话框,在对话框中把当前所用文字样式任意改变为其他后,再改回其所用的文字样式(此操作,我们称之为"闪切修改"),才能使修改的文字样式生效,操作过程如图 5-42 所示。

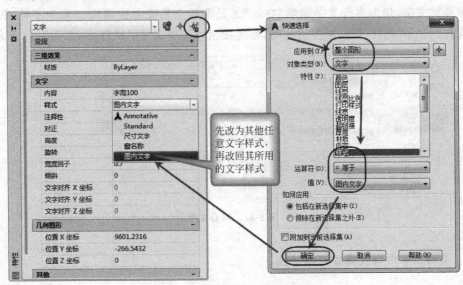

图 5-42 文字样式高度变化后修改图内文字

5.1.8　建筑结构图纸中墙柱等实体构件的绘制

　　轴线系统绘制完成之后,即可开始绘制墙体、柱等构件。墙体可用多线、偏移等命令来绘制,柱子等可用矩形加填充或者能反映构件宽度的多段线绘制。

1. 用多线样绘制墙或梁等多条线组成的构件

　　在绘制建筑平面图或结构平面图时,可用多线绘制墙体、梁等由多条线构成的构件线条。要用多线命令绘制多条线组成构件,首先需要创建相应的多线样式。

　　1) 多线样式

　　单击"格式"→"多线样式"下拉菜单,打开"多线样式"对话框,根据墙实际厚度或梁实际宽度,创建名称为"250-250""120-120""60-60"的多线样式,并按墙或梁中线与轴线对齐模式定义多线的偏移参数值,线型和颜色默认为 ByLayer,如图 5-43 所示。

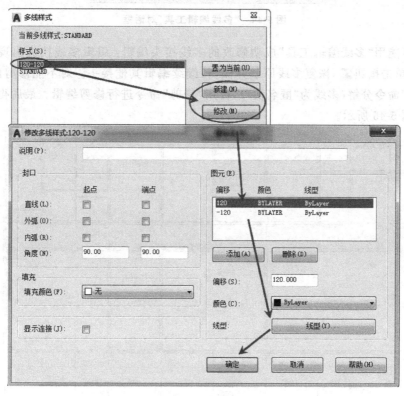

图 5-43　多线样式定义

　　2) 绘制多线

　　绘制墙体时,当前层设置为"墙"层,把相应的多线样式置为当前,多线比例设置为1,对正方式定义为"无",捕捉墙梁构件所在的轴线交点,即可同时绘制墙梁的两条图线。

　　3) 多线交叉点编辑

　　依次单击"修改"→"对象"→"多线"菜单,打开图 5-44 所示的"多线编辑工具"对话框,选择相应的多线工具后,按命令行提示选择所要编辑的多线,进行图形的编辑。

图 5-44 "多线编辑工具"对话框

对于不能用"多线编辑工具"成功修改的多线接头编辑:编辑多线接头出现编辑错误时,应立即单击按钮,恢复多线原状并保留,继续编辑其他接头。对不能修剪的多线,需通过"分解"命令分解(多线为"匿名块"),再用"修剪"命令进行修剪编辑。最后得到所绘制的墙线如图 5-45 所示。

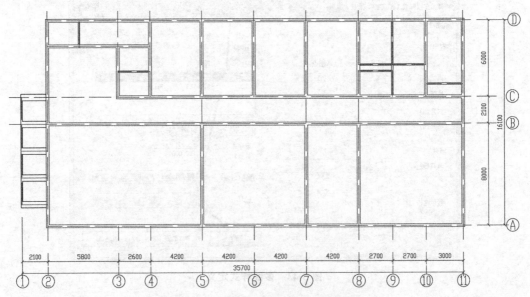

图 5-45 用多线及多线编辑绘制的墙线

2. 用其他方法绘制墙体

在实际绘图过程中,可用偏移轴线的方法,把轴线向外偏移生成建筑的外墙,之后按房间内墙表面绘制矩形,再通过复制命令复制房间内表面到其他相同的房间等。在按房间复制前,还可以先绘制出房间的门窗和其他家具,复制房间的时候一起复制,也能实现高效率地绘制出建筑平面。下面我们简要介绍图 5-46 所示的用偏移、修剪和复制命令绘制墙线的过程。

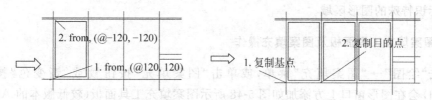

图 5-46　用偏移、修剪和复制命令绘制墙体的过程

1) 通过偏移轴线得到墙线

把建筑平面图的②、⑪、A、D 外周轴线,分别向外侧偏移 120mm,之后把偏移得到的图线更换到"墙体"图层,并进行相应的修剪。

2) 用矩形绘制房间内侧墙线

把当前图层设置为"墙"层。绘制矩形,通过 from 命令和相对坐标方式,绘制房间内墙。之后选择这个房间,用基点复制方式把它复制到其他相同的房间。

如果不用矩形绘制房间一侧墙线,也可以通过把轴线向两侧偏移,把偏移得到的图线转移到"墙"层,之后通过修剪命令,逐个修剪墙与墙的交汇点的方法绘制墙线,具体操作不再赘述。

3) 继续绘制其他房间并复制,或者偏移轴线绘制走廊内墙直至绘制出所有的墙体。

3. 用透明命令 from 及绘制矩形命令绘制现浇混凝土框架柱截面轮廓

下面我们以绘制建筑平面图上 2 轴交 A 轴处的尺寸为 300mm×450mm 的矩形柱为例,简要介绍用绘制矩形命令及透明命令 from 绘制左下角与墙外边线对齐的柱截面过程,如图 5-47 所示。

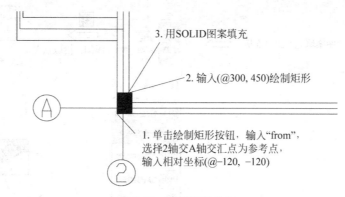

图 5-47　绘制矩形柱子

由于建筑平面上有多根柱子,对于同一截面的柱子可以绘制一个完毕,通过复制命令复制到其他位置;也可以等图案填充完毕,连同图案填充一起复制。

5.1.9　用图案填充及用多段线绘制有宽度的实体对象

重复绘制某些图案以填充图形中的一个区域,从而表达该区域的特征,这种操作称为图案填充。图案填充常常用于表达剖切面和不同类型物体对象的外观纹理。图案填充的应用非常广泛,在建筑工程绘图中,通常用图案填充绘制需要表示材料性质、构件截面图或者绘制图案标识特殊的图形区域。

1. 图案填充工具面板及图案填充操作

单击"绘图"→"图案填充"菜单,或单击"图案填充"按钮 或"渐变色"按钮 ,AutoCAD 会在图形窗口上方添加如图 5-48 所示图案填充工具面板(较低版本的 AutoCAD 可打开"图案填充"对话框)。通过该工具面板,可以设置图案填充时的类型和图案、角度和比例等特性,选择填充区域边界或选择填充区域内部任一点后,可对所选区域进行图案填充。

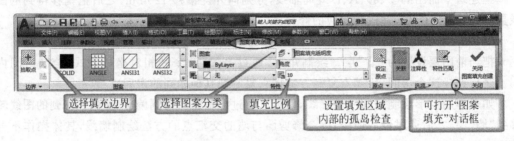

图 5-48　图案填充工具面板

1)"拾取点"按钮

以拾取点的形式来指定填充区域的边界。单击"拾取点"按钮,可在图形中需要填充的区域内任意指定一点,系统会自动计算出包围该点的封闭填充边界,同时亮显该边界。如果在拾取点后系统不能形成封闭的填充边界,则会提示"无法确定闭合边界"错误信息。如图 5-49 所示。

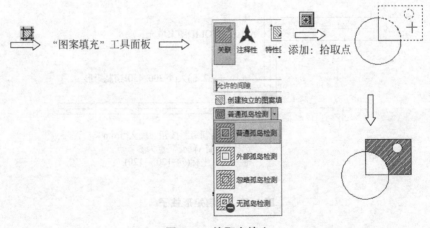

图 5-49　拾取点填充

2)"选择对象"按钮

单击"选择对象"按钮,可在绘图窗口内选择填充区域的边界对象来定义填充区域的边界。可以选择多个对象作为填充边界,AutoCAD 自动进行填充边界判别进行图案填充。

在"选择对象"方式进行图案填充时,AutoCAD 2019 版与低版本 AutoCAD 在此处稍有区别,当选择单一填充边界时,AutoCAD 2019 版不再像低版本 AutoCAD 那样检查所选边界内部是否有孤岛。如果选择的填充边界重叠,AutoCAD 会自动把重叠区域避开不填充,如图 5-50 所示为选择圆形边界及圆形内部文字作为填充边界时的图案填充情况。

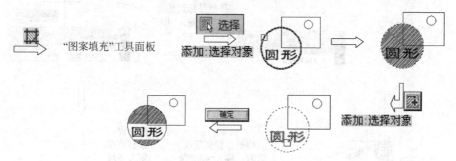

图 5-50　选择对象填充

3) 图案填充比例

图案填充比例用来控制填充时图案的疏密程度。通常在绘图过程中,不需要像绘制非连续线那样仔细计算线型比例。图案填充比例可以通过直观观察判断是否合适。

当图案填充比例过大而填充区域过小,则可能会看不出填充效果。当图案填充比例过小,填充图案过多过密,不仅看不清图案填充效果,也会严重降低图形的刷新或重构速度。

由于柱截面轮廓内有轴线和墙体,所以填充柱子时按"选择对象"方式填充。

4) 多个不连续区域同时填充要注意的问题

AutoCAD 允许对多个不连续区域同时进行相同的图案填充,填充后的图案为一个整体。多个不连续区域同时填充操作,如果在选择图案填充区域时一旦出错,则要重新开始,往往会降低绘制效率。所以在选择多个不连续区域同时填充时,尽可能只选择图形窗口可见部分,不要同时选择太多不连续区域,以免出错从头重来。过多的非连续区域同时填充,也会降低图形的重构速度,降低绘图及图形编辑效率。

5) 填充图案的编辑与分解

选择已有的填充图案后,可在"图案填充"工具面板对填充图案种类、填充比例等进行修改;也可以在选择填充图案之后,右击弹出浮动菜单,选择浮动菜单的"图案填充编辑"命令,打开"图案填充"对话框,从对话框里对图案填充进行编辑修改。

在 AutoCAD 中,图案填充是匿名块,无论形状多复杂,同一次填充操作的填充图案都属于同一个图形对象。可以通过"分解"命令来分解一个已存在的关联图案。图案被分解后,它将不再是一个单一对象,而是一个个构成图案的线条,此时可以对填充图案进行局部删除,留出空间绘制其他内容等。需要注意的是,分解后的图案也失去了与图形的关联性,无法再使用"修改"→"对象"→"图案填充"命令来编辑。

2. 用多段线绘制有宽度的实体对象

对于图纸中需要填充的矩形柱、剪力墙、楼板的剖面等,也可以通过用"多段线"命令来绘制,多段线的宽度按构件的实际宽度输入。图 5-51 为用多段线绘制矩形柱的过程。

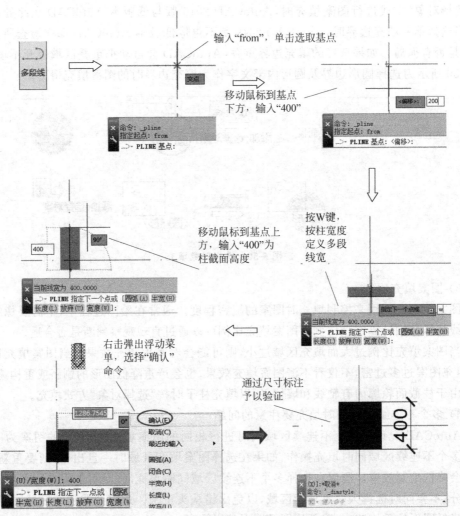

图 5-51　用多段线绘制有宽度的实体对象

剪力墙绘制完毕,再绘制门窗洞口的辅助定位线,用修剪命令对多段线进行修剪出门窗开口之后,再用直线绘制洞口边缘线。同样绘制洞口门窗轮廓线也可用透明命令 from 进行定位。

用多段线绘制有宽度的实体对象需要注意以下两点。

1) 多段线中指定的图元对象宽度有别于图层管理器中规定的图层线宽

用多段线宽度绘制的图形对象的宽度我们称之为对象宽度,与图层线宽不同的是,当向纸质图输出时,对象宽度会按打印比例缩放。

2) 对象宽度为 0 的多段线会按图层线宽进行打印

当多段线图元的宽度为 0 时,其纸上宽度会按其所在图层的线宽绘制。当绘制钢筋图线时,通常设定多段线图元的宽度为 0,使之取图层线宽。

PKPM 等 CAD 软件自动生成建筑或结构施工图中,钢筋图线可能是有宽度的多段线图元,在对这些图形进行编辑时,要注意其图元宽度应该修改为纸上图线宽度与打印比例倒数的乘积,或者把其图元宽度改为 0 使之按图层线宽打印。

5.1.10　门窗等实物图块与标高等符号图块的绘制

图块是一个或多个图形元素组成的集合。对于图纸中重复出现的内容可以做成图块，然后根据作图需要,将这些图块定义按不同的比例和旋转角度插入图中任意指定位置,还可以对图纸中已插入的图块进行编辑、重定义、替换。使用图块可以节省存储空间,提高图形重构速度,提高图纸的绘制和编辑效率。

在第 1 章我们介绍"0"层的浮动特性时,我们对图块的操作已经做了一些介绍,在本章我们将借助窗户等图块的绘制,详细介绍图块的特性和利用图块绘制图纸的相关操作。

1. 实物图块和符号图块

根据组成图块元素性质的不同,我们可以把图块分为两种类型：一种是把有形的实体对象作为主要表达内容的图块,我们称之为实物图块,如门窗、家具、梁配筋大样等；另一种是单纯由符号或文字组成的图块,我们则称之为符号图块,如标高符号、详图符号、剖切符号等。实物图块通常按实体对象的实际尺寸绘制,符号图块按纸上大小绘制。

对于实物图块,首先按 1∶1 建模比例绘制实体图元,然后创建实物图块,实物图块插入时按 1∶1 比例插入。符号图块按纸上大小创建,按打印比例的倒数放大插入。

2. 块定义与块引用的概念

图块分为块定义和块引用。块定义是多个图元对象组合起来形成的一个新的图元对象集合,块引用是用插入命令插入图形中的图块对象。所以插入块时,AutoCAD 只需记录块引用的插入位置等简单信息,而不必再记录每个对象的信息。因此使用图块,可以减小图形文件的大小,从而节省了计算机的内存和磁盘空间。例如,我们要在图中 12 处插入 100 个圆,如果不使用块,文件中应包含 1200 个圆对象。但如果使用了块,则文件中仅包含 112 个对象,其中包括 100 个圆对象的块定义和 12 个块引用。

3. 内部图块和外部图块

存在于当前图形中的块定义,称为内部图块。对于尚处于图形之外的以 DWG 文件形式保存在磁盘上的图块,称为外部图块。外部图块一旦被插入图形之后,就变成了内部图块。外部图块还可以外部参照方式永远以外部图块的形式"附着"在图形上,附着在图形上的外部图块还可以通过执行"绑定"命令,把外部参照转化为内部图块。

4. 图形库

一个单个的 DWG 文件可以作为一个图块被插入图形中,也可以通过 wblock 命令,打开"写块"对话框(图 5-52),把图形中的图块以 DWG 文件形式保存到磁盘上。可以把不同图块分门别类地保存

图 5-52　"写块"对话框

在不同的文件夹中,我们把由不同用途的图块组成的文件夹称为图形库。图形库属于外部图块。在工作中,我们可以收集和保存所绘制的图块,逐渐丰富自己的图形库。

5. 属性与属性块

下面以建立一个窗户平面图块为例,介绍带有属性的实物图块的创建过程。

属性是附着在图形上的非图线信息,可以把属性和图线类图元一起,封装在一个图块中。属性也可以"不可见"。不可见属性不能显示和打印,但其属性信息存储在图形文件中,并且可以被写入或提取,供数据库程序使用。属性可以包含构件编号、价格、注释和物主的名称等。

1) 在图形中创建属性

具有"可见"特性的属性,通常以文字的形式显现在图形中。要在图形中创建一个属性,首先要创建供属性用的文字样式。

(1) 定义属性用文字样式。

在创建文字属性时,需首先创建用于该属性的文字样式,如图 5-53 所示。

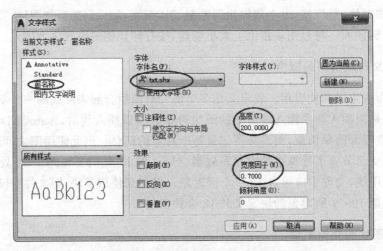

图 5-53 定义属性用的文字样式

定义属性用文字样式时,要区分图块的类型及插入方式。实物图块通常按 1∶1 插入,所以文字高度为纸上高度与打印比例倒数的乘积。符号型图块按打印比例倒数放大,所以文字高度为纸上高度。

(2) 定义属性并把属性输入到图形。

首先在"窗"图层绘制建筑平面图中窗户的图线。之后依次单击"绘图"→"块"→"定义属性"菜单,或单击"插入"工具面板的"定义属性"按钮,可以打开图 5-54 所示"属性定义"对话框定义属性参数,参数定义之后,单击"确定"关闭对话框,并在图中指定属性所在位置,就完成了属性创建。

2) 属性块的概念和用途

包含有属性的块叫属性块。插入带有属性的块时,AutoCAD 会提示用户重定义的属性数据。属性块插入图形之后,还可以双击块引用的属性图元,打开"属性编辑"对话框,在对话框中修改属性的内容。属性块中的属性也可以是常量属性(即属性值不变的属性),常

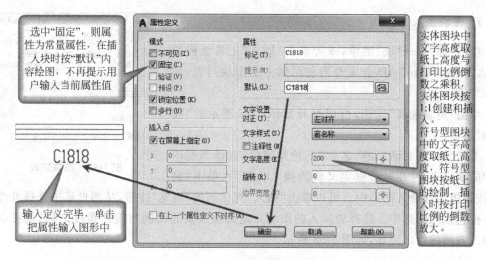

图 5-54　"属性定义"对话框

量属性在块插入时不提示输入值。

在建筑绘图中,属性块是一个十分有用的图形形式。例如:可以事先绘制一个圈梁配筋截面图,其中圈梁的尺寸、配筋参数如果定义成块属性,就可以在块插入时依据当时情况定义具体的值。

6. 创建图块

在把一个窗户绘制完毕之后,依次单击"绘图"→"块"→"创建"菜单,或者单击"插入"工具面板的"创建块"按钮,会打开如图 5-55 所示"块定义"对话框,将已绘制的包含窗户名称属性的窗户图形对象创建为实物图块。

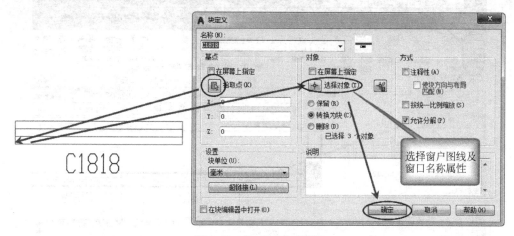

图 5-55　"块定义"对话框

创建图块时将指定的图块插入基点,就像平时我们手提物体时的抓握点。通过这个抓握点,我们可以把手里抓取的物体放置在任意其他位置。基点的选择要考虑将来图块插入时定位的便利性。

7. 图块插入

单击"插入"→"块"菜单,或者单击"插入"工具面板的"插入"按钮,AutoCAD 会展开当前图形中的图块列表,如图 5-56 所示。

单击"更多选项"按钮,可以打开如图 5-57 所示的"插入"对话框。

单击"插入"对话框的"名称"下拉列表框,选择当前图形中的块定义,并在对话框定义块的插入比例后,单击"确定"按钮把图块插入图形中。可以单击"插入"对话框的"浏览"按钮,从图形库中选择外部图块并把它插入图形中。选择要插入的图块并定义插入块的比例与旋转角度之后,就可以把块插入图形的指定位置,如图 5-58 所示。

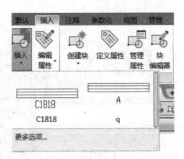

图 5-56 图块列表

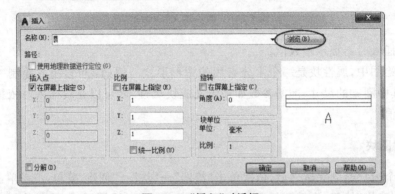

图 5-57 "插入"对话框

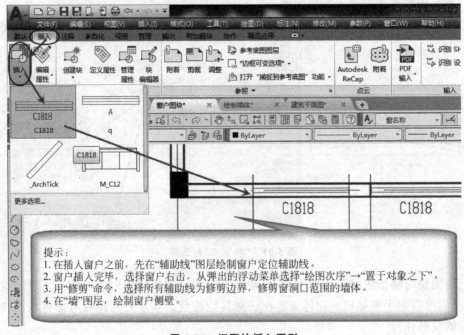

提示:
1. 在插入窗户之前,先在"辅助线"图层绘制窗户定位辅助线。
2. 窗户插入完毕,选择窗户右击,从弹出的浮动菜单选择"绘图次序"→"置于对象之下"。
3. 用"修剪"命令,选择所有辅助线为修剪边界,修剪窗洞口范围的墙体。
4. 在"墙"图层,绘制窗户侧壁。

图 5-58 把图块插入图形

　　在插入门窗图块之前,我们需要先在"辅助线"图层绘制定位窗户的辅助线,并在插入窗户图块之后,通过执行"修剪"命令,以门窗定位辅助线为修剪边界,修剪掉窗洞口范围的墙体图线,在"墙"图层绘制窗洞口侧壁。所有门窗插入及门窗洞口绘制完毕,在"标注文字"图层标注门窗定位尺寸,得到图 5-59 所示图形(为了清楚显示门窗洞口,我们关闭了 AutoCAD 的线宽显示)。

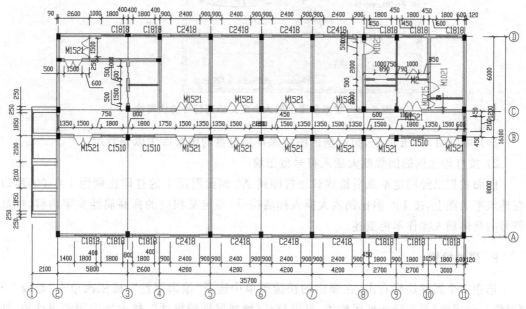

图 5-59　绘制门窗后的建筑图

8. 标高等符号图块的绘制及插入

　　标高包括标高符号和标高文字。标高符号的绘制分为绘制标高属性块和在建筑图上插入标高符号两个步骤。

　　1) 按纸质图上标高符号的大小创建标高属性图块

　　制图标准规定,标高符号为等腰直角三角形,其图纸高度为 2～3mm。因为标高符号为符号型图元,首先按其在纸质图上的大小创建标高图块,插入时再按打印比例的倒数放大。标高图块的创建操作过程大致如下:

　　(1) 设置当前层为 0 层,在 0 层上创建标高符号浮动图块。按照图 5-60 所示顺序,绘制直角三角形,镜像上面的等腰直角三角形,删去竖直线,进行镜像,绘制水平直线段。

图 5-60　绘制标高符号

　　(2) 创建块属性,如图 5-61 所示。

　　(3) 创建标高符号块:单击"创建块"按钮,选择包括前面定义的属性之内的标高符号所有图元,选择块的基点,标高块名称为"平面图标高"。

图 5-61　按纸质图上的大小定义标高符号的块属性

（4）可以用 block 命令，把绘制的图块保存到磁盘的图形库中以备后用。

2）按打印比例的倒数放大插入符号型图块

前面我们已经测定本章所绘建筑图打印到 A3 幅面图纸上的打印比例为 1∶100，所以在建筑平面图上，按 100 倍比例放大插入标高符号，并定义相应的标高属性文字内容，标高符号的具体插入操作不再赘述。

9. 属性编辑

选中一个属性块后右击，在弹出的快捷菜单中选择"编辑属性"，或依次单击"修改"→"对象"→"属性"菜单后选择属性块，可以打开"增强属性编辑器"，修改块引用的属性值，如图 5-62 所示。

双击图形中的属性，可以打开"编辑属性定义"对话框（图 5-63），修改属性块的属性参数。

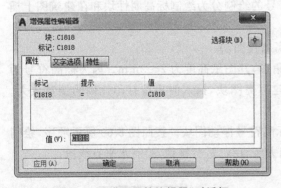

图 5-62　"增强属性编辑器"对话框

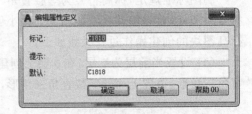

图 5-63　"编辑属性定义"对话框

10. 块的分解

由于图块是一个图元集合（尽管其内部可能包含许多其他图形实体），图形编辑命令不能透过块定义对块内实体进行编辑，如果要编辑块内的实体，则必须把块分解，使包含在图块内部的图元对象从图块中独立出来。

1) 块的分解方法

在 AutoCAD 中可以使用两种方法来分解一个图块：

(1) 在插入块时选择"分解"复选框,直接在插入块时把块引用分解成一个个独立的图形对象。

(2) 单击"修改"→"分解"菜单,或单击"默认"工具面板的"分解"按钮 🗗 把块引用分解。

无论使用哪种分解方法,所能分解的对象都只是块引用,而块定义本身仍然隐含在图形文件之中,并可以随时被插入引用到图形的其他位置。图案填充、多线、矩形、多边形、尺寸线等匿名块也可以通过执行"分解"命令,分解成像直线这样的简单图元。需要注意的是,矩形、多边形匿名块在分解之前类似多段线,有自己的对象宽度,分解之后就变成了一个个没有对象宽度的直线段。

如果用户希望删除无用的块定义,可以使用 purge 命令,对图形进行清理。

2) 块分解的结果

插入块时 x、y 向都按统一的比例进行缩放的块引用,可分解为组成该块的原始对象。而对于缩放比例不一致的块引用,在分解时会出现不可预料的结果。

如果块中还有嵌套或多段线等"匿名块",在分解时只能分解一层,分解后嵌套块或者多段线仍将保留其块特性或匿名块特性。

3) 块引用的编辑特性

当对块进行编辑时,某些命令如复制、镜像、旋转等可直接使用,但是有些命令如修剪、延伸、偏移等不能直接在块引用上使用。若要编辑块内图元对象,则需先将图块分解,然后再进行编辑。

11. 用块重定义或块替换快速修改建筑立面

在 AutoCAD 中,可以通过使用块重新定义或块替换操作,使图中的同名块同时改变。

1) 图块的编辑与图块重定义

图块重定义是通过把一组新的图形元素定义成图形中原有同名图块,或对图中已有的块定义进行编辑修改,实现对图中同名块引用进行快速修改的一种图形编辑方法。

假设我们通过块定义和块插入,绘制了一个图 5-64 所示的建筑立面图,由于建筑方案发生变化,建筑立面图窗户的上方增加了凸出墙面的装饰条,如图 5-65 所示,因此需要修改建筑立面图中的窗户图块,更新建筑立面的表达形式。对窗户图块的编辑可以通过块的在位编辑和块编辑器编辑两种方式来实现。

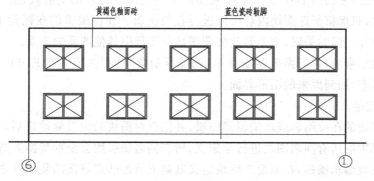

图 5-64　建筑立面图中的窗户图块

2）用块编辑器对块进行编辑

双击图形中的任意一个窗户图块，或选中一个块插入后单击"插入"→"块定义"工具面板的"块编辑器"按钮，打开图 5-66 所示的"编辑块定义"对话框。

图 5-65　新的窗户

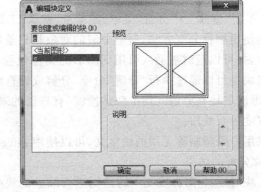

图 5-66　"编辑块定义"对话框

在"编辑块定义"对话框中选择要修改的窗户图块名"C"，单击对话框的"确定"按钮，软件即会自动在工具面板增加一个如图 5-67 所示的"块编辑器"面板，并自动转入块编辑器工作界面，且只显示所编辑图块的图块图元。在块编辑器工作界面中，可以执行 AutoCAD 所有的绘图及编辑命令，当对块的编辑操作完成之后，单击"关闭块编辑器"按钮，即可返回原来的图形界面。

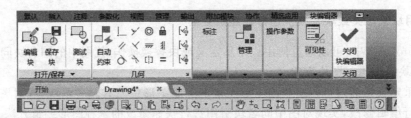

图 5-67　"块编辑器"面板

3）图块的在位编辑

在图形中选择一个图块，右击弹出浮动菜单，选择浮动菜单的"在位编辑"命令，AutoCAD 会在原来的图形界面下，自动锁定除了所选图块之外的所有其他图形元素，隐藏其他同名图块，只保留所选图块内容可以进行在位编辑。在位编辑能在视觉上保留图块与图形中其他图元之间的关联，便于修改协调图块与图形中其他图元的关系。

在位编辑结束前，右击弹出浮动菜单，选择浮动菜单的"关闭 REFEDIT"命令，结束块的在位编辑状态，回到原来的图形界面。

4）块的重定义

当退出图块的在位编辑或块编辑器编辑，并保存对图块的编辑修改之后，AutoCAD 会自动把原图形中的所有同名图块进行重定义，所有同名块引用会全部替换为新修改的内容。参照前面所述块编辑操作，在原窗户图块定义基础上增加凸出墙面的装饰条之后，建筑立面图即会变为如图 5-68 所示。

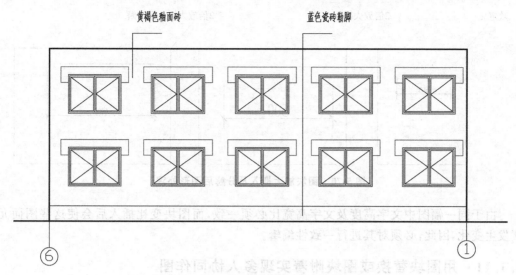

图 5-68　修改窗套装饰线之后的建筑立面图

5）图块替换

除图块的重定义之外，还可以利用块替换方法进行块引用的快速修改。块替换要求内部图块名称与外部图块文件名称要相同，具体操作如图 5-69 所示。

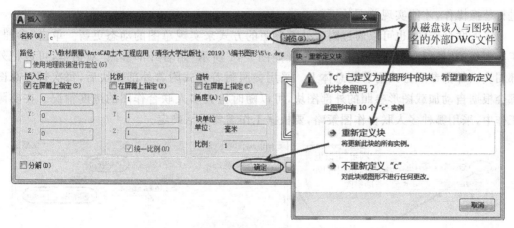

图 5-69　图块的替换操作

12. 块变比插入与图块分解时的图元变化

在实际绘图过程中，由于绘图比例或图形尺寸的变化，经常需要对插入的图块进行放缩。图块变比插入后，图块内的所有图形元素作为一个整体，都将按照插入时的缩放比例做统一的缩放，但是图元的内容不变。例如如果一个图块内包括一个长度为 50mm 的直线及对应这个直线的尺寸线，把图块变比 2 倍插入后，图块内的直线和尺寸线外观都变为原来的 2 倍，但是尺寸文字内容仍为 50。此时如果对插入的图块进行分解，分解后的图形大小仍是原来的 2 倍，但是尺寸线外观恢复到放大插入之前，尺寸文字内容却变为 100。图块变比放大插入或变比插入后再分解的图形外观变化如图 5-70 所示。

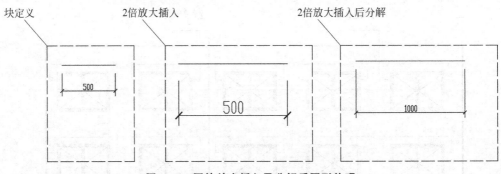

图 5-70　图块放大插入及分解后图形外观

由于同一幅图中文字高度及文字高宽比必须一致,而图块变比插入后会使这些图面元素发生变化,因此,必须对其进行一致性编辑。

5.1.11　用图块替换或图块附着实现多人协同作图

如果在绘制一张图纸的前期,有一些内容尚未精确确定或需要多人协同作图,则可以先画出图形各个部分的粗略图块,把图块插入图形中进行预拼装,并用 wblock 命令,把这些图块保存为同名 DWG 图形文件,等到这些同名 DWG 图形完成之后,再通过块替换向总图中导入这些同名 DWG 文件,实现图形的拼装替换。图块替换方式需要通过人工交互方式来进行替换操作,才能实现总图的更新。

多人联合作图,也可以通过附着外部参照的方式来实现总图的动态更新。单击"参照"工具面板的"外部参照"按钮,可以打开如图 5-71 所示"附着外部参照"对话框,可以把外部图块以外部参照方式附着到总体上。采用参照附着方式附着外部图块后,每次打开总图都会根据自动加载图形参照的外部图块,可以随时检查多人联合作图的进度情况。在实际工作中,采用哪种多人联合作图策略,要根据工作需要灵活确定。

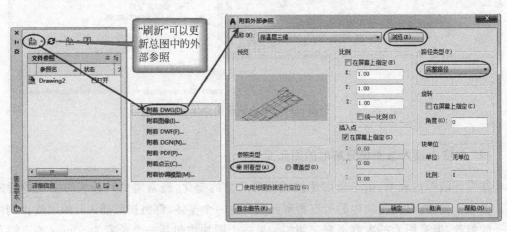

图 5-71　附着外部参照

多人联合作图,可以由技术总管把一个较大的总图形划分成一些较小的区域,在进行了图层、文字样式、尺寸样式、线型比例规划,保存一份总图后,再把只保留每个成员的分工区域的内容,分别保存成不同的分图 DWG 文件,并把分图分发给各位成员。再回到总图中把每个成员所绘部分做成与各个分图同名的图块或以外部参照方式附着到总图上,每个成员在所规定的区域完成各自的绘图任务后,再由技术总管把这些文件通过块替换方式或图块附着方式进行拼装。

5.1.12　钢筋保护层与截断筋的绘制方法

绘制结构施工图纸时,不需按照钢筋保护层的实际厚度定位图线,只要保证钢筋线和构件轮廓线之间预留一定的间隙,使得打印到图纸上的图线不相互混淆即可。GB/T 50001—2017《房屋建筑制图统一标准》第 4.0.5 条规定:纸质图上的两条平行图线之间的净间隙不能小于 0.2mm。钢筋保护层在纸质图上的大小不能小于该数值。

1. 钢筋线与构件轮廓线之间间隙大小的确定

为了确保打印图纸不会混淆钢筋线和构件轮廓线,则二者之间的间隙必须大于图线所占宽度,依据制图经验,在图形中钢筋线和构件轮廓线之间的间隙应取($1.5b\sim2.0b$)与打印比例倒数的乘积,通常可取 $1.5b$ 与打印比例倒数的乘积,b 为图纸中粗线的线宽。纸质图上钢筋与构件轮廓间隙的关系及推算如图 5-72 所示。

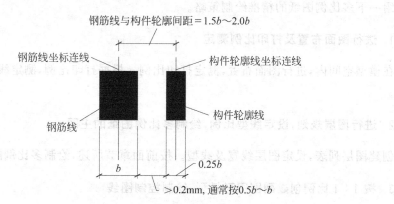

图 5-72　钢筋保护层绘图处理

如果图形的建模比例是 1:1,打印比例是 1:100,则绘图时构件轮廓线与钢筋线、钢筋线与钢筋线之间的距离为 $150b\sim200b$。当线宽 b 取 0.7mm 时,则绘图时轮廓线与钢筋线间距可在 $105\sim140$mm 之间取值。

同样道理,绘制多比例图纸时,还要考虑副图的放大顺序。如绘制构件轮廓及钢筋之后再放大图形,则绘图时,构件轮廓和钢筋之间的间距应根据拟放大的比例,进行反比例缩小。

2. 钢筋半圆弯钩的绘制

若在绘图时,不能从既有的图形中找到可以复制的钢筋弯钩,则钢筋弯钩需要手工绘制。钢筋半圆弯钩可用多段线绘制,多段线的对象宽度取 0 时,则其图线宽度采用图层线宽。若定义多段线的对象宽度,则其宽度值为粗线线宽与打印比例倒数的乘积。钢筋半圆弯钩的图纸半径取 $0.75b\sim b$,钢筋线间图纸距离取 $0.5b\sim b$,如图 5-73 所示。如果绘图比例是 1:1,打印比例是 1:100,则绘图时钢筋线与钢筋线之间的距离为 $150b\sim200b$,半圆弯钩圆弧的直径等于钢筋间隙值。

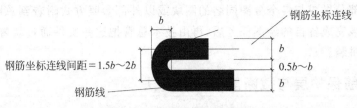

图 5-73　钢筋保护层绘图处

3．截断筋的绘制

在结构施工图上，截断筋会被表示为一个圆点。该圆点不是按照钢筋的直径绘制的。通常用圆环命令绘制钢筋圆点，圆环的内径取 0，外径按粗线宽度与打印比例倒数的乘积取值。

5.1.13　面向打印控制的多比例图纸的绘制策略

在前几节我们已经学习了面向打印控制的单一比例图纸精准绘图方法，在本节我们简要介绍一下多比例图纸的精准绘制策略。

1．进行图面布置及打印比例测定

在模型空间内，进行图面布置，测定打印比例。根据打印比例，测定线型比例，设定线型比例。

2．进行图层规划，设定线型比例，绘制多比例图纸的主图

创建图层列表，设定图层线宽及线型。按前面章节所述，绘制多比例图纸的主图。

3．按 1∶1 比例创建副图图形模型，绘制控制图线

在多比例图纸上，副图一般是图纸中的详图和节点大样图等。按 1∶1 创建副图图形模型后，得到的图形往往较小，如图 5-74 所示为按 1∶1 建模比例绘制的某个建筑的立面图及节点檐口大样图。

4．根据主副图相对比例放大副图

若依据一张既有的纸质图绘制图形，则可以用直尺量取纸质图形的某段尺寸线长度，用该长度除以其标注长度，计算其纸质图上的绘图比例。用量取算得的主图和副图的纸质图绘图比例，计算主图与副图的相对比例。

在标注文字和尺寸线之前，根据主副图相对比例放大副图。假定前面所示建筑立面图的图纸打印比例为 1∶50，建筑立面图与大样图的相对比例是 1∶5，则需要把按 1∶1 建模比例绘制的大样图放大 5 倍。

5．进行文字标注

有一点需要特别注意的是，在多比例图纸上，不论是主图还是副图上的同一类型的文字

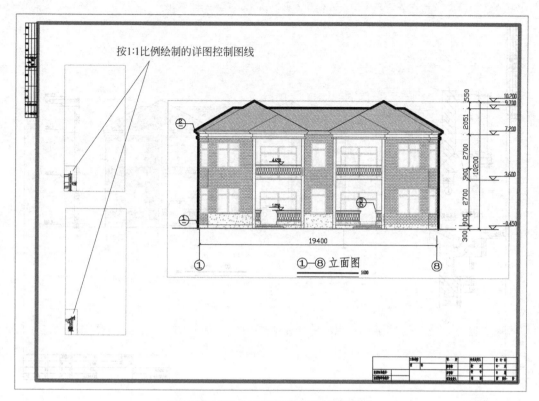

图 5-74　按 1∶1 比例绘制副图控制图线

可以用同样的文字样式。

6. 尺寸标注

对于多比例图纸,副图的尺寸标注可以采取下面两种方法中的任意一种。

1) 替代文字法

当副图上的尺寸标注内容较少时,可以用与主图相同的标注样式标注副图的尺寸线,之后在"特性"对话框中修改尺寸线的"替代文字"内容为其实际尺寸,使得放大之后的副图标注的尺寸数值仍能反映其真实大小。

2) 以原有的尺寸样式为基础样式,创建新样式并设定新样式的测量比例因子

当副图上需要标注较多的尺寸线时,则宜以主图的尺寸样式为基础样式,创建用于副图的尺寸样式,之后把新建样式的测量比例因子设置为副图放大比例的倒数。

依照上述多比例绘图的策略,我们即可得到如图 5-75 所示面向打印控制的多比例精准图纸。

7. 插入外部图块,进行图形特性查询和一致性修改

在很多情况下,如果保存在磁盘图形库中的外部图形文件与所绘制的副图相似,我们可以把这些外部图形文件按照图块插入图形中。通过前面章节介绍的查询方法,查询新插入图块的图形模型的绘制比例、线宽、线型、文字样式、尺寸样式等。如果插入的外部图形模型的绘制比例不是 1∶1 或与当前所绘制的副图比例不一致,则要通过缩放命令进行修改。之

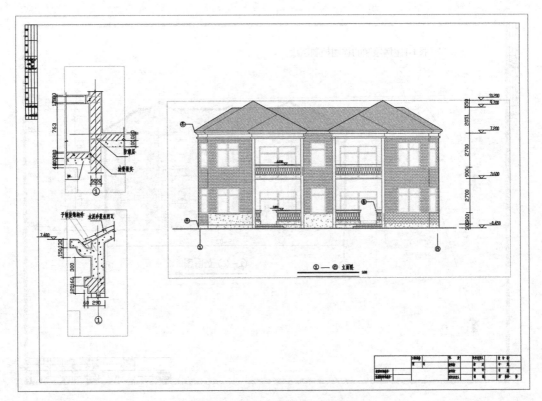

图 5-75　最后完成的多比例图纸

后在"特性匹配"对话框中,把新插入的外部图块的线宽、线型、文字样式、尺寸样式与当前图形进行匹配。

5.1.14　图纸变图幅打印及图幅变化时的修改操作

变图幅打印分为展板缩放打印和施工图纸缩放打印两种。展板缩放即图纸上的文字符号等随输出的纸质图幅面变化幅度同比缩放,纸板变大时文字符号也随之变大,同样纸板幅面变小文字符号也随之变小。图纸缩放打印为图线随图纸幅面的变化幅度而变化,但是纸质图上的文字符号依然保持原有大小。

1. 展板缩放打印

展板放大模式比较简单,只需在"打印"对话框中改变纸板幅面,重新用"窗口"选择电子图纸的边缘为打印区域,则 AutoCAD 即会重新测定打印比例,并对图上包括文字符号在内的所有图形元素,按新的打印比例同比缩放输出。

2. 施工图纸缩放打印

由于制图标准对图纸上的文字等符号型图元大小有相对固定的规定,如尺寸文字的大小为 2～3mm,假若图纸幅面从 A3 变为 A1 时,图纸幅面变化了,要保证输出到新的纸质图上的尺寸文字仍然保持 2～3mm,则要测定新图幅下的打印比例,之后按照新的打印比例对图上的文字符号等进行修改调整,才能进行打印输出。

1）测算新旧图纸的幅面变化比

我们知道 A1 图纸幅面为 841mm×594mm，A3 图纸幅面为 420mm×297mm，前者幅面是后者的 4 倍。故当把输出的纸质图由 A3 变为 A1 时，图纸幅面变大 3 倍，打印比例也随之变大 3 倍。通常情况下，图纸幅面的变化比例与新旧图幅打印比例的比值是相同的。

2）根据图纸幅面变化比修改文字类图元

把文字样式高度修改为新旧图纸的幅面变化比与原文字样式高度的乘积。之后用5.1.7 节介绍的"闪切修改"来修改图中的文字。若图纸中包含多种不同高度的文字，则要逐个样式地对其进行"闪切修改"操作。

3）尺寸线的修改

由于在 AutoCAD 中，尺寸线是一种带有一定自动特征的匿名块，当尺寸样式改变后图中的尺寸线会随之发生改变。所以当图纸幅面发生变化，只需把尺寸样式中"调整"选项卡的全局比例按新旧图纸的幅面变化比进行修改即可。

4）符号型图元的修改

在模型空间内修改图纸幅面打印输出时，图纸中标高、索引符号和轴线编号等符号型图元，需要用 SCALE"缩放"命令对其进行缩放，缩放比例为新旧图幅变化比。

5）非连续线的修改

由于非连续线的线型比例是按照打印比例推算出来的，若要保持非连续线的输出效果不变，则也要根据新旧图纸的变化比修改线型比例的"全局比例因子"。

6）图签栏及图框

依据制图标准，图签栏大小和图框距离图纸边缘的尺寸是固定的，所以变图幅打印之前，尚应对图签栏和图框与图纸边缘的距离，按新的打印比例进行调整。或删除原有的图框，重新插入外部 1∶1 图框后，按新的打印比例放大并调整图形在新图框内的位置。

5.2　模型空间内注释性图形的绘制策略

尽管在通常的绘图工作中，我们很少在模型空间中绘制注释性图形，但是为了便于某些好学或好奇的初学者理解注释性图形的特性，在本节我们简要介绍一下在模型空间内绘制注释性图形的绘制策略。

5.2.1　模型空间内注释性图形的绘制

在模型空间内，图纸的绘制分为单一比例图纸和多比例图纸，其绘图策略略有不同。下面我们简单介绍这两种图纸的绘制策略。

1. 单一比例注释性图形的绘制

与在模型空间内绘制非注释性图形一样，在模型空间内绘制注释性图形也要首先进行图层规划、图面布置并测定图纸的打印比例，根据打印比例设定注释比例。单一比例注释性图形绘制过程大致如下：

1）在完成图面布置并测定打印比例之后，定义图形的注释比例

选择预定的图纸幅面进行图面布置并测定打印比例之后，要绘制注释性图形即可按照

4.1.6 节所述,先按测定的打印比例设定注释比例。在模型空间下,一张图纸只能有一个注释比例。

2) 注释性图元对象的定义及绘制

绘制注释性文字、尺寸标注、非连续线等具有注释特性的图元时,AutoCAD 会按注释比例对文字样式、尺寸样式等定义的参数进行自动缩放。

(1) 注释性文字、注释性尺寸线及非连续线。

以注释性尺寸标注为例,按 5.1.5 节所述,在尺寸标注样式中按纸质图大小设置"线""符号和箭头""文字""主单位"各参数之后,在"调整"选项卡上按图 5-76 所示选中"注释性"即可使用该样式进行尺寸标注。

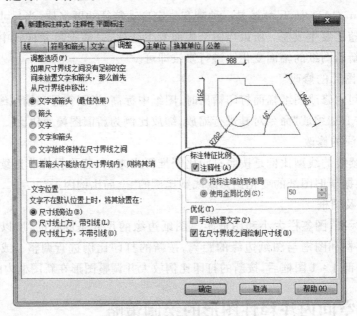

图 5-76　定义注释性尺寸样式

假如在纸质图上尺寸文字的高度为 2mm,注释比例设置为 1 : 100,则 AutoCAD 会自动把注释性尺寸线上的文字高度设置为 200mm,如图 5-77 所示。打印时缩小至 1/100,打印到图纸上仍然是 2mm。

(2) 注释性图块。

对于注释性图块,块引用时图块的缩放比例为插入块时的注释比例与定义块时的注释比例的相对比值。

以创建标高符号为例,假若纸质图上标高文字高度为 3mm,则创建标高注释性图块时,要区分两种情况:

① 如果块定义时图纸的注释比例为 1 : 1,则绘制标高符号图线及文字均按纸质图高度即可。

② 如果按打印比例设定了图纸的注释比例,则插入的标高图块大小不再发生变化。因此在绘制组成标高图块的图线时,需要自行按打印比例放大标高图线,标高符号中的注释性文字,则依然按纸质图上的高度定义文字样式并书写标高符号文字。

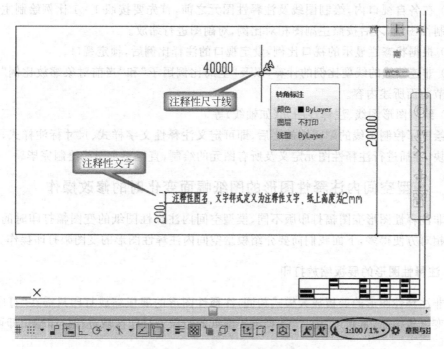

图 5-77　绘制注释性图形示意

3）线型比例

在模型空间下绘制非连续线时，线型比例按下式计算，"全局比例因子"和"当前对象缩放比例"的设定，参见 5.1.4 节，本章不再赘述。

$$A＝（线型文件定义的每组短线长度×注释比例）/打印比例$$

$$线型比例＝非连续线纸上长度/A$$

4）尽量不要在绘图过程中改变注释比例

绘制注释性图形，状态栏的"在注释比例变化时，将注释比例添加到注释性对象"按钮为开启状态时，改变图纸的注释比例时，可以调整图形中注释性图形对象的大小。

对于初学者而言，除非因为改变图纸幅面之外，尽量不要在绘图过程中修改图纸的注释比例。在绘图过程中改变图形的注释比例，会导致图形出现不可预料的变化，由于对注释性绘图的深层原理领会不深，初学者会感觉无所适从。在既定注释比例下，可通过设定及使用不同注释文字样式来标注不同大小的注释性文字。

模型空间内绘制注释性图形中的注释性文字、非连续线及注释块等操作，我们在本书中不再详细讲解，读者可结合本书其他章节内容进行绘图练习。

2．多比例注释性图形的绘制

由于在模型空间内，同一张图纸的打印比例是唯一的，同一张图纸上的符号型图元输出到纸质图上的大小是相同的，所以在标注或绘制注释性文字、尺寸线等注释性图元时，也需要按照预测的打印比例设定图纸的注释比例，之后再绘制图线，根据主副图相对比例缩放副图，最后绘制注释性图元。多比例注释性图形的绘制过程大致如下：

（1）创建主图和副图的视口。

（2）在各自视口内，绘制图线及注释性图元之前，首先要按照 1∶1 比例绘制主图和副图的控制性图线，之后按照主副图相对比例，对副图进行缩放。

（3）根据状态栏显示的视口比例，设定视口的注释比例后，锁定视口。

（4）非连续线的线型比例的计算，以及"全局比例因子"和"当前对象缩放比例"的设定参见本节前面所述内容。

（5）绘制图形图线、注释性图元（如轴线）等。

对绘制了控制图线的副图缩放之后，即可定义注释性文字样式、尺寸标注样式，创建注释性图块，穿插进行注释性图元定义及所有图元的绘制，直至整个图线绘制完毕。

5.2.2 模型空间内注释性图形的图纸幅面变化时的修改操作

与非注释性图形变图幅打印版不同，模型空间内注释性图纸的变图幅打印时的图形修改工作相对方便得多，下面我们简要介绍模型空间内注释性图形的变图幅打印操作。

1. 注释性图形的展板缩放打印

与非注释性图形的展板放大模式相同，注释性图形的展板缩放打印只需在"打印"对话框中改变纸板幅面，重新用"窗口"选择电子图纸的边缘为打印区域进行打印输出即可。

2. 注释性图形的施工图纸缩放打印

由于注释性图元可以在某种绘图状态下，自动随注释比例的改变而改变其在电子图形中的大小。

1）设定注释性图元与注释比例同步变化的特性

当图纸幅面变化要改变图纸的注释比例时，为了使图形中注释性图元跟随注释比例的变化同步改变，需要按照图 5-78 所示，打开"在注释比例发生变化时，将比例添加到注释性对象"状态按钮。

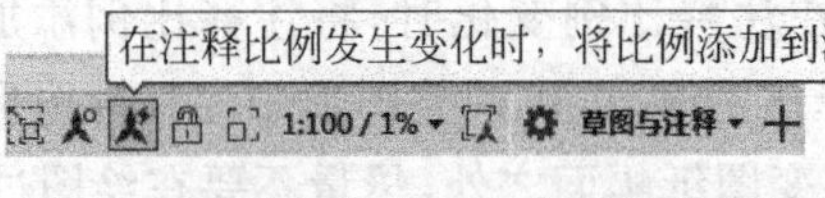

图 5-78 设定注释性图元与注释比例同步变化的特性

2）按新图幅的打印比例设定注释比例

打开"在注释比例发生变化时，将比例添加到注释性对象"状态按钮之后，即可按照新图幅的打印比例设定注释比例。假如原 A3 图幅时的打印和注释比例为 1∶100，图纸幅面改为 A1 后，新的打印比例为 1∶50，则模型空间内注释性图形的注释比例也相应改为1∶50，图形中的按注释性图元绘制的文字、尺寸线、图块及非连续线即会按新的注释比例自动调整大小，以保证输出到纸质图上的符号类图元保存原图幅大小不变。

5.3 图纸空间内的多比例图形的精准绘图方法

按图形类型来划分，图纸空间内的图形绘制可分为绘制注释性图形和非注释性图形两种。与模型空间内绘图一样，图纸空间内的图形按其构成情况也分为单一比例图形和多比例图形,在图纸空间中绘图,首先需要通过创建不同的视口,对所绘制的图纸的图面布置,针对不同的绘图类型,采用不同的绘图控制策略,以保证同一张纸质图上的图面符号具有一致性,从而实现面向打印控制的精准绘图。

5.3.1　图纸空间内非注释性图形与注释性图形的绘制特点

图纸空间内绘图与模型空间内绘图有两点不同。模型空间内绘图是按 1∶1 比例在图形窗口创建实体对象模型,再根据打印比例来实现对图纸的精准控制。模型空间内绘图,同一张纸质图仅有且只能有唯一一个打印比例。而图纸空间内绘图是在视口内,按 1∶1 比例创建实际对象的图形模型,再通过视口比例或注释比例来反映纸质图上的图形比例,从而实现对图纸的精准控制。图纸空间每个视口具有各自的视口比例或注释比例,各个视口的视口比例和注释比例类似模型空间图纸的打印比例,不同视口的图形类似具有不同打印比例的粘贴画粘贴在一整张图纸上,从而组成一幅大的图纸。在图纸空间,我们既可以绘制非注释性图形,也可以绘制注释性图形。

1. 在视口内绘制非注释性图形时,不同视口比例的视口需要创建不同的标注样式

通过对 4.1.6 节和 4.1.7 节的学习,我们已经初步了解了非注释性图形与注释性图形的区别。为了更进一步理解在图纸空间绘制非注释性图形的特点和方法,我们分别在图纸布局上创建两个视口,视口比例分别设定为 1∶4 和 1∶2,激活任意视口,在视口内绘制 50mm×50mm 的矩形,并标注一道水平尺寸线。之后分别激活每个视口,用"实时平移" 命令,把图形移动到视口适当位置。

创建图 5-79 及图 5-80 所示的"视口内非注释性尺寸线"非注释性标注样式。为了能清晰地显示图上尺寸文字高度,我们定义"视口内非注释性尺寸线"的文字高度为 20mm。

图 5-79　"视口内非注释性尺寸线"尺寸文字高度定义

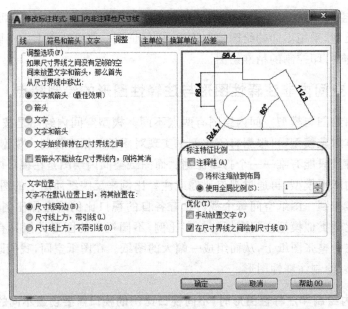

图 5-80 "视口内非注释性尺寸线"尺寸调整设置

之后在视口外双击回到图纸布局,分别在图纸布局上对两个视口内显示的尺寸文字高度进行标注,测得打印到纸质图上后两个尺寸数字的高度,如图 5-81 所示。从图上可以看到,非注释性尺寸文字在虚拟图纸上的高度是样式高度与视口比例的乘积,视口比例为 1∶4 时视口内的尺寸文字高度为 5mm(20mm×1/4),视口比例为 1∶2 时视口内的尺寸文字高度为 10mm(20mm×1/2)。在图纸空间的视口内绘制非注释性图形时,AutoCAD 会按视口比例自动把尺寸线缩放到虚拟图纸上,在图纸布局上对虚拟图纸进行打印输出时,只需按1∶1 的打印比例打印输出到纸张上即可。

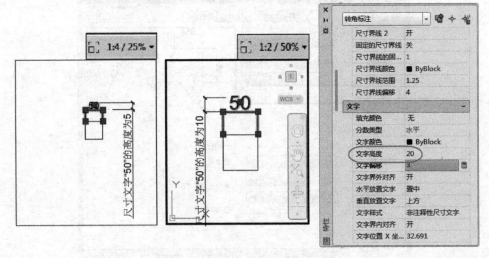

图 5-81 图纸空间非注释性尺寸标注

在图纸空间的视口内标注非注释性尺寸线或书写文字时,图纸布局上的视口比例有几个,就需要创建几套尺寸标注样式及文字样式。对于尺寸标注样式,"线""符号和箭头""文字"按纸质图上大小定义,"调整"选项卡上的"使用全局比例"按视口比例的倒数即可。假设输出到纸质图上的尺寸文字高度为 4mm,则 1∶4 视口比例时尺寸文字样式高度应为 16mm(4mm×4),视口比例为 1∶2 时尺寸文字样式高度应为 8mm(4mm×2),这样就可以做到同一张纸质图上,不同视口比例的视口内标注的尺寸线在纸质图上的大小完全相同。

同理,在视口内标注非注释性文字也具有相同的特点,即文字高度为文字样式高度与视口比例倒数的乘积。

2．在视口外的虚拟图纸上进行尺寸标注和书写文字

在视口外的虚拟图纸上进行尺寸标注和书写文字,就像我们直接在同样图幅的纸质图上标注尺寸线、书写文字一样,只需按照纸质图的大小设置尺寸样式和文字样式即可,在此不再赘述。

3．在视口内绘制注释性图形时,不同注释比例的视口使用同一个注释性标注样式

当使用注释性文字样式或注释性尺寸样式在视口内标注文字和尺寸线时,AutoCAD能根据注释比例自动调整视口内标注文字及尺寸的大小,以保证在各个不同视口比例的视口中标注的文字或尺寸线的外观,在整个图纸上是一致的。在图纸空间的视口内绘制注释性图形比绘制非注释性图形要方便得多。

绘制注释性图形时,同一幅图纸的不同视口绘制注释性图元时可以使用同一套文字样式和尺寸标注样式,"线""符号和箭头""文字"只需按纸质图上大小定义,在"调整"选项卡上选中"注释性"勾选项,把尺寸标注样式定义为注释性尺寸样式即可。

图 5-82 中,我们定义注释性标注样式的文字高度为 4mm,两个视口的注释比例分别为 1∶4 和 1∶2,激活不同视口,在视口内用同一个注释性标注样式标注尺寸线,可以发现在不同视口内标注的注释性尺寸线在图纸布局上的外观是一致的。

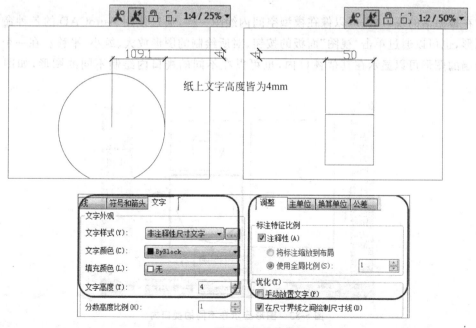

图 5-82　注释性尺寸线标注

同样,选中"文字样式"对话框的"注释性"勾选项,把文字样式定义为注释性文字,按纸质图高度定义文字样式高度,在不同视口内标注的文字在图纸上的外观也是一致的。

总之,绘制注释性图形时,我们只需要在图纸布局上创建好合适的视口布局,调整好每个视口的视口比例,并根据视口比例设定与之匹配的注释比例,即可方便地进行图形的绘制工作。当创建新的不同图纸幅面的图纸布局时,在图纸空间中绘制的注释性图形也很容易适应新的图幅。

4. 在视口内绘制非连续线时的线型比例计算与设置

在 AutoCAD 中,非连续线始终具有隐性的注释性。在图纸空间不论绘制非注释性图形还是注释性图形时,AutoCAD 能自动对在视口内所绘制的非连续线按视口比例或注释比例自动缩放,再按注释比例或视口比例的反比例反向缩放到图纸布局的虚拟图纸上。也就是说在视口内绘制非连续线时,只需根据非连续线的纸上长度与线型文件定义长度来计算其线型比例。以"ACAD_ISO_4W100"点划线线型为例,各个视口的线型比例的计算要按下面公式计算:

$$线型比例 = 纸上长度(mm)/24$$

依据上式所计算的线型比例,设置合适的"全局比例因子"和"当前对象缩放比例",即可实现对多种非连续线的绘图效果进行精准控制。

5.3.2　在图纸空间绘制图形的多种方法

从绘图方法上来分析,在图纸空间绘制图形分为不同图纸布局或视口内绘制不同图形、基于公用图形的虚拟图纸绘图和基于公用图形的视口内绘图 3 种。

1. 不同图纸布局或视口内绘制不同图形

在被激活的视口内,可以像在模型空间内绘图一样,通过使用 AutoCAD 的各种命令绘制图形,也可以通过单击"视图"面板的按钮,对所绘制的图形放大、缩小、平移。在一个视口内绘制的图形可以显示在其他视口内,也可以在不同的视口内绘制不同的图形,如图 5-83 所示。

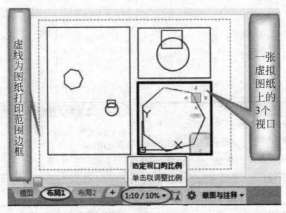

图 5-83　图形显示在不同的视口内

2．基于公用图形的虚拟图纸绘图

"基于公用图形的虚拟图纸绘图"是"在布局的同一张或多张虚拟图纸的不同视口内使用相同的基础图形,在各虚拟图纸上(不是在视口内部)绘制其他图线,注写不同的文字和符号,得到不同的图纸"的简称。

在实际工作中,我们往往会遇到这样的情况:所绘制的不同图纸具有相同的基础图形,只是需要在基础图形上补充部分图线和注写不同的文字等内容,即可得到表达不同设计意图的图纸。如在同样的建筑平面图上绘制楼地面、天棚吊顶的装饰图,在相同的梁柱平面图基础上绘制梁配筋图和板配筋图等。

基于公用图形的虚拟图纸绘图相当于把一张底图的复制品放在不同的玻璃板下面,在玻璃板上绘制各具特色的其他图案,得到不同的图纸。

3．基于公用图形的视口内绘图

"基于公用图形的视口内绘图"是"在同一个或不同图纸布局的不同视口内,利用公用图形绘制不同的图纸"的简称。可以在模型空间内绘制所有图纸的公用部分,之后再创建不同图纸布局,或在同一布局上创建多张虚拟图纸,在不同布局或虚拟图纸上创建视口,以适当的视口比例显示出已经绘制好的公用部分,在此基础上利用图层的视口可见性设置,在视口内补充绘制各图纸的专属图线或标注专属文字等。

"基于公用图形的视口内绘图"就像在同一个粘贴画的不同位置粘贴多个不同大小的珠峰底图,再分别在相同的底图上标注高程线、温度线、植被种类分布等得到反映珠峰的不同信息。

在实际绘图工作中,工程师经常在绘制同一套工程图纸时混合使用"不同图纸布局或视口内绘制不同图形""基于公用图形的视口内绘图""基于公用图形的虚拟图纸绘图"3 种方法,这 3 种方法共同构成了图纸空间内多比例图纸的精准绘制方法。

5.3.3　基于公用图形的虚拟图纸绘图的实际应用

我们可以在模型空间绘制公用图形,且在不同图纸布局或视口内共享它,在不激活任何视口的情况下,直接在虚拟图纸上标注或绘制剩余的图形元素完成图纸的绘制。

1．自定义虚拟图纸

在同一个布局上,我们可以划定多个自定义的虚拟图纸范围,可以为每一个虚拟图纸创建各自专用的视口,在各个自定义的虚拟图纸范围插入 1 : 1 公共图框,就可以实现在一个图纸布局下同时绘制多张图纸,如图 5-84 所示。

在同一个图纸布局上创建多个自定义虚拟图纸,可以使图纸的绘制、查询、修改及读识更加方便。此种绘图方式,在打印时需使用"窗口"方式选择每个图框角点,按 1 : 1 打印输出。

在虚拟图纸上绘制的图线和标注的文字内容只专属于该图纸布局自身,不会自动出现在新创建的图纸布局上,但是在只专属于该图纸的图形可以被复制到其他图纸布局上。

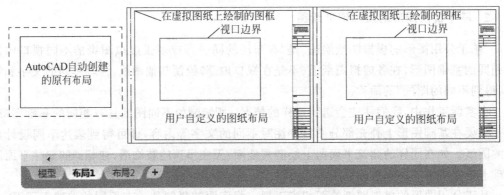

图 5-84　同一个布局上创建多个图纸

2．基于公用图形的虚拟图纸绘图实例

图 5-85 所示为某酒店的洗衣房平面图，以该平面图为公用图形，在同一个图纸布局下绘制的多张图纸如图 5-86 所示。

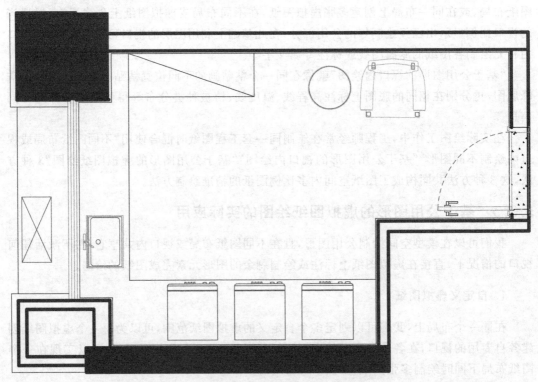

图 5-85　某酒店的洗衣房平面图

在虚拟图纸上直接标注的文字会按 1∶1 的打印比例输出到同样大小的图纸上，因此，当我们希望输出到纸质图上的文字高度为 2mm 时，则我们在布局的虚拟图纸上输入的文字高度也要为 2mm。该种绘图方式中，文字样式、尺寸标注样式等参数皆按纸质图上大小定义，具体绘图操作我们不再赘述。

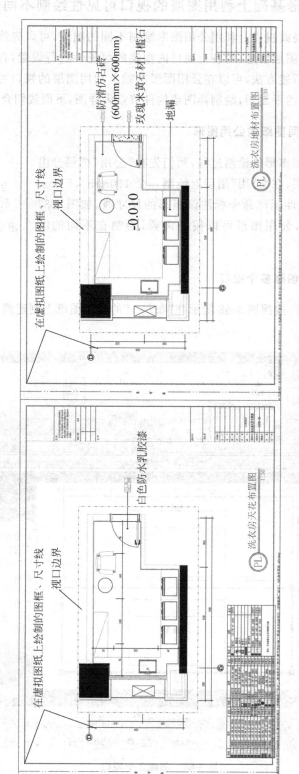

图 5-86　在图 5-85 所示图纸空间虚拟图纸上绘制多张图纸

5.3.4 在公用图形基础上利用图层的视口可见性绘制不同的图纸

在不同的图纸布局或视口上利用公用图形绘制不同的图纸,可以先绘制或读入既有的公用图形,之后再通过图层管理,对各个视口内图层的可见性进行设置,再在各个视口绘制其专属图形。用本节所述方法,可以在公用图形基础上利用图层的视口可见性绘制不同的图纸,也可以利用已有的平面图,绘制详图或构件节点大样图,下面我们介绍其大致过程。

1. 绘制或读入不同图纸的公用图形

为了说明该种类型图形的绘制过程,我们先在"公用"图层分组上创建一个"公用"图层,在"公用"图层上绘制一个 100mm×50mm 的简单矩形,并利用线性标注命令标注该矩形的尺寸线,如图 5-87 所示。在实际工作中,公用图形可以按照需要,绘制在不同的图层上。

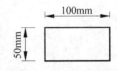

图 5-87　绘制公用图形

2. 在图纸布局上创建多个视口

单击"布局 1"标签,按照图 5-88 所示在"布局 1"的虚拟图纸上创建两个视口,并显示全部公用图形。

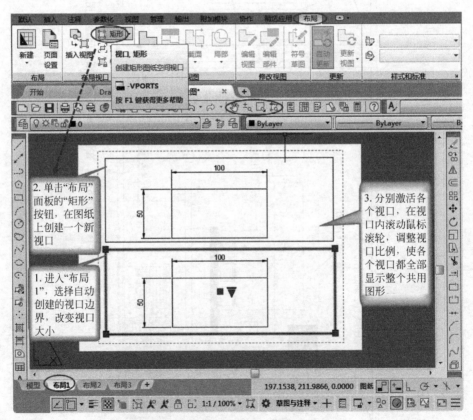

图 5-88　创建多个视口

3. 创建图层，并对各图层在各个视口内的可见性进行设置

打开"图层特性管理器"对话框，创建图层（图 5-89）。图层"公共"用于绘制公用图形，"视口 1 专属"图层用于绘制只在视口 1 内可见的图形元素，"视口 2 专属"用于绘制只在视口 2 内可见的图形元素。

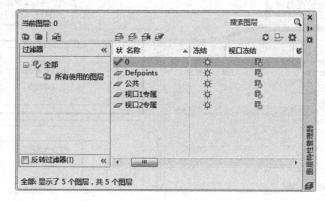

图 5-89　创建图层

4. 设置各图层的视口冻结属性

当我们在视口 1 内及"视口 1 专属"图层上绘制图形元素时，我们不希望所绘制的内容显示在视口 2 之内，则应在视口 2 内把"视口 1 专属"图层设置为视口冻结，具体操作如图 5-90 所示。

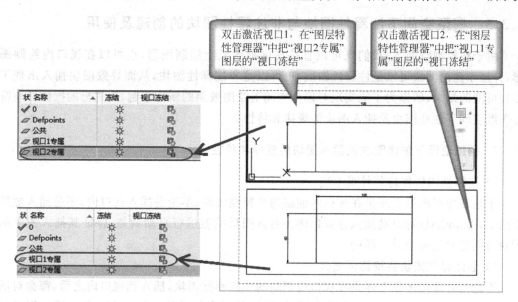

图 5-90　设置各个视口内图层的"视口冻结"特性

5. 把相应图层设置为当前图层，在视口内绘制专属图形

把各图层在每个视口内的"视口冻结"特性设置完毕，即可选择相应图层为当前图层，在

各个视口内绘制相应的专属图形。如把"视口1专属"设置为当前图层,激活视口1,在视口内用"单行文字"命令输入文字"视口1可见瓷砖地面";把"视口2专属"设置为当前图层,激活视口2,在视口内用"单行文字"命令输入文字"视口2可见铝合金吊顶"。得到的图形效果如图 5-91 所示。

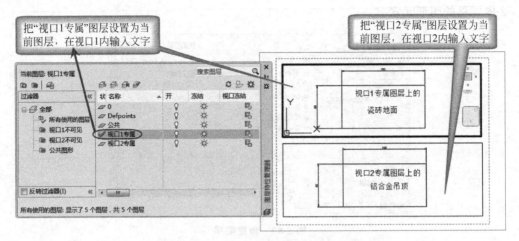

图 5-91 在各个视口绘制视口专属图元效果

在实际绘图工作中,由于需要绘制的图形元素会需要多种线宽、线型和颜色等,当需要管理的图层过多时,我们可以创建不同的图层分组,把图层进行分组管理,对图层分组管理的具体操作在此不再赘述,大家可结合前面章节内容自行思考与练习。

5.3.5 模型空间下注释性图块与非注释性图块的创建及使用

由于在模型空间下,我们既可以直接在虚拟图纸上绘制图形,也可以在视口内绘制图形,并且创建的图块可以是注释性图块,也可以是非注释性图块,从而导致图块插入出现了多种可能的结果,所以为了能实现对模型空间下绘图效果的精准控制,所进行的操作必须符合图纸空间下创建图块及插入图块的规律和特性。

1. 图纸空间下创建图块及插入图块的规律和特性

1)注释性图块保持其外观不变

不论在虚拟图纸上还是在视口内创建的注释性图块,不论是插入视口内,还是插入虚拟图纸上,AutoCAD 都自动加入注释比例并对其图形模型进行自动调整,保证其插入图中的图块与创建时的外观是一样的。

2)非注释性图块会按比例缩放

不论是在虚拟图纸上还是在视口内创建的非注释性图块,插入到视口内之后,都会对所插入图块的原始模型按视口比例进行缩放,图块外观在纸质图上将发生变化。插入到虚拟图纸上之后,会按照图块模型的原始尺寸显示在虚拟图纸上。具体原因参见 5.3.1 节。

2. 符号型图块宜采用在虚拟图纸上创建注释性图块的操作方式

在创建轴线符号、标高符号、钢筋编号等符号型图块前,宜首先在虚拟图纸上按纸质图上的大小,绘制组成这些符号的图元或属性。标注注释性图块的文字和尺寸也要按照注释性文字和注释性尺寸线来标注。图块的所有图元绘制完毕,可创建注释性图块(图 5-92)。在虚拟图纸上绘制图元相当于我们直接在纸质图上手工绘图,所绘制的图元需要按照纸质图的大小绘制。

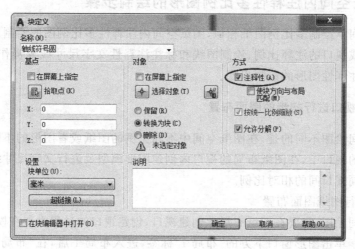

图 5-92　创建注释性图块

在虚拟图纸上创建的注释性图块,无论插入虚拟图纸上还是插入设置了注释比例的视口内,AutoCAD 都会自动调节其在图形模型的具体大小,但是总会保持其纸质图上的外观与图块创建时的外观大小完全一致。

3. 注释性实物图块宜采用在视口内创建的操作方式

因为组成实物图块的建筑对象应该按实际尺寸如实反映在图形模型中,所有创建注释性实物图块之前绘制的图形应在视口内绘制。

如果在视口外的虚拟图纸上创建实物图块的图元,则要人工按插入视口的视口比例缩小到虚拟图纸上,这样会产生两个方面的问题:一是每绘制一个图元都要人工进行除法运算计算其纸上大小,增加了绘图工作量;二是因为注释性图块具有插入不同视口比例的视口中,其图块大小保持不变的特点,所以所创建的图块只适用某个比例相符的视口。

4. 当视口注释比例改变时,可以实现注释性图块在纸质图上的外观不变

开启状态栏的"在注释比例发生变化时,将比例添加到注释对象"按钮,若因图纸幅面发生变化等原因,需要修改视口的注释比例时,则会保持符号型注释性图块的纸上效果不变。

5. 把其他图形中可用部分,以外部非注释性实物图块插入当前图形的视口中

在绘图过程中,有时候我们可以利用以往已有的图纸中的图形。可以采用如下的操作策略:

(1)把既有图形中可用的部分复制到一个新图形文件中,把该图形文件以图库的方式保存在磁盘上待用。

(2)在既有图形中,把可用部分的图形元素创建成图块,之后单击"插入"→"块定义"工

具面板的"创建块"按钮,展开"创建块"菜单,执行"写块"命令,把图块存盘待用。

(3)在要绘制的图形中,以非注释性外部图块的方式,把保存的图形文件或图块文件插入相应的视口中。

5.3.6 图纸空间内注释性多比例图形的绘制步骤

与模型空间下绘制多比例图纸相似,图纸空间内注释性多比例图的绘制包括图面布置、设定视口比例或视口的注释比例、绘制图线和标注注释性文字尺寸线等操作。下面我们介绍图纸空间内注释性图形的绘制步骤。

1. 创建多视口进行初步的图面布置

与模型空间绘图不同的是,在图纸空间中不同比例的图纸或者图形的不同部分,可以分置于相互独立的视口中,在图纸布局的视口内创建图形模型及进行文字尺寸线标注时,不需考虑图纸上不同视口间的相对比例。

1)初步进行图纸图面布置

在图纸空间绘图,需要在图纸布局上创建视口,创建视口的过程类似在模型空间进行图面布置的过程。单击图形窗口下方的"布局 1"标签,进入布局 1 后,在"布局 1"标签上右击弹出浮动菜单,选择浮动菜单的"页面设置管理器"命令,打开"页面设置管理器"对话框,在对话框里设置"布局 1"的打印机和图纸幅面,操作过程如图 5-93 所示,操作完毕得到图 5-94 所示图形。

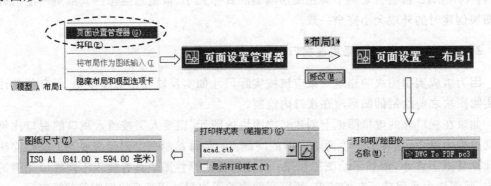

图 5-93 选择图纸幅面操作过程

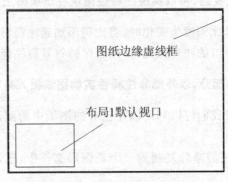

图 5-94 选择图纸幅面后的布局卡

创建"视口边界图层",设置为不打印。删除"布局 1"上 AutoCAD 自动创建的默认视口。在"视口边界"图层上,单击"布局"工具面板的"视口,矩形"按钮,在"布局 1"上创建 3 个新的视口,如图 5-95 所示。视口大小根据目测确定。插入图框,选择图框对象,右击弹出浮动菜单,在其中把图框对象"后置"。

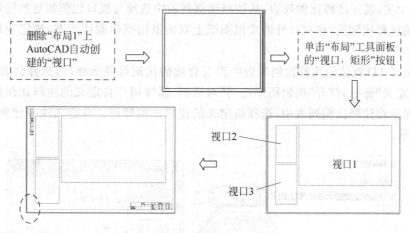

图 5-95　创建新的视口过程

2) 创建"布图图层",设置为不打印,进入各视口绘制图形区域轮廓

创建"布图图层",设置为不打印。进入布图图层,分别激活各个视口,在各个视口内按 1∶1 绘制各部分图形轮廓,绘制轮廓的大小时,要预留尺寸标注等所占位置;或创建其他图层,设定图层的线宽线型,在相应图层上绘制图形对象的简单控制图线。

在此需要注意的是,当按 1∶1 绘制图形轮廓或图形的简单控制图线后,视口内图形可能极其微小,也可能极大,以至于超出视口范围,此时可结合下面一步,对视口内图形进行缩放。一边缩放,一边绘制控制图线。

3) 根据不同的绘图类型,设定视口注释比例后锁定视口绘制图形

在前面章节我们已经知道,绘制新图分为定尺寸定比例绘图和定尺寸定图幅绘图等,对于这两种绘图方式,下面操作稍微有所区别。

(1) 定尺寸定比例绘图。

根据预定的纸质图比例设定各个视口的注释比例,观察各视口内要绘制的图形轮廓的视觉效果,选中各个视口边界调整视口的最终大小。如果图纸幅面不合适,还可以在"页面设置管理器"对话框中重新设置图纸幅面。视口大小或图纸幅面调整完毕,再次设定并确认视口的注释比例,锁定视口。

视口锁定操作可以有两种方式来实现。一种是在视口激活状态下,把界面下方状态栏的"选定视口未锁"状态按钮 🔒 置于"选定视口已锁定"状态。另一种是在图纸布局上双击,退出视口激活状态。选择视口的边界,右击弹出浮动菜单,选择浮动菜单的"显示锁定"→"是"命令,锁定视口。

视口锁定后,再激活视口对视口内图形进行缩放,则会在保持视口比例不变的情况下图形和视口一起同步缩放。若要改变视口的比例或注释比例,则要对锁定的视口解锁。

（2）定尺寸定图幅绘图。

各视口绘制图形区域轮廓绘制完成之后，分别激活每个视口，按住鼠标滚轮对绘制的图形轮廓或图形控制图线缩放至适当大小，或通过快捷工具栏的"实时平移"按钮，在视口内把图形移动到适当位置，根据屏幕下方工具栏显示的视口比例，单击状态栏的"选定注释比例"按钮 5%▾，展开注释比例列表，从注释比例列表中选择与视口比例相近的注释比例，设定该视口的注释比例后，在视口外的虚拟图纸上双击退出视口激活状态，选定视口边界，锁定视口。

当 AutoCAD 默认的注释比例列表中没有合适的比例可供选择时，选择注释比例列表菜单的"自定义"命令，打开"编辑图形比例"对话框，添加用户自定义的注释比例后，自定义比例就会显示在注释比例列表中，选择新定义的注释比例即可。自定义注释比例的过程如图 5-96 所示。

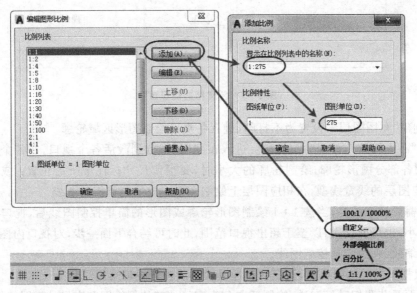

图 5-96　自定义注释比例的过程

2. 绘图环境设置

图纸空间内绘制注释性图形的绘图环境设置与模型空间内绘制注释性图形类似，绘图环境设置包括图层规划、注释性文字样式定义、尺寸标注样式定义、创建注释性图块、设定非连续线的线型比例等。

1）图层规划及线型比例测算

创建必要的图层，并加载线型，图形对象比较复杂时，可用"图层组过滤器"分组建立图层；也可以在绘图过程中根据需要随时创建新的图层。

根据 5.2.1 节所述注释性图形的线型比例计算原则，计算注释性图形的线型比例。根据该线型比例，设置线型的"全局比例因子"和"当前对象缩放比例"。"全局比例因子"与"当前对象缩放比例"的乘积应等于线型比例。在图纸空间绘制注释性图形，建议设定线型比例对话框的"全局比例因子"为 1，"当前对象缩放比例"按线型比例来设定。

2）创建注释性文字样式

纸质图上不同高度的图内文字,需要创建不同的文字样式。在模型空间绘制注释性图形,需选中图 5-97 所示的"文字样式"对话框的"注释性"选项,创建注释性文字样式。注释性文字样式名称前会前缀雪花图案。当鼠标移动到用注释性文字输入的文字上时,也会自动显示雪花标志。注释性文字样式高度为纸质图上的高度。只要纸质图上的文字高度相同,不同视口都可使用同一个注释性文字样式。

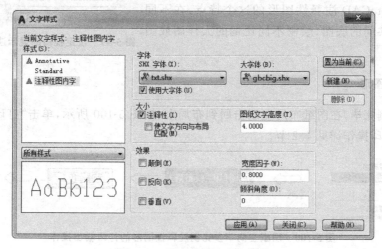

图 5-97　创建注释性文字样式

3）注释性尺寸标注样式

绘制注释性图形时,所定义的尺寸标注样式要为注释性尺寸,如图 5-98 所示。按 5.1.5 节所述,在"创建新标注样式"对话框中,按纸质图上的大小,设置新建标注样式的"线""符号和箭头""文字""主单位"等选项卡上的各项参数之后,再"调整"选项卡确认"注释性"被选中。选中"注释性"之后,AutoCAD 自动锁定"标注样式"对话框中"调整"选项卡的"使用全局比例"为1,用户不能再更改该比例。所有参数设置完毕,关闭"新建标注样式"对话框,返回"标注样式管理器"对话框,选择所创建的尺寸标注样式,单击"置为当前"按钮,把其设置为将要使用的标注样式。

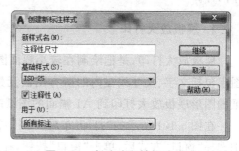

图 5-98　创建注释性标注样式

3. 绘制图形的所有图线,标注文字、尺寸,插入图块

在图纸空间绘图包括基于公用图形的绘图或各视口间非相关性图形绘制两种类型。基于公用图形的视口内绘图我们在 5.3.4 节已经做了简要介绍。下面我们主要介绍各视口间非相关性图形绘制。

绘制图线,标注文字及尺寸线:分别激活各个视口,在视口内设定合适图层为当前图层,按照前面设定线型的"全局比例"或"当前对象缩放比例",绘制轴线等非连续线,绘制建筑构件的图线,设置注释性文字样式和尺寸样式,注释性文字样式的高度和注释性尺寸样式参数按照纸质图所要求的尺寸来设定,标注文字、标注尺寸线、插入图块等直至完成整个图纸的绘制。

4. 在不同注释比例的视口利用公用图形绘制大样图

当如图 5-99 所示状态栏的"显示注释对象-处于当前比例"按钮处于关闭状态时,视口内只会显示当前注释比例下绘制的注释性图元。我们可以利用 AutoCAD 注释性图形的这个特点,在不同视口内利用共同的底图,绘制不同比例的大样图或图纸变更图。

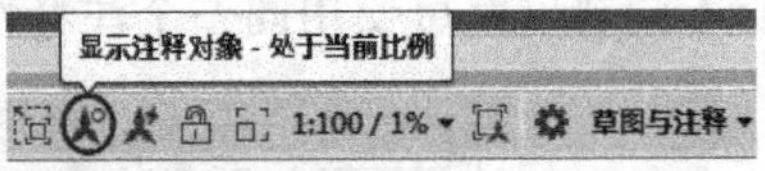

图 5-99　设定视口的显示注释对象状态

5. 打印图形

图形绘制完毕,在图纸布局上双击回到布局上,按图 5-100 所示,单击"打印"按钮打印图形,具体打印操作详见 4.2 节。

图 5-100　图纸空间下多比例注释性图形的打印输出操作

5.3.7　注释性图形的变图幅打印及变图幅修改策略

与模型空间打印类似,图纸空间绘制的注释性图形也分为展板放大打印和图纸放大打印两种。

1. 展板放大打印

展板放大打印,是把绘制在较小幅面图纸上的注释性图形,扩印到较大幅面的图纸上,图上包括文字、尺寸线在内的所有图面元素都按同一比例扩印。下面以绘制在 A3 幅面图纸的图形展板放大打印到 A1 幅面的图纸的打印操作大致说明如下:

在图 5-101 所示的"打印-布局 1"对话框中,把原来较小幅面的 A3 图纸改为 A1,打印范围选择"窗口"方式后,单击"窗口"按钮,在图纸布局上框选要打印的图纸范围,选中"布满图纸"选项,单击"预览"按钮进行打印预览,或单击"确定"把图形扩印到 A1 图纸上。

2. 图纸放大打印及变图幅修改

要在改变图纸幅面后,保持打印到图纸上的文字等大小不变,只要先创建新的图纸布局,在新的图纸布局中设置新的图纸幅面、创建视口并设置视口的注释比例即可。

需要注意的是,在改变视口的注释比例时,要打开图形窗口下方状态栏右侧的"在注释比例发生变化时,将比例添加到注释性对象"状态按钮,这样 AutoCAD 就能把视口内已有注释性图形的注释比例改为新设定的数值,并改变图形的显示外观。

若原来布局打印是 A3 图纸,现希望把图形打印到 A1 图纸上保持文字高度不变,则在

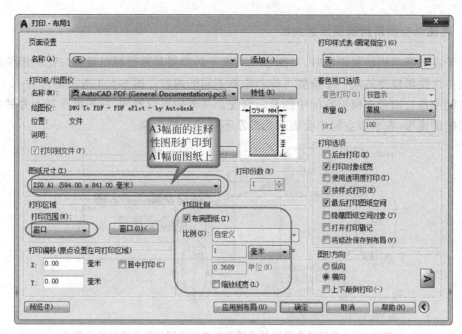

图 5-101　展板放大打印设置

创建的新的图纸布局上,把原有视口调大,其注释比例也相应按新旧图幅相对比例放大 2 倍,即原来视口的注释比例若为 1∶100,则新调整扩大后的视口比例要设置为 1∶50,关于注释比例的设置调整我们在 5.2.2 节、5.3.5 节已有介绍,此项操作不再赘述。

5.3.8　图纸空间绘制的图形转化输出为模型空间的图形

目前,专业 CAD 软件和 BIM 类软件大多具有导入 AutoCAD 的 DWG 图形文件,之后在图形上进行识别构件或配筋信息交互操作,创建需要的工程模型。但是因为这些软件的构件交互识别操作都是基于模型空间的,所以在用专业软件对 DWG 文件进行读识之前,我们要首先判断该图形的绘图类型,如果一个图纸是通过图纸空间来表征的,则需要把该图纸转化为模型空间图形才能供专业软件使用。

1. 在模型空间所绘制图纸的判断

由于模型空间绘图过程实际是在计算机中创建现实真实对象的图形模型,所以在模型空间中观察其所绘制的图纸,会很清晰地看出图纸所反映的现实对象状况,图面顺畅而不凌乱。如图 5-102 为由天正建筑 CAD 软件生成的建筑施工图。

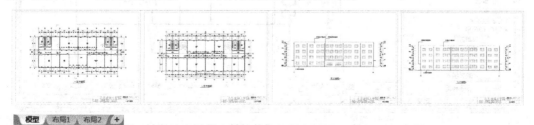

图 5-102　由天正建筑 CAD 软件生成的建筑施工图

2. 在图纸空间所绘制图纸的判断

由于在图纸空间绘制图纸时,对图形在图纸上的位置是通过视口及视口比例组织的,所以在同一个图形模型的同一个位置可能会绘制不同的内容。图 5-103 所示图形为 5.3.4 节图纸空间中所绘图形在模型空间中的显示情况。从图中可以看到,在图纸布局上井井有条、极为清晰的图形,在模型空间中会表现为凌乱不堪或残缺不全。

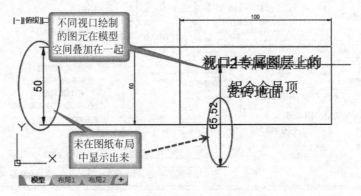

图 5-103　在图纸空间绘制的图形在模型空间的显示情况示意图

3. 不能在专业 CAD 软件和 BIM 软件直接读取图纸空间绘制的 dwg 图形

图 5-104、图 5-105 分别为广联达 BIM 土建计量软件和 PKPM 建筑结构设计软件,读入 5.3.4 节在图纸空间所绘制的例图后的显示情况。

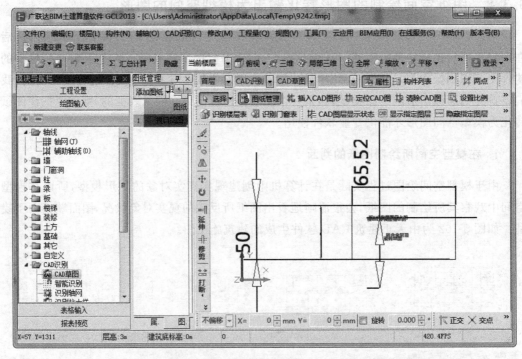

图 5-104　广联达 BIM 土建计量软件读入图纸空间绘制的图纸

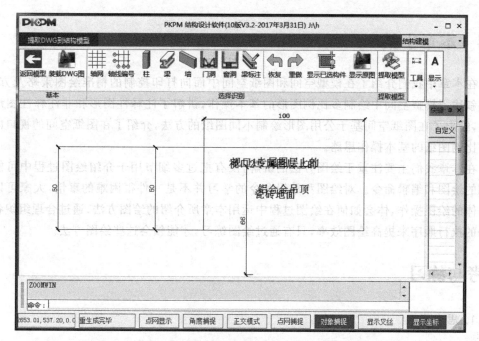

图 5-105　PKPM 建筑结构设计软件读入图纸空间绘制的图纸

从图 5-105 中可以看出,在广联达 BIM 或 PKPM 软件直接读取在图纸空间创建的图形时,图面显示的信息是多个视口内容的叠加,不具备构件读取识别条件。

4. 图纸布局上的图形转化输出为模型空间的图形才能在专业 CAD 软件使用

要在专业 CAD 或专业 BIM 软件使用 AutoCAD 图纸空间创建的图纸,需要把图纸布局转换为模型,具体操作为:在"布局 1"标签右击弹出浮动菜单,选择浮动菜单的"将布局输出到模型"命令,把图纸空间的内容转换到模型空间后,并自动生成一个"视口绘图_布局 1. dwg"文件,如图 5-106 所示。在广联达 BIM 或 PKPM 软件打开转换后的图形件,即会在模型空间清晰显示"布局 1"所绘制的内容,这样就可以顺利进行建筑构件或构件配筋信息的交互识别了。

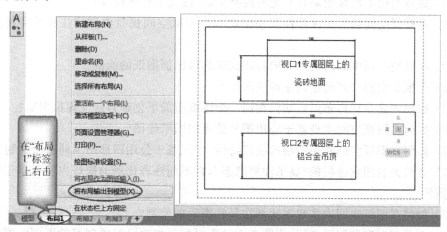

图 5-106　将布局输出到模型

5.4　本章小结

在本章中我们介绍了在模型空间和图纸空间中面向打印控制的精准绘图策略及方法，详细叙述了模型空间中绘制多比例图形的基本操作，讲解了注释性图形和非注释性图形的区别，给出了在图纸空间基于公用图形绘制不同图纸的方法，介绍了在图纸空间的视口内绘制多比例图纸的基本操作思路。

在本章我们主要注重于绘图方法的讲解，没有把过多细节用于介绍绘图过程中可能会用到的绘图和编辑命令。对绘图和编辑命令的学习并不是一件很困难的事情，大家可以结合具体的绘图操作，体会如何在绘图过程中运用本章所介绍的绘图方法，通过合理组织各种命令的执行顺序来提高绘图效率，只有通过绘图练习，才能领会这些绘图方法。

思考与练习

1. 思考题

（1）在"线型比例"对话框中包含哪两个比例？其作用是什么？哪个比例与"特性"对话框中"线型比例"相同？

（2）分别解释绘制非注释性图形和注释性图形。如何设定线型比例？如何修改已有非连续线的线型比例？注释性图形和非注释性图形线型比例设置有何区别？

（3）图面布置的作用是什么？说明在模型空间和图纸空间进行图面图纸的大致过程。

（4）设定注释性和非注释性文字样式及尺寸标注样式有哪些不同之处。

（5）如何在 AutoCAD 用单行文字或多行文字输入钢筋符号？

（6）如何在图形中书写堆叠数字或文字？

（7）什么是符号图块和实物图块？如何实现图块的重定义和替换？

（8）如何进行图块的原位编辑及块编辑器编辑操作？

（9）如何在图形中表达钢筋保护层？如何绘制截断钢筋？

（10）如何利用多段线绘制有宽度的混凝土墙、混凝土柱等构件？

（11）在模型空间创建非注释性实物图块和在图纸空间视口内创建注释性实物图块有何区别？

（12）在模型空间中如何实现面向打印控制的多比例图纸的绘制？

（13）在模型空间中如何绘制注释性图形？

（14）如何创建多视口布局？如何在同一个图纸布局下创建自定义虚拟图纸？

（15）如何在图纸空间实现基于公用图形的虚拟图纸绘图？

（16）如何在图纸空间利用图层的视口特性，实现基于公用图形的不同图纸绘制？

（17）如何为利用状态栏的"显示注释状态"，在不同注释比例的视口内实现基于公用图形的绘图？

（18）如何在图纸空间内实现多比例注释性图形的绘制？

（19）在模型空间和图纸空间，当图纸变幅面时如何修改已经绘制好的图纸？图纸变尺寸修改有几种方法？哪种方法最便捷灵活？

(20) 如何把图纸布局上的图形转化输出为模型空间的图形？

2. 操作题

(1) 在图纸空间尺寸为 30 000mm×15 000mm 的矩形。试创建 A2 图纸幅面布局,并在布局上创建两个视口,设定合适的视口比例分别为 1∶200 和 1∶100,并锁定视口。

(2) 在上一题公用图形基础上,建立文字样式和标注样式,在两个视口之内书写文字"矩形(30m×15m)""矩形(0.3m×0.7m)",并标注矩形的尺寸。要求两个视口内的文字和尺寸在图纸打印效果一样。

(3) 在 AutoCAD 的图纸布局上创建两个视口,分别对视口设定不同的注释比例(如1∶100 或 1∶20 两种),并锁定视口边界。分别创建两个颜色不同的图层,分别在虚拟图纸及视口内,在不同图层上各创建一个直径为 20mm 的圆,观察在虚拟图纸或视口内绘制的圆的外观大小,把所绘制的图形保存到两个图形文件。其中一个图形文件,用绘制在虚拟图纸和视口内的两个圆,分别创建两个非注释性图块,把所创建的图块插入虚拟图纸和视口内,观察插入图块的外观效果。之后用另一个图形文件,分别创建两个注释性图块,把所创建的注释性图块、插入虚拟图纸或视口内,观察插入图块的外观是否保持不变。

(4) 安装与计算机操作系统和 ACAD 版本相匹配的由 Autodesk 开发的 VBA 插件,启用宏绘制,在教师给定的种子文件基础上,完成绘图大作业。

第6章

三维图形绘图基础及材质贴图

学习目标

了解三维图形的分类及特点。

熟悉三维工作空间的软件界面及功能。

掌握三维坐标点输入的多种方式。

掌握设置用户坐标系的方法和用户坐标系 USC 的设置与使用。

了解创建三维实体图形和三维网格图形的方法。

掌握利用布尔运算及编辑操作创建复杂三维体的方法。

掌握利用拉伸、扫掠及放样操作创建三维模型的方法。

掌握三维图形的观察、着色方法。

熟悉三维模型的材质贴图及灯光设置操作。

了解三维图形的多视口观察方法。

6.1 三维图形的特点

AutoCAD 作为最经典的高级绘图平台,其所拥有的巨量用户群和简洁易学的软件环境,使之在土木工程领域拥有极其广泛的应用。因此,学习 AutoCAD 的三维图形建模和三维效果表现,对于实现 AutoCAD 在土木工程中的应用是十分必要的。

6.1.1 三维图形的特点与作用

三维图形具有直观、生动、接近真实的表达形式,无疑是展现工程模型的最佳方式。利用三维效果表现接近于现实的直观表达,能与对方进行无障碍交流,不仅可以更多地与对方进行深层次的探讨,而且可以获得更多的信赖和支持。

1. 三维图形的特点

与二维图形相比,三维图形有如下特点:

1) 几何体信息更完整准确

三维图形所表达的几何体信息更完整、更准确,能解决工程应用的范围更加广泛。三维图形模型包含了更多的实际对象特征,通过赋予三维部件一定的物理属性,就可以进行产品结构分析和各种物性计算。

2）能更加准确地表达使用者的工程意图

三维图形采用的三维特征和参数化功能还可以更加准确地表达使用者的工程意图,使工程应用过程更加符合行业习惯和思维方式。

2. 三维图形的作用

以二维形式表达的工程图是工程技术人员反映其设计思想的语言,工程图中还包含着一些行业约定和简化;同时,由于它通过选择最合理的投影面、剖切位置和剖切方式来表达零件的几何和加工信息,因而具有简单、完整和准确等特点。但是,在 CAD 设计领域,单纯用二维图形有时并不一定能完全表达设计师设计的产品的全貌。与二维图形相比,三维图形有如下作用:

1）展现工程对象的三维效果

以一个单体建筑为例,除了可以通过平面、立面和剖面以及节点大样等表现建筑空间及构造外,建立三维效果图无疑是反映其建设和装修效果的最佳方式之一。

如图 6-1、图 6-2 分别为一个设计中的别墅的首层建筑平面图和南立面图,在已有平面和立面图的基础上,再通过一个三维图形(图 6-3),就可以更加直观地看到设计的意图和效果。所以三维图形对设计的修改以及设计方案的确定有着不可替代的作用。

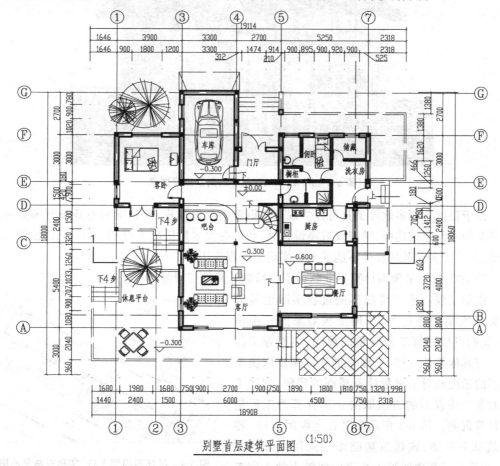

别墅首层建筑平面图 (1:50)

图 6-1　某别墅首层建筑平面图

别墅南立面图（1:50）

图 6-2　某别墅南立面图

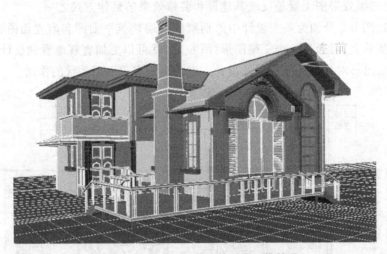

图 6-3　用 AutoCAD 创建的别墅三维效果

　　由于目前有很多软件工具可以实现建筑模型的三维建模，所以除非专业设计师需要用到复杂的三维建筑建模、贴图及渲染设计外，我们在大多数情况下应用 AutoCAD 创建三维图形，是为了实现其他软件不能或不易实现的工程应用。

　　2）用三维图形模型计算专业软件不能精确计算的工程量

　　绘制工程对象三维图形的过程实际也是创建其三维模型的过程，利用工程对象的三维模型，我们可以计算工程对象的面积、体积等工程量。与其他软件一样，工程量的计算精度取决于模型的精度和对工程量计算规则的理解，创建工程对象三维模型的方法取决于所计算的工程量的计算规则。图 6-4 所示为某住宅组团 Y43#楼建筑总平面图，该建筑基础施工采用大开挖方式，现要计算基槽回填土及室内回填土的土方工

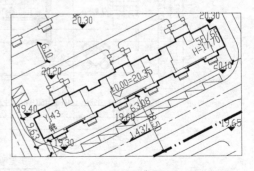

图 6-4　某住宅组团 Y43#楼建筑总平面图

程量。

　　Y43#楼室外地坪标高是在 19.3m 和 20.3m 之间变化,其室外地坪为一个斜平面,使得通过专业计价软件(如广联达)等不能创建与本工程实际情况相适应的土方构件,所以就需要通过 AutoCAD 创建该工程的土方三维图形,来计算基槽回填土及室内回填土工程量。如图 6-5 所示为被斜平面切割后的三维土体模型,该模型的具体创建过程我们将在本章后面详细介绍。图 6-6 为上下两部分移动位置之后的三维土体模型。

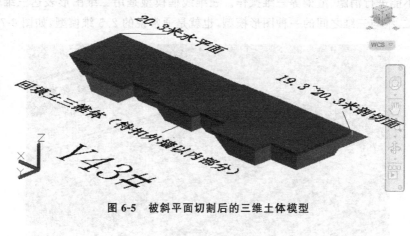

图 6-5　被斜平面切割后的三维土体模型

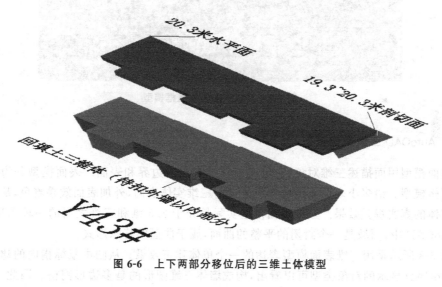

图 6-6　上下两部分移位后的三维土体模型

6.1.2　三维图形的分类及相应特点

　　AutoCAD 三维图形模型包括三维线框模型、三维表面模型和三维实体模型 3 种。线框模型方式为一种轮廓模型,它由三维的直线和曲线组成。表面模型用面描述三维对象,它定义了三维对象的边界和表面。

　　与二维图形的绘制过程实际是二维图形模型的创建过程一样,三维图形的绘制过程实际也是三维图形模型的建模过程,在后文中,我们把绘制三维图形的过程简称为三维建模或三维绘图。AutoCAD 可以利用 3 种方法来创建三维图形模型,即线框模型方式、表面模型方式和实体模型方式。

1. AutoCAD 三维线框模型

线框模型方式为一种轮廓模型，它由三维的直线和曲线组成。线框模型是用三维的直线和曲线组成模型轮廓，不含面的信息；在 AutoCAD 中，我们可以在三维绘图环境中用二维绘图方法建立线框模型，三维线框模型中的所有部分都必须用二维绘图方法独立绘制。线框模型不能进行消隐、渲染等三维操作。三维线框模型是用二维图形表达三维效果的模型，是介于二维与三维之间的一种图形模型，也就是通常说的 2.5 维模型，如图 6-7 所示。

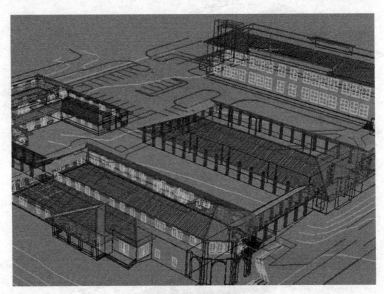

图 6-7 某建筑的三维线框模型

2. AutoCAD 三维表面模型

表面模型用面描述三维对象，它定义了三维对象的边界和表面。表面模型分为曲面模型和网格模型。诸多小表面能组合构成复杂的三维实体表面，外加表面效果着色，从而体现三维实体的真实视觉效果。三维表面模型实际是介于 2.5 维和三维之间的一种图形模型。在 AutoCAD 中，面域是一个封闭的平整的曲面，属于曲面的特殊形式。

图 6-8 所示是用三维表面模型表达的一个单体建筑效果。从图中鼠标指向的建筑墙体后 AutoCAD 显示的对象类型可以看出，构成墙体三维图形的是多边形网格。因此，三维表面模型表达的三维建筑对象，都是由一个一个空间曲面或平面组成的，表面模型比线框模型更为复杂，表面模型最适用于曲面建模。

3. AutoCAD 三维实体模型

三维实体模型不仅具有线和面的特征，而且还具有体的特征，各实体对象间可以进行各种布尔运算，从而创建出复杂的三维实体图形。通过三维实体模型，还可以分析实体模型的体积、重量、惯性等物理特性。实体模型可以用线框模型或表面模型的显示方式来显示。某建筑的三维实体模型如图 6-9 所示。

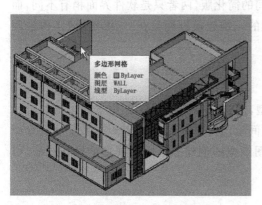

图 6-8　某建筑的三维表面模型

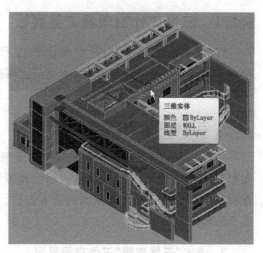

图 6-9　某建筑的三维实体模型

不同类型的三维模型间的转化关系如下：

在创建三维图形模型过程中,尽量不要混合使用不同的建模方法。不同的模型类型之间只能进行有限的转换,可以对三维实体图形进行分解,使之转化为三维表面模型,也可以把三维表面模型进一步分解成三维线框模型,或通过执行"造型"命令,把封闭的三维表面(曲面)生成三维实体,但不能把线框模型升维转化为三维表面模型,同样三维表面模型也不能升级为三维实体模型。

实体建模是最容易使用的三维建模类型。使用实体建模,用户可以通过创建长方体、圆锥体、圆柱体等三维基本图元,然后对这些三维基本图元进行合并,找出它们的并集、差集或交集,进而生成更为复杂的三维图形模型。在 AutoCAD 中,我们还可以通过对软件指定类型的二维对象沿某一路径或按二维对象为横截面进行延伸、扫掠或放样来构建三维图形模型。

三维实体图形所表达的建筑图形的信息量,远远大于三维表面模型和线框模型。所以实体模型所占用的计算机内存、图形变换所需要的计算机运算速度、磁盘文件所占空间大小都要远远大于三维表面模型。图 6-10 所示是三维实体模型和三维表面模型磁盘文件的大小。

图 6-10　两种三维图形磁盘文件大小对比

不论用三维表面模型还是三维实体模型,都能很好地表达建筑的三维显示效果。在实际工作中,可以根据需要的实体模型所包含的信息特征以及计算机性能,决定采用哪种三维图形表达所设计的对象。

6.2　创建三维图形的基本方法

在 AutoCAD 中,创建三维图形需要在"三维建模"工作空间或"三维基础"工作空间进行。"三维建模"工作空间和"三维基础"工作空间的界面功能稍有不同。

6.2.1 三维工作空间及工具面板

"三维基础"工作空间是"三维建模"工作空间的简化版,两者只是软件界面稍有不同,而功能基本相近。为了节省篇幅,本书后面所讲述的三维建模过程是在"三维建模"工作空间进行的。

1. 三维建模的模型空间与图纸空间

要在 AutoCAD 中创建或编辑三维图形模型,需进入"三维建模"工作空间。与二维绘图相似,三维绘图也包括模型空间绘图和图纸空间绘图两种方式。在本章中,我们主要介绍在模型空间创建三维图形模型的基本方法。在图纸空间创建三维图形模型的操作思想,可参考前面章节。

2. 进入"三维建模"工作空间界面

在 AutoCAD 2019 中,单击状态栏的"切换工作空间"按钮 ✿,可以快速切换到"三维建模"工作空间界面,如图 6-11 所示。在模型空间的"三维建模"工作空间我们简称为三维工作环境。三维工作环境下的 AutoCAD 界面风格设置与"草图与注释"工作空间相同,要在界面中显示下拉菜单和图形区上方的工具条,可参见 1.3.1 节。

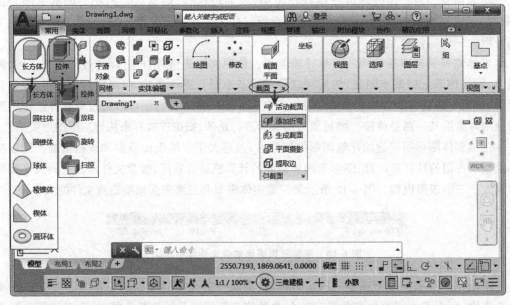

图 6-11 三维工作空间界面的"常用"工具面板

在本书中我们介绍 AutoCAD 在土木工程中的应用中,即需要使用"扫掠""放样"命令,在施工图纸创建的不同标高的土方二维轮廓线基础上生成三维土方模型。

3. "实体"工具面板

单击工具面板的"实体"标签,显示"实体"工具面板(图 6-12)。实体模型不仅具有线和

面的特征,而且还具有体的特征,各实体对象间可以进行"并集""差集""交集"布尔运算生成
复杂的三维对象模型。

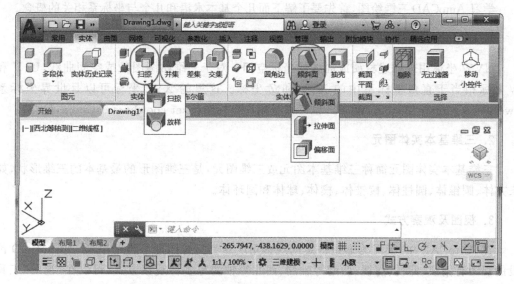

图 6-12　三维工作空间界面的"实体"工具面板

4."可视化"工具面板

单击面板的"可视化"标签,可以切换到"可视化"工具面板(图 6-13)。通过单击"可视
化"面板的各种视觉样式按钮,用户可选择三维图形对象的显示模式,进行图形观察、创建动
画、设置光源等操作,为三维对象附加材质等操作提供了非常便利的环境。另外,通过图形
窗口右侧的"Cube View"显示导航工具,可以快速切换三维图形的观察角度。

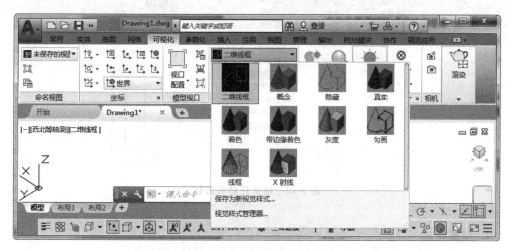

图 6-13　三维工作空间界面的"可视化"工具面板

在 AutoCAD 中,要创建和观察三维图形,就一定要使用三维图标系和三维坐标。因
此,了解并掌握三维坐标系,树立正确的空间概念,是学习三维绘图的基础。

6.2.2　三维绘图的术语及坐标系

学习 AutoCAD 三维绘图,首先要了解下面几个基本术语和几个与坐标系相关的概念。

1. UVW、XYZ 坐标

UVW 坐标用来描述材质或曲线的坐标空间。对于二维贴图图像或空间曲线,U、V 和 W 坐标相当于直角坐标系中的 X、Y 和 Z 坐标。这里的 XYZ 坐标可以是世界坐标系 (world coordinate system,WCS),也可以是用户坐标系(user coordinate system,UCS)。

2. 三维基本实体图元

三维基本实体图元简称三维基本图元或三维图元,是三维图形的最基本的三维形状,如长方体、圆锥体、圆柱体、棱锥体、楔体、球体和圆环体。

3. 视图及观察方式

在 AutoCAD 中,视图为通过一定的观察角度观察三维图形所得的图形。AutoCAD 预设的视图有俯视、仰视、前视、西南等轴测、西北等轴测等多种观察方式,可以在"视图"工具面板上选择这些预设视图,来确定视图的观察方向和方式。

单击"常用"→"视图"工具面板的"恢复视图"下拉列表框,选择"西南等轴测"观察方式,再单击"常用"→"建模"工具面板的长方体按钮 ▣ ,在图形窗口任意位置单击确定一点,移动鼠标到适当位置后右击绘制长方体底面,再沿 Z 方向拖动鼠标到任意位置后单击指定长方体任意高度,即可绘制出如图 6-14 所示的长方体三维图元。

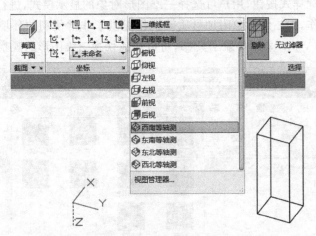

图 6-14　绘制任意长方体

4. 视觉样式

三维图形的显示方式有"线框""概念""真实""消隐"等。"线框"方式是用三维体的轮廓线来描述三维体。"概念"方式是用三维对象的图层颜色或对象颜色,在默认光源下显示有一定三维视觉效果的视觉模式。"真实"视觉样式是比"概念"视觉样式更逼真的显示模式,有材质贴图时会显示贴图的真实效果。

单击"可视化"→"视觉样式"工具面板的视觉样式列表框,可以选择三维对象的视觉样式。如图 6-15 所示的三维体为"真实"视觉样式时的显示效果,若未对三维体进行贴图及着色操作,则三维体的颜色默认采用构件三维体所在图层的颜色。

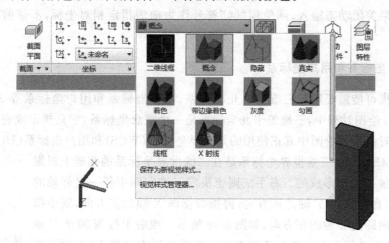

图 6-15　视觉样式列表框

5．三维坐标系

三维坐标有三维笛卡儿坐标系、圆柱坐标系和球坐标系 3 种。

1）三维笛卡儿坐标系

在"动态输入"状态处于关闭状态时,可以使用基于当前坐标系原点的绝对坐标值(X,Y,Z)或基于上个输入点的相对坐标值(@X,Y,Z)。

2）圆柱坐标系

圆柱坐标系与二维极坐标系类似,但增加了从所要确定的点到 XY 平面的距离值。例如,坐标"5＜30,8"表示某点与原点的连线在 XY 平面上的投影长度为 5 个单位,其投影与 X 轴的夹角为 30°,在 Z 轴上的投影点的 Z 值为 8,如图 6-16 所示。

3）球坐标系

球坐标系也分为绝对球坐标系和相对球坐标系两种,如图 6-17 所示,在动态输入处于关闭状态,"5＜45＜15"表示距离 XY 平面上的 UCS 原点 5 个单位长度、与 XY 平面上的 X 轴正方向成 45°并位于 XY 平面上方与其夹角为 15°的点。

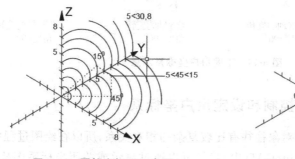

图 6-16　圆柱坐标系示意图　　　图 6-17　球坐标系示意图

4) 坐标数值的输入

绘制三维图形时,绘图单位的设置与量纲操作,与二维图形相同,在此不再赘述。状态栏的"动态输入"状态开启时,输入相对坐标可不加前缀"@"符,输入绝对坐标时,要加前缀"♯"符。如果关闭动态输入,则使用"@"符号作为前缀指定相对坐标,不带前缀输入绝对坐标。

6．世界坐标系和用户坐标系

三维建模可能需要用到三维笛卡儿坐标系、世界坐标系和用户坐标系等 3 种坐标系。在 AutoCAD 绘图过程中,三维笛卡儿坐标系是一个概念坐标系,它只规定或提供空间坐标的坐标轴相对关系。绘图中真正使用的是世界坐标系(WCS)和用户坐标系(UCS)。

在 AutoCAD 中,三维世界坐标系是在二维世界坐标系的基础上根据右手法则增加 Z 轴而形成的。右手法则也决定三维空间中任一坐标轴的正旋转方向,食指指向 Y 轴的正方向,拇指即指向 X 轴的正方向,则中指所指示的方向即是 Z 轴的正方向,如图 6-18 所示。或右手按 X 轴至 Y 轴顺序握拳,大拇指所指方向即为 Z 轴方向。右手法则在设置 UCS 时可能需要用到。

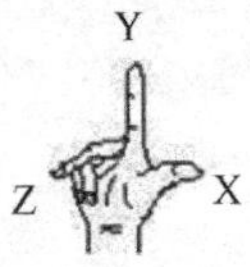

图 6-18 右手法则

1) 世界坐标系(WCS)

在 AutoCAD 中,同二维世界坐标系是一样的,三维世界坐标系的原点和坐标轴也都是固定的,三维图形中的点是由唯一的世界坐标系坐标来确定。

2) 用户坐标系(UCS)

假设一个旅客乘坐在奔驶的列车上,相对设在大地上的世界坐标原点来说,列车和乘客的坐标点是一直变化的。而旅客和列车座椅之间的相对位置关系是固定的,如果在旅客相对列车车厢之间建立一个相对坐标,则描述旅客的方位会变得更加方便,只需说在那趟列车的第几车厢第几号座位即可。

用户坐标系是为坐标输入、操作平面和观察提供的一种可变动坐标系。UCS 是可移动的笛卡儿坐标系,在指定点、输入坐标和使用绘图辅助工具时,我们可以更改 UCS 的原点和方向,以方便使用。AutoCAD 允许用户随时在三维空间中任何位置定位和定向 UCS(图 6-19)。

世界坐标系　　　绕X轴的旋转　　　绕Y轴的旋转　　　绕Z轴的旋转
　　　　　　　　角度=90°　　　　　角度=90°　　　　　角度=90°

图 6-19 不同用户坐标系示意

6.2.3 坐标轴图标显示控制和设定用户坐标系

由于三维绘图描述的图形对象往往有比较复杂的相对关系,所以在绘图过程中,有时必须显示必要的方位指示。在 AutoCAD 中,我们可以通过显示或关闭坐标系图标来实现对绘图方位的指引。

1. 坐标系图标的显示控制

坐标系图标是在图形窗口的显示三维坐标方向和位置的坐标系指示标志。在三维绘图状态,用户根据坐标轴图标能直观判断当前坐标轴方向,以便确定三维图元输入情况。

1) 通过工具面板显示与关闭坐标轴图标,设置坐标轴图标的显示位置

单击"常用"→"坐标"工具面板的按钮，打开如图 6-20 所示菜单,选择相应的菜单命令,可以设置 UCS 坐标图标的显示状态。

执行"在原点处显示 UCS 图标"命令,则 UCS 图标显示当前 UCS 坐标原点处。执行"显示 UCS 图标"命令,则 UCS 图标会移动到世界坐标原点位置,并在世界坐标原点显示UCS 坐标的图标。执行"隐藏 UCS 图标",则会在平面上隐藏 UCS 坐标轴图标。这 3 个菜单在创建三维图形模型时非常有用。

2) 坐标轴显示样式

单击"常用"→"坐标"工具面板的"UCS 坐标,特性"按钮，或依次单击"视图"→"显示"→"UCS 图标"→"特性"下拉菜单,打开"UCS 图标"对话框(图 6-21),可在对话框中定义坐标系图标的大小、样式和颜色。

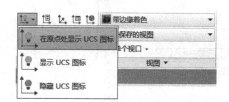

图 6-20 设置 UCS 坐标图标的显示状态

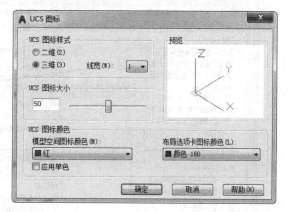

图 6-21 "UCS 图标"对话框

3) 通过下拉菜单关闭或显示坐标轴图标

依次单击"视图"→"显示"→"UCS 图标"→"开"下拉菜单,选中"开"选项,显示坐标系图标,反之关闭坐标系图标显示。

依次单击"视图"→"显示"→"UCS 图标"→"原点"下拉菜单,选中"原点"选项,则坐标轴显示在世界坐标原点,反之坐标轴显示在当前 UCS 原点。

2. 设置 UCS

对 UCS 的设置操作是三维绘图过程中一个很重要的内容。通过执行"实用"→"坐标"工具面板的各种命令,可以进行 UCS 设置。"实用"→"坐标"工具面板上各按钮的功能如图 6-22 所示。

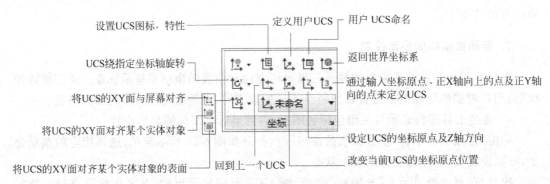

图 6-22　设置 UCS

3．在十字光标上显示坐标系

单击"工具"→"选项"下拉菜单，打开"选项"对话框后，切换到"三维建模"选项卡（图 6-23），可以定义在十字光标上是否显示坐标轴。如要在三维十字光标上显示坐标轴标签，则选中"在十字光标中显示 Z 轴"和"在标准十字光标中加入轴标签"勾选项。

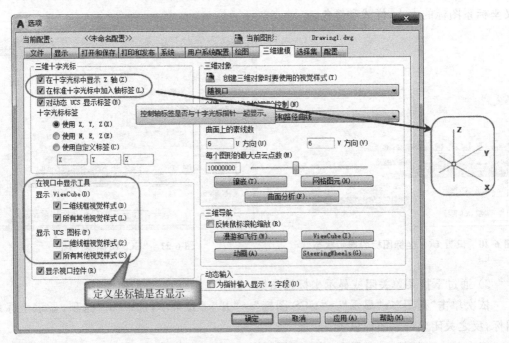

图 6-23　"选项"对话框的"三维建模"选项卡

6.2.4　创建三维空间曲面的基本方法

AutoCAD 拥有丰富的创建三维曲面的方式，可以直接执行"平面""网格"命令创建平面或曲面网格，可以执行"扫掠""放样"命令等，在给定的路径上按给定的轮廓绘制空间曲面。

1. 点线面结合法生成三维曲面

执行"拉伸"命令,可以把一个二维曲线拉伸成三维曲面,如图 6-24 所示为把一段圆弧拉伸为一个三维立方体和一个旋转柱面的过程。

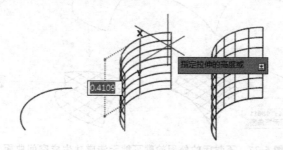

图 6-24　把一段圆弧拉伸为一个三维立方体和一个旋转柱面

2. 绘制平面曲面

单击"曲面"工具面板的"平面"按钮,可以根据命令行提示,直接在图形窗口绘制曲面,或选择已有的二维封闭边界(封闭二维曲线或面域)创建如图 6-25 所示平面曲面。

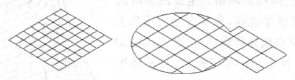

图 6-25　二维曲面

3. 由 UV 向曲线生成空间网格曲面

执行"曲面"→"创建"工具面板的"网格"命令,能把已有两个方向(U 或 V)的多条空间曲线组建成空间网格曲面,具体操作如下。

1) 绘制 U 向和 V 向开放边界

首先在当前 UCS 下沿 U 方向绘制两条或多条开放边界,之后改变新的 UCS 绘制 V 方向的两条或多条开放边界,如图 6-26 所示。

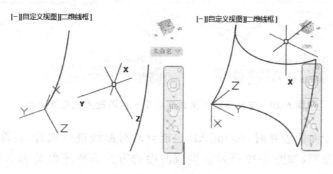

图 6-26　绘制曲面边界

U 向和 V 向边界组成的外周轮廓要尽量闭合,否则可能会无法成功生成空间曲面,如图 6-27 所示。

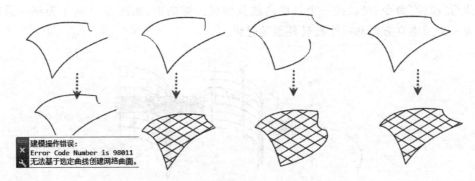

图 6-27　不封闭的外周轮廓可能无法成功生成空间曲面

2) 创建空间网格

单击"曲面"→"创建"工具面板的"网络"按钮
✍,沿第一个方向(U 或 V)顺序选择曲面边,再沿第二个方向(V 或 U)顺序选择曲面边,程序即会生成如图 6-28 所示的空间曲面网格。生成曲面时选择曲线要按曲线位置顺序选择,如从左至右或从上至下,不能成批或打乱曲线选择顺序,否则 AutoCAD会显示"Error Code Number is…"提示,且不能生成空间曲面网格。

3) 生成空间曲面时对曲线的要求

绘制曲面网格的曲线时,要注意同一方向的曲线不能交叉,端部不能交于一点。某个方向的曲线的两端不能落在不同方向的边界轮廓线上,否则不能生成曲面,如图 6-29 所示。

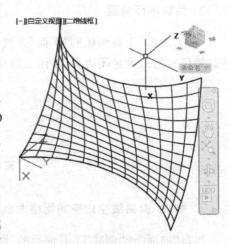

图 6-28　空间曲面网格示意图

图 6-29　空间曲线交叉或交汇于一点不能生成空间网格

曲线不交汇于曲面边界时,AutoCAD 也能自动对曲线进行拟合,在符合拟合条件时也能自动生成空间曲面,如图 6-30 所示。生成曲面的方式有程序曲面和 NURBS 曲面,具体可参见 AutoCAD 帮助。

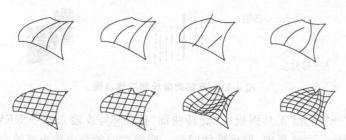

图 6-30　曲线不交汇于边界轮廓也能生成空间曲面

4）空间曲面加密网格使曲面更精细

单击已经生成的空间网格对象，AutoCAD 会自动打开曲面特性对话框，在对话框中修改 U、V 向素线数量，能加密网格使网格更加精细（图 6-31）。

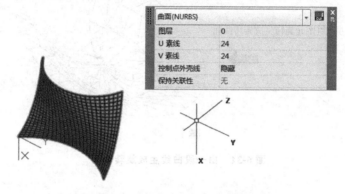

图 6-31　修改空间网格素线数量

4. 由空间点生成三维网格

输入命令 3DMESH，可以根据指定的 M 行 N 列个顶点和每一顶点的位置生成三维空间多边形网格。M 和 N 的最小值为 2，表明定义多边形网格至少要 4 个点，其最大值为 256。在建筑制图中，三维网格一般用于构建复杂形体的建筑或装饰件，如图 6-32 所示。

图 6-32　由空间点生成的三维网格

5. 绘制旋转网格或直纹网格

单击"网格"→"图元"工具面板的"直纹曲面"按钮 ，或输入命令 RULESURF，可以将路径曲线沿方向矢量进行平移后构成平移曲面。如图 6-33 所示。

图 6-33 平移对象绘制三维曲面

单击"网格"→"图元"工具面板的"旋转曲面"按钮，或输入命令 REVSURF，可以将曲线绕旋转轴旋转一定的角度，形成旋转网格。旋转方向的分段数由系统变量 SURFTAB1 确定，旋转轴方向的分段数由系统变量 SURFTAB2 确定。曲线可以用多段线绘制，旋转对象及绕对称轴旋转后得到的图形如图 6-34 所示。

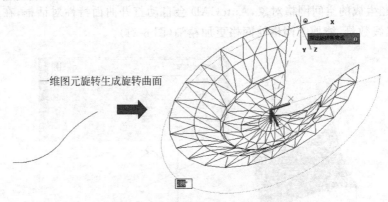

一维图元旋转生成旋转曲面

图 6-34 由一段曲线生成旋转曲面

6.2.5 创建三维实体图形的基本方法

在 AutoCAD 中创建的模型有 3 种，即线框模型、曲面模型和三维实体模型。线框模型是用三维的直线和曲线组成模型轮廓，其不含面的信息；曲面模型是指模型仅由曲面组成；三维实体模型是由三维物体的全要素表达。

1．基本体素法绘制三维实体图形

AutoCAD 提供了丰富的三维基本图元，如圆柱、圆台、圆锥、棱柱、棱台、棱锥、球、楔块、立方体、圆环等，利用这些形体间的布尔运算操作，可以创建复杂的三维实体模型。

2．拉伸旋转扫描法生成三维实体或三维表面模型

通常是先创建一个由二维图形组成的有效横截面，通过拉伸或旋转生成物体的三维造型。AutoCAD 可以快速、准确地绘制二维图形，通过拉伸、扫掠、放样、旋转命令建立有效的三维实体。

1)"拉伸"

执行"拉伸"命令，可以把一个二维封闭图元拉伸成三维实体，如图 6-35 所示为把一个矩形拉伸为一个三维立方体。

2)"扫掠"

执行"扫掠"命令，可以把一个二维图形沿一条一维扫掠路径扫掠生成三维图形。

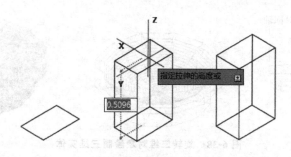

图 6-35　把矩形拉伸成长方体

图 6-36 为沿一个弧线扫掠生成一根弧形梁的操作过程。需要注意的是,沿世界坐标系绘制圆弧之后,绘制与弧线垂直的矩形截面,需首先把 UCS 的 XY 面调整到所要绘制的矩形截面之内。

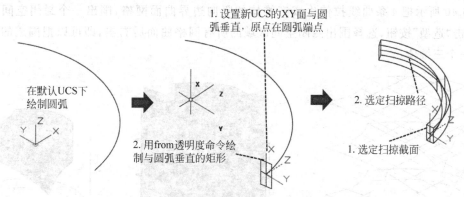

图 6-36　沿一个弧线扫掠生成一根弧形梁的操作过程

3)"放样"

执行"放样"命令,可以指定两个及以上的横截面或边子对象来创建三维实体。横截面或边子对象定义了结果实体或曲面的形状。具体哪种图元能够放样,以及其所能放样的路径图元类型,可详见 AutoCAD 帮助。图 6-37 为处于 Z 轴方向不同位置的两种多边形扫掠生成的三维体。

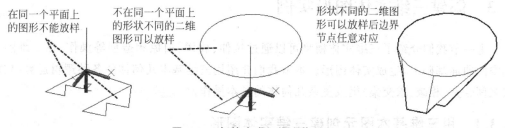

图 6-37　扫掠生成三维实体图形

4)"旋转"

执行"旋转"命令,可以把二维或一维图形,绕与其不共面或不共轴的旋转轴,旋转扫掠成按被旋转对象创建的三维实体或曲面,如图 6-38 所示。

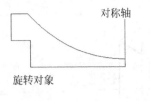
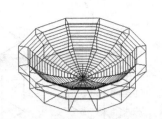

图 6-38　旋转二维对象绘制三维实体

3．用"造型"命令把空间曲面围成的封闭空间转化为三维实体

单击"曲面"→"编辑"工具面板的"造型"按钮 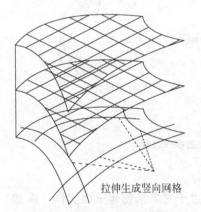，把由曲面网格围成的封闭空间区域转化为三维实体图形。首先创建两个空间曲面网格(图 6-39)作为三维体的上下底,之后再按图 6-40 所示把 4 条曲线拉伸生成三维体的竖向边界曲面网格,围出一个封闭空间区域后,单击"造型"按钮,选择围出封闭空间区域的所有网格曲面后右击,即可以把围成的区域生成一个三维体。

拉伸生成竖向网格

图 6-39　绘制空间曲面或曲面边界　　　　图 6-40　"造型"把空间曲面网格生成三维实体

6.3　创建三维实体图形实例

上一节我们介绍了三维实体模型可以通过拉伸、放样、扫掠和造型等操作,在二维图元或空间曲面基础上,生成实体图形。本节我们介绍用三维基本几何体的各种逻辑运算(如对象之间合并、相减、求交集)组成复杂几何体的基本操作。

6.3.1　用三维基本图元创建三维实体图形

在工程实际中,经常需要计算一些复杂三维体的体积或表面积,利用 AutoCAD 可以快速创建需要的三维体模型。在本节我们介绍通过用户坐标系及三维体图元的逻辑运算,来创建一个如图 6-41 所示简单三维体的过程。

三维实体图形的横截面为边长 500mm 正方形,其高度为 3204mm,在其顶部有一个横

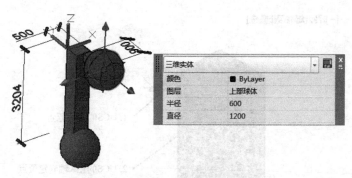

图 6-41　要创建的三维实体图形

放的长方体,横放长方体横截面为边长 250mm 的正方形,长方体长度为 900mm。在竖向长方体和横向长方体端部各有一个直径为 600mm 的球体。

1. 绘制竖向长方体

在默认世界坐标系下,选择"西南等轴测"观察方式后,单击"常用"→"建模"工具面板的"长方体"按钮,在图形区任意位置单击后,输入"@500,500"绘制长方体底面矩形后,向上移动鼠标会看到一个长方体示意图,输入"3204"后再按 Enter 键,完成长方体的绘制。

双击刚绘制完成的长方体,打开图 6-42 所示长方体特性对话框,检查所绘制的长方体是否正确。

2. 为绘制水平长方体设置 UCS

单击"常用"→"坐标"工具面板的"在原点处显示 UCS 坐标"按钮后,把 UCS 坐标显示在原坐标原点后,再单击"UCS"按钮 ,在长方体顶

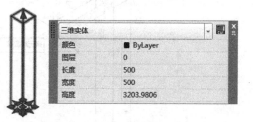

图 6-42　查询长方体图元参数

部左上角单击鼠标,设定 USC 新的坐标原点,再根据命令窗口提示按如图 6-43 所示方向给出 X 轴及 Y 轴正向,即可设定新的 UCS 坐标。从图 6-43 中可以看到,坐标轴显示在新设定的 UCS 坐标原点。这样在新设置的 UCS 坐标系就可以绘制水平长方体的底面了。

3. 在当前 USC 下绘制横向长方体 XY 底面

开启状态栏的"将光标捕捉到二维参考点" 及"动态输入" 状态开关,单击绘制长方体按钮 ,用鼠标捕捉 UCS 坐标原点,输入坐标数字(250,250),沿 Z 轴正向移动鼠标给出长方体高度绘制方向,输入"900"给出长方体高度后再按 Enter 键,得到图 6-44 所示三维体。

4. 绘制球体的定位辅助线

开启捕捉中点开关,如图 6-45 所示,确认状态栏二维图元对象捕捉方式开启。在 AutoCAD 中,直线图元端点可以是三维坐标,所以在任意坐标系下,无须设置新的 UCS,都可以在空间任意方位通过捕捉已有图元的特征点来绘制需要的直线线段。单击"直线"按钮,在横向长方体端部绘制对角辅助线。

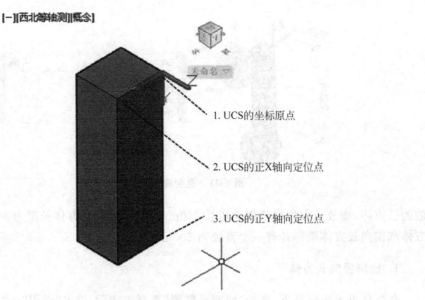

图 6-43　设置新的 UCS

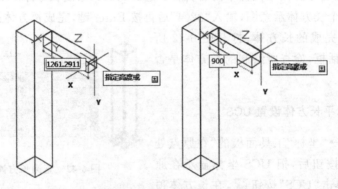

图 6-44　基于 UCS 绘制长方体

图 6-45　二维图元特征点捕捉设置

5．绘制球体

单击"常用"→"坐标"面板的"原点"工具面板的"UCS"按钮 ，单击前一步在长方形端部所绘制的辅助对角线的交点，即可以把 UCS 坐标轴移动到该位置，之后再单击绘制"球体"按钮 ，根据命令行提示，直接输入"0,0"确定球心坐标，在输入"600"确定球体半径，得到"二维线框"显示样式下的三维体图形(图 6-46)。

单击"常用"→"视图"工具面板的"视觉样式"下拉列表框，选择"概念"显示样式，得到图 6-47 所示图形。

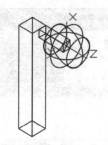

图 6-46 "二维线框"显示样式下的三维体图形

图 6-47 "概念"显示样式下的三维体图形

6．把球体移动到长方体的另一个角点

选择球体及其球心，把球体复制到长方体的另一边的中点，得到如图 6-48 所示图形。从此步操作可知，此时 3 个独立的三维图元组成三维体尚未形成一个整体。

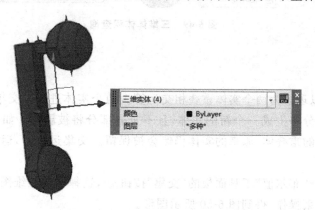

图 6-48 移动球体位置后的三维体图形

6.3.2 三维实体图元的布尔运算

三维实体间的逻辑运算属于实体编辑的范畴，单击"修改"→"实体编辑"下拉菜单，也可看到 AutoCAD 提供了丰富的实体编辑命令。限于篇幅，我们在本书中只介绍并集、交集、差集这 3 种常用的实体逻辑运算操作。

1. 并集运算

并集运算可以理解为两个实体的加法运算。两个实体进行了并集运算后,将生成一个新的实体集合。并集运算时,运算对象的选择不分先后。

将前一节绘制的三维体复制成 4 个相同图形之后,单击"实体"→"布尔值"工具面板的"并集"按钮 ,选择所有长方体和球体后,右击结束操作。

单击选择三维体,发现原来独立的 3 个三维图元已经合并为一个整体。单击"工具"→"查询"→"面域/质量特性"下拉菜单,可以查询得到三维体体积(图 6-49)。

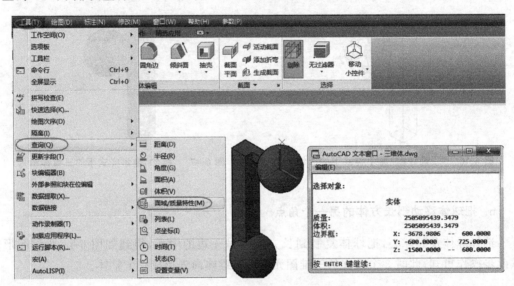

图 6-49 三维体体积查询

2. 交集运算

交集运算可以理解为两个实体重叠相交运算。两个实体进行了交集运算后,如果有重叠部分,则重叠部分将生成一个新的实体,且不重叠部分将被删除。如果两个实体没有重叠,则不会生成新的重叠体,原来的实体仍然会被保留。交集运算时,运算对象的选择不分先后。

单击"实体"→"布尔值"工具面板的"交集"按钮 ,选择原始三维图形中的竖向长方体和球体后,右击结束操作,得到图 6-50 所示图形。

3. 差集运算

差集运算是一种加法运算。在 AutoCAD 中,差集运算结果是从第一个被选择实体中减去第二个实体。不管两个实体是否相交,第二个实体总是会被删除。

单击"实体"→"布尔值"工具面板的"差集"按钮 ,选择原始三维图形中的竖向长方体后右击确定被减图元,再选择球体为减掉的图元后,右击结束操作,得到图 6-51 所示图形。

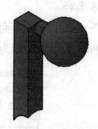

图 6-50　交集运算后的三维图形　　　　图 6-51　差集运算后的三维图形

6.3.3　三维图形的尺寸标注

由于尺寸线图元属于二维图元,所有尺寸标注只能在 XY 面上进行,所以在标注三维图形的绘制尺寸线时,需要根据拟标注尺寸线所在的平面方位,设置合适的 UCS 坐标系之后,才能进行尺寸线的标注。

1. 标注球体

由于尺寸标注是平面图元,所以不能直接对球体半径进行标注。要标注球体半径,需首先在要绘制的尺寸线与球心组成的平面上设置 UCS 的 XY 面,之后查询球体的半径,按所查询的半径绘制一个圆,之后对圆进行标注。具体操作如下:

1) 设置标注样式

我们已经学习了标注样式的设置方法,根据尺寸线各参数在纸上的大小以及打印比例,设置"线""符号和箭头""文字"等参数,具体过程从略。

2) 设置 UCS 并绘制辅助圆

首先寻找三维体的一个平面设置好 UCS 后,关闭"将光标捕捉到三维参考点"开关,开启"将光标捕捉到二维参考点"状态开关。单击"常用"→"绘图"工具面板的"圆"按钮⊙,拖动鼠标捕捉到球心后按 Enter 键(或输入半径 600 按 Enter 键),即可在当前 UCS 下绘制出半径为 600 的圆形,如图 6-52 所示。

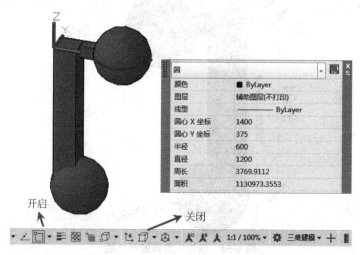

图 6-52　在当前 UCS 下绘制辅助圆形

3）标注球体半径

单击"注释"→"标注"工具面板的"半径"标注按钮,选择所绘制的辅助圆,以尺寸标注图层为当前图层,标注圆半径(即为球体半径),如图 6-53 所示。

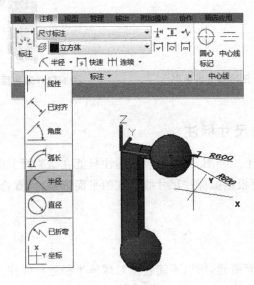

图 6-53　标注球体半径

2.标注其他三维体尺寸

根据所绘制的尺寸线所在平面,开启"将光标捕捉到二维参考点"状态开关。根据拟标注尺寸线所在的平面方位,逐一设置 UCS 并单击"注释"→"标注"工具面板的"线型标注"等按钮,标注三维体的其他尺寸线(图 6-54)。设置 UCS 时要注意,XY 面的方位及正 Y 轴方向为标注尺寸文字所在的平面和文字书写方向。

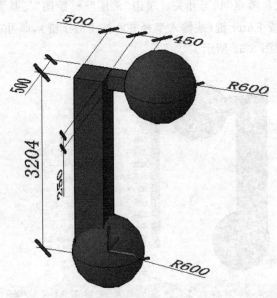

图 6-54　标注三维体的尺寸线

6.3.4　三维实体图形的编辑操作

在 AutoCAD 中,实体编辑包括以实体对象的面、边为编辑对象的编辑操作,如面拉伸、偏移、边着色等,还包括对实体的分割、抽壳等编辑操作。实体编辑不仅包括上述对单一实体的编辑操作,还有实体之间的逻辑运算。可以使用三维编辑命令,在三维空间中移动、复制、镜像、对齐以及阵列三维对象,剖切实体以获取实体的截面等。

1."实体编辑"面板

"实体编辑"面板如图 6-55 所示。下面我们介绍一下操作相对较为复杂且比较有实用价值的"三维对齐"和"三维切割"操作。

图 6-55　"实体编辑"面板

1）三维对齐

单击"实体编辑"面板的"三维对齐"按钮 ,可以对齐三维对象。执行三维对齐命令中,AutoCAD 会自动设置动态 UCS(DUCS),可以动态地拖动选定对象并使其与实体对象的面对齐。

（1）绘制两个三维体。

在"西南等轴测"观察方式下,按照长、宽、高分别为 10mm、5mm、20mm 长度绘制长方体和三棱柱(图 6-56)。

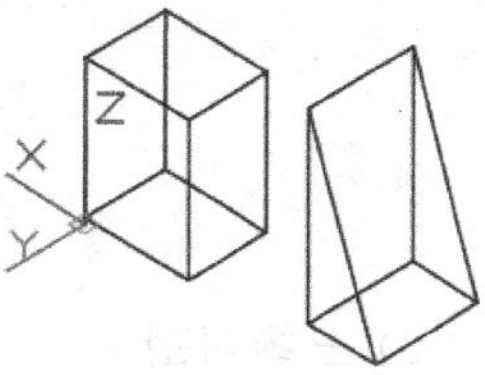

（2）执行三维对齐操作。

单击"实体编辑"面板的"三维对齐"按钮 ,选择棱锥体后,根据命令窗口提示单击棱锥底面一个角点为基点(第一点),根据提示选择第二点和第三点。注意选择第二点和第三点时会自动设定所选三维体的 UCS,第二点为 UCS 的正 X 轴方向,第三点为正 Y 轴方向,三维体选择完毕移动鼠标,会发现 AutoCAD 能自动把选择三维体的 UCS 与执行三维对齐之前的 UCS 相一致,如图 6-57 所示。图中左下角的 UCS 图标为执行三维之前的方向,图中第一、二、三点为选择要对齐的三维实体时的动态 UCS,右偏上位于三棱柱底部的 UCS 图标为选择实体结束后 AutoCAD 自动与原来 UCS 一致后的带坐标轴的动态光标显示。

图 6-56　绘制两个三维体

在要对齐的立方体上选择对齐基点,按照先正 X 轴后正 Y 轴顺序设定对齐时的动态 UCS,完成三维对齐后的三维图形如图 6-58 所示。

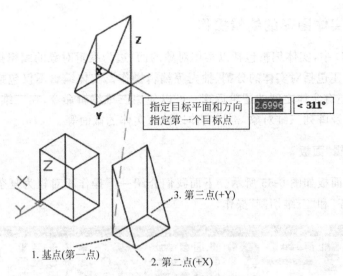

指定目标平面和方向
指定第一个目标点 | 2.6996 | < 311°

3. 第三点(+Y)

1. 基点(第一点)

2. 第二点(+X)

图 6-57 选择对齐移动的三维体

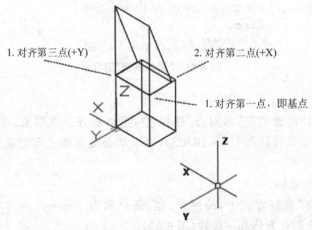

1. 对齐第三点(+Y)

2. 对齐第二点(+X)

1. 对齐第一点, 即基点

图 6-58 对齐后的三维体图形

2) 三维切割

绘制一个任意长方体,在长方体内绘制 3 条直线,之后用"面域"命令使 3 条直线形成一个面域,单击"实体"→"实体编辑"工具面板的"剖切"按钮 ⬛ 剖切,根据命令行提示选择面域作为剖切面,之后选择被剖切的长方体,原来的长方体即会被剖切成两部分。移动剖切后的三维体,可以观察到立方体被剖切成两个部分,如图 6-59 所示图形。

2. 三维实体快速编辑

选择图形中的一个三维实体,在选择其夹点后,AutoCAD 会根据所选择的夹点类型,在命令行提示快速编辑方式,此时按空格键,会自动轮换快速编辑方式,并在命令行给出当前执行快速编辑提示,如图 6-60 所示。在执行快速编辑命令过程中,可以执行透明命令。

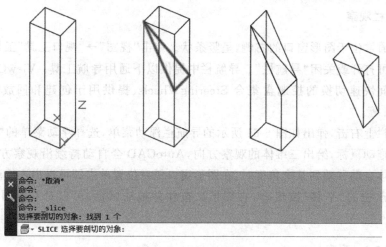

图 6-59　剖切三维体

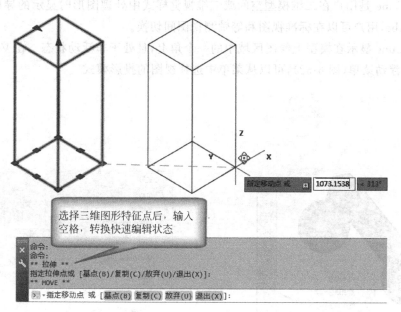

选择三维图形特征点后，输入
空格，转换快速编辑状态

图 6-60　三维实体快速编辑

6.4　三维图形的三维观察、着色与贴图

在 AutoCAD 三维工作空间，用户可以通过多种方式，从各个角度来观察设计对象的三维视图。三维视图是用一定显示比例、从一定的观察位置和角度显示的三维图形。

6.4.1　观察三维图形

实现对三维图形进行观察的工具包括导航栏观察、ViewCube 观察、预置视点观察、动态三维观察、在图纸空间下用多视口观察等。

1. 导航栏观察

导航栏通常位于图形窗口的右侧,呈竖条状。单击"视图"→"视口工具"工具面板的"导航栏"按钮,可打开或关闭"导航栏"。导航栏中提供以下通用导航工具:ViewCube、在专用导航工具之间快速切换的控制盘集合 SteeringWheels、提供用于创建和回放屏幕显示的 ShowMotion 等。

在导航栏上右击,弹出如图 6-61 所示的导航栏浮动菜单,选择浮动菜单的"连续动态观察"命令后,拖动鼠标,给出三维体的观察方向,AutoCAD 会自动持续沿观察方向移动三维体。当三维体自动移动到某个角度时,在图形窗口任意位置单击即可退出连续动态观察。

单击导航栏的"平移"按钮 ,在图形区按住并拖动鼠标,可以对三维图形进行显示平移。

2. ViewCube 观察

ViewCube 是用户在二维模型空间或三维视觉样式中处理图形时显示的导航工具。通过 ViewCube,用户可以在标准视图和等轴测视图间切换。

ViewCube 显示在模型上绘图区域中的一个角上,且处于非活动状态。在 ViewCube 上右击,弹出浮动菜单(图 6-62),可以从菜单中选择视图的投影模式。

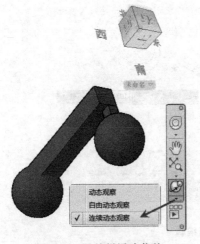

图 6-61　导航栏浮动菜单

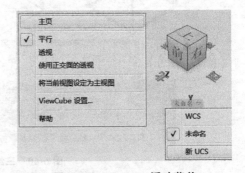

图 6-62　ViewCube 浮动菜单

位于 ViewCube 下方的 UCS 坐标轴图标,显示了模型中当前 UCS 的名称。单击 UCS 图标,能展开 UCS 菜单,执行菜单中的"WCS"命令,能切换到世界坐标系。执行"新 UCS"命令,能定义新的 UCS,"未命名"是当前与模型一起保存的未命名的 UCS。

3. 预置视点观察

单击"常用"→"视图"工具面板或"视图"→"命名视图"工具面板的"恢复视图",可以选择 AutoCAD 的各种预置视点观察模式,得到各种视图,如图 6-63 所示。单击屏幕上方的"视图"→"三维视图"下拉菜单,也可以选择预设的视点观察方向。

图 6-63　预置视点观察

如果要从三维视点观察状态转到二维平面显示,可按如图 6-64 所示单击"视图"→"三维视图"→"平面视图"→"世界 UCS"菜单。

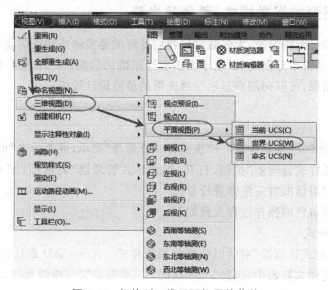

图 6-64　切换到二维平面视图的菜单

4. 动态三维观察

在图形区按住鼠标滚轮及 Shift 键后拖动鼠标,可以对三维体进行旋转观察。按住鼠标滚轮及 Ctrl 键后拖动鼠标,可以对三维体进行平移观察。

5. 在图纸空间下用多视口观察

在三维建模时,若需要对三维图形同时进行多角度、多侧面的观察,则单一视口显然无法满足要求。在三维建模工作模式下,也可在图纸空间的图纸布局上创建多个视口。AutoCAD 允许在不同的视口设置不同的视图,并可在多视口下同时观察模型的不同部分或不同侧面,如图 6-65 所示。

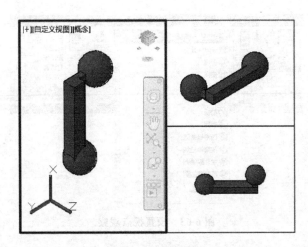

图 6-65　在不同视口用不同视点观察三维体

6.4.2　三维图形的视觉样式、着色及光源

在创建或编辑三维图形时,大多数时候我们处理的是实体或曲面的线框图,这种图在查看或打印时,往往显得十分混乱,以至于无法表达正确的信息。三维图形着色,能创建具有真实效果的三维图像,可以向用户显示三维图形的最终设计效果。

1. 着色

依次单击"视图"→"视觉样式"→"视觉样式管理器"菜单,或者单击"可视化"→"视觉样式"控制板的"视觉样式管理器"按钮,打开"视觉样式管理器"对话框(图 6-66)。可以通过"视觉样式管理器"对话框对三维体进行着色。

对三维体进行着色的操作过程大致如下:

1) 选择视觉样式

首先在"视觉样式管理器"对话框中选择视觉样式。AutoCAD 默认的视觉样式罗列在图形中可用的视觉样式列表中,包括"二维线框""三维隐藏""三维线框""概念""真实"几种。通常情况下,可以选择"真实"视觉样式。

2) 着色设置

在"视觉样式管理器"对话框中设置"颜色""亮显强度""背景"等对象着色设置,即可实现对三维体的着色。对象被着色后,用户还可以对三维图形进行显示变换和编辑操作。

通过三维图形着色只能给三维对象附着同一种颜色。如果希望给三维对象不同的面或部分附着不同的颜色,使其显示效果更加真实,则需要用贴图的方法。

2. 光源

在渲染过程中,光线的应用非常重要,它由强度和颜色等多个因素决定。在 AutoCAD 中,不仅可以使用环境光和自然光(阳光),也可以使用点光源、平行光源及聚光灯光源,以照亮物体的特殊区域。

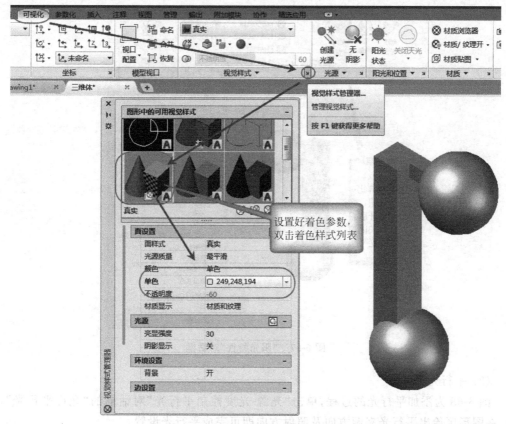

图 6-66　"视觉样式管理器"对话框

1）AutoCAD 的默认光源

在 AutoCAD 中给对象着色时，使用的是 AutoCAD 自动设置的，来自观察者左后方上面的固定环境光。此时的光源为 AutoCAD 的默认光源。

场景中没有光源时，将使用默认光源对场景进行着色或渲染。来回移动模型时，默认光源来自视点后面的两个平行光源。此时模型中所有的面均被照亮，以使其可见。可以控制亮度和对比度，但不需要自己创建或放置光源。

2）自定义光源和日光

单击"可视化"→"光源"工具面板的"创建光源"按钮，能进行添加自定义光源操作，并能对光源进行设置操作。自定义光源包括平行光源、点光源等。在布置自定义光源时，AutoCAD 会提示是否自动关闭默认光源。

（1）阳光。

阳光是一种类似于平行光的特殊光源。使用"阳光与天光模拟"，用户可以调整它们的特性，具体操作顺序如图 6-67 所示。

单击"阳光特性"对话框的"天光特性"选项组的按钮，打开"调整阳光与天光背景"对话框，从中可以设置天光特性。

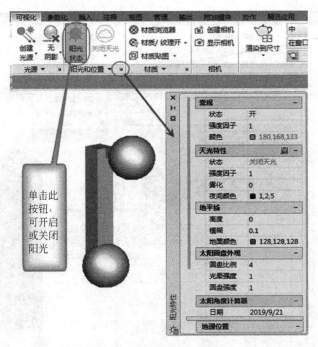

图 6-67　"阳光特性"对话框

（2）平行光源。

图 6-68 为添加平行光的过程，单击"光源-光度控制平行光"对话框的"允许平行光"之后，在图形区给出平行光来源方向及照射方向即可完成平行光设置。

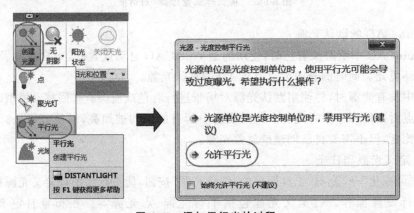

图 6-68　添加平行光的过程

绘图时，可以打开或关闭光线轮廓的显示。按照图 6-69 操作顺序，可以打开显示平行光源的"特性"对话框，在对话框中可打开或关闭以及更改光源的其他特性，如光源的"强度因子""灯的强度""灯的颜色"等。更改的效果将实时显示在视口中。要更精确地控制光源，可以使用光度控制光源照亮模型，具体请参考 AutoCAD 帮助。

（3）点光源。

AutoCAD 使用不同的光线轮廓（图形中显示光源位置的符号）表示每个聚光灯和点光源。可以同时添加多个自定义光源。可以使用夹点工具移动或旋转点光源。

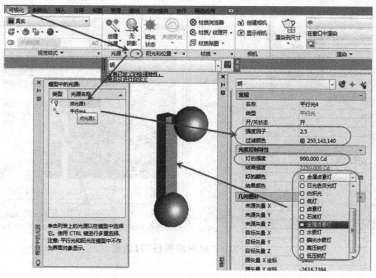

图 6-69 平行光源"特性"编辑

6.4.3 三维图形的材质贴图

在 AutoCAD 中,将材质添加到图形中的,以显示三维体真实效果的操作叫作"贴图"。贴图是增加材质真实性的一种方式,使用材质可以增强模型的真实感。

1. 材质浏览器

单击"可视化"→"材质"工具面板的"材质浏览器"按钮,能打开"材质浏览器"对话框(图 6-70)。"材质浏览器"对话框下部的"Autodesk库"为 AutoCAD 的材质库,可把材质库的材料拖拽到对话框上部的"文档材质:全部"列表中备用。

单击"材质浏览器"对话框右下角的"打开/关闭材质编辑器"按钮,可以打开"材质编辑器"对话框(图 6-71)。在"材质编辑器"对话框,可以对材质属性进行编辑。

2. 随层附着材质操作

单击"可视化"→"材质"工具面板的"材质"按钮 材质▼,展开"材质"工具面板,单击"随层附着"按钮,打开"材质附着选项"对话框(图 6-72),将"材质名称"列表中的材质拖拽到要贴图的图层上,可以对绘制在该图层上的所有三维对象进行材质贴图。

3. 将材质库中的材质贴到单个实体对象

直接打开"材质浏览器",将材质浏览器中材质库的材料拖拽到三维表面模型的表面上,如图 6-73 所示。

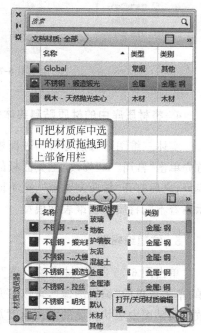

图 6-70 "材质浏览器"对话框

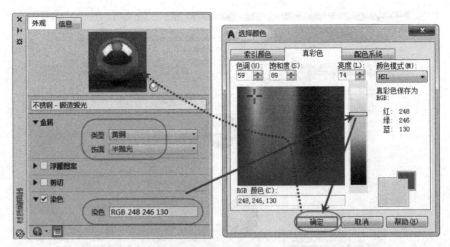

图 6-71 "材质编辑器"对话框

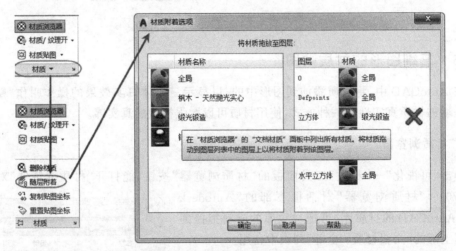

图 6-72 随层附着材质操作流程

4. 将材质库中的材质贴到实体的单个表面

实体三维图形可以分解为表面模型,这样就可对实体模型的单个表面附着不同的材质。首先单击"常用"→"修改"工具面板的"分解"按钮，把前面创建的实例三维体分解成表面模型,之后打开"材质浏览器",把不同的材质拖拽到分解之后的每个表面,得到如图 6-74 所示附着不同材质的三维表面模型。

5. 纹理编辑器

单击图 6-75 所示"材质编辑器"的"图像"样式栏右侧的按钮，展开贴图样式下拉菜单,单击菜单的"编辑图像",可以打开"纹理编辑器"对话框(图 6-76),通过该对话框可以修改材质贴图中块状材质的贴图角度及样例尺寸,改变贴图的效果。

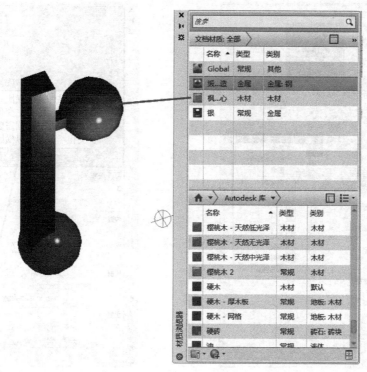

图 6-73　拖拽材质库的材料直接附着到三维体之上

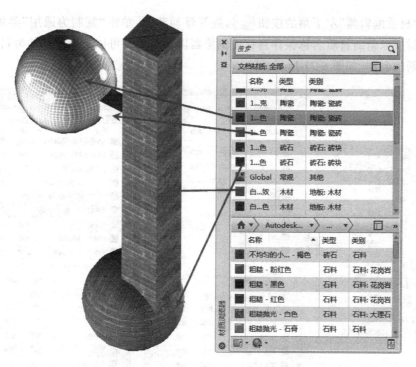

图 6-74　附着不同材质的三维表面模型

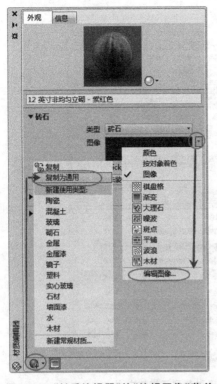

图 6-75 "材质编辑器"的"编辑图像"菜单

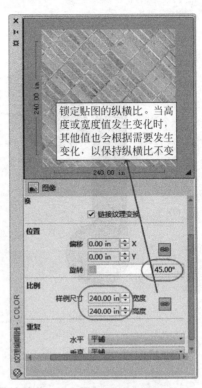

图 6-76 "纹理编辑器"对话框

单击"材质编辑器"左下角的按钮 ，展开浮动菜单，单击"复制为通用"菜单，可以把新编辑的材质以新的材质名称保存到材质浏览器以备后用。可以把新保存的编辑之后的材质改名为新的名称，如图 6-77 所示。

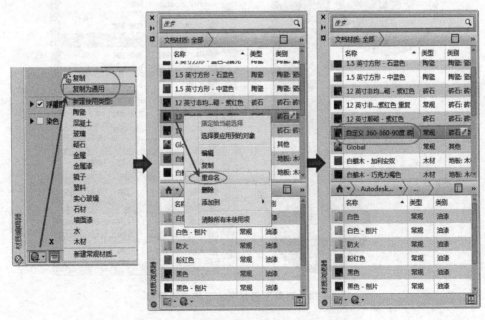

图 6-77 修改材质纹理并保存为新的材质名称

按照新修改的旋转角度及比例修改了砖质材料样例之后,本节前面所绘制的三维体贴图变成了如图 6-78 所示的效果。

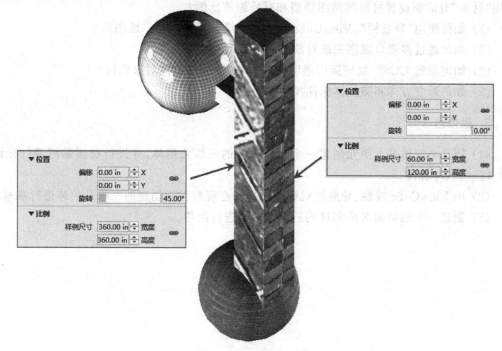

图 6-78　在"纹理修改器"对话框中修改材质样例后的贴图

6.5　本章小结

本章在讲述了 AutoCAD 三维图形的分类及相应特点、三维图形环境设置、三维坐标系及 UCS 设置操作的基础上,讨论了三维图形的创建方法、布尔运算、三维图形着色及视觉样式设置、光源布置、设置渲染材质,按图层对三维实体进行三维表面贴图等操作,还讲述了通过 ViewCube 与导航栏观察三维对象的方法。

通过对本章内容的学习,读者应对 AutoCAD 三维绘图方法有较深入的了解,从而对绘制更复杂的建筑模型打下坚实的基础,但在掌握操作方法的同时,还应该重点理解三维绘图的基本思路和技巧。

思考与练习

1. 思考题

(1) 在 AutoCAD 中,如何对三维基本实体进行交集、差集、并集运算?

(2) 如何对一个简单立方体进行着色显示? 如何通过视觉样式管理器设置真实视觉样式?

(3) AutoCAD 光源有哪几种? 如何使用"光源"工具面板布置常规光源、光度控制光源？如何通过对模型中的光源设置光源特性？

(4) 如何打开"材质浏览器"对话框的材质库选择材质对三维图形进行材质贴图？如何使用"材质"对话框设置材质的贴图类型和材质缩放比例？

(5) 如何使用"导航栏"、ViewCube 和动态三维观察来观察三维图形？

(6) 如何通过多视口观察三维对象的不同视图？

(7) 如何设置 UCS？如何运用透明命令 from 给三维实体对象定位？

(8) 如何对立方体和圆柱体标注尺寸？

2. 操作题

(1) 用几个三维基本图元创建一个比较复杂的三维几何体，并进行材质贴图及灯光设置，并进行尺寸标注。

(2) 用 ViewCube 观察、导航栏观察及鼠标动态观察对所创建的三维几何体进行观察。

(3) 创建一个剖切面对所创建的三维几何体进行剖切。

第 **7** 章
三维图形及 CASS 软件的工程应用 ←------┐

学习目标

掌握二维图形拉伸生成三维图元的操作。

掌握通过三维图元逻辑运算创建复杂三维实体模型的方法。

掌握利用剖切平面和剖切曲面对三维实体进行剖切操作的方法。

掌握利用网格导线和样条曲线创建复杂三维网格的注意事项及操作方法。

掌握通过造型操作将三维网格转化为三维实体模型的操作要点。

掌握创建建筑精装模型的操作及精装工程量提取方法。

了解土石作业的类型。

掌握水平场区、坡形场区和复杂地形土方作业模型的创建方法。

掌握利用 AutoCAD 和 CASS 计算土方作业工程量的方法。

7.1 创建精装三维模型并提取装饰工程量

尽管通过其他 BIM 算量专业软件(如广联达 BIM、Revit)创建建筑结构模型可以进行土建工程量计算,但是在算量软件所创建的土建模型基础上,创建计算建筑精装工程量的精装模型仍是一个极具挑战性的工作。由于 AutoCAD 三维实体建模是一种比较简洁的建模方法,因此,在实际工作中 AutoCAD 经常用于在二维施工图基础上,创建建筑的三维实体模型及装饰的三维视图,通过贴图操作进行地面、墙面瓷砖的排版,体现家装效果,计算材料用量等。利用 AutoCAD 还可以创建复杂的三维地形模型,根据模型可以计算土方工程或绿植工程的工程量。

7.1.1 创建洗衣房精装三维模型

进行精装工程量计算或创建精装模型时,有时候需要造价工程师对各个装饰面进行实地量测。但是实地量测效率低,隐蔽工程无法量测,且存在安全隐患,因此现场量测应与装饰设计或竣工图相结合。

1. 精装工程量计算规则和算量方法简介

在介绍创建计算精装修工程量的过程之前,我们首先需要了解一下建筑预算定额或清单定额、对建筑精装工程量计算的有关规则,以及在实际工作中如何计算建筑精装工程量。

1）定额或清单计算规则

以墙面镶贴块料清单工程量计算为例,定额或清单计算规则规定,其工程量按设计图示尺寸以面积计算。由于计算规则中未说明设计图示尺寸是粘贴基层的展开面积还是镶贴完成面的展开面积,所以在计算工程量时往往会出现争议。在实际工作中,墙贴块料通常是按照镶贴完成面的展开面积组价和计算清单工程量的,进行清单组价时可据情况调整基层或黏结层的定额含量。

2）广联达 BIM 软件

由于广联达 BIM 软件内嵌有定额或清单计算规则,所以创建精装工程的算量模型时,往往不需要刻意要求计算模型与实际工程现状完全一致,如内墙和外墙的 T 字交接部位,只需按照轴线绘制墙体,布置墙面装饰构件,用软件计算装饰工程量时即可根据其内嵌的计算规则,自动扣除模型中按轴线布置的内墙嵌入外墙中的装饰面的面积(内嵌在外墙中的内墙面不可能做装饰)。

3）Revit 软件

Revit 软件是目前比较热门的 BIM 软件之一,但是由于 Revit 没有内嵌的定额和清单计算规则,所以用 Revit 创建计算工程量的模型,则要在充分理解定额和清单计算规则基础上,创建与实际一致的计算模型,其建模过程还是比较复杂的。

4）用 AutoCAD 创建建筑精装模型的可行性和实用性

某些建筑物的精装修细部比较琐碎,花纹或装修表面比较复杂,广联达 BIM 软件等专业算量软件往往不能精确展现精装效果和精确计算精装修工程量。而 Revit 软件使用和入手又有较大难度,所以在实际工作中,用 AutoCAD 来创建装饰三维计算模型并计算装饰工程量还是有现实意义的。

用 AutoCAD 创建建筑的三维装饰模型时,我们可以按房间类型和装饰情况,从一个复杂的建筑中筛选几个或多个标准房间,来创建建筑的分散装饰模型。

用 AutoCAD 软件创建精装三维建筑模型时,有些部位也不一定要完全用三维模型来体现。如窗台凸出墙面的部分或者包边,则可以用前面章节所讲的可续断图纸读识方法,用二维线来标识琐碎部位,之后与所创建的三维装饰模型一起,通过数据提取方法把精装修数据提取到 xls 计算表格中,通过对表格数据的后期整理,即可得到准确的精装工程量。用 AutoCAD 三维模型计算建筑的精装修工程量,不仅可以重现计算过程,也能提高工作效率。

2．AutoCAD 的"实体"工具面板

在 AutoCAD 中,除了通过三维图元"长方体""圆柱体""球体"等能绘制三维体之外,通过图 7-1 所示的"拉伸""扫掠""放样"等命令,也能在二维图形基础上生成三维实体模型。

3．用二维多段线或面域绘制创建三维模型所需的墙体及门窗基础图线

通常情况下,由于房间都有门窗洞口,所以建筑平面图中的墙体会被打断,若直接在建筑平面图上通过"拉伸""扫掠""放样"等命令,只能创建由多个单墙组成的房间三维模型,整体性差,不利于后期的工程量计算。因此,创建建筑房间的三维精装修实体模型,首先在建筑平面图上绘制精装二维封闭多段线,之后通过三维拉伸生成三维实体模型。下面我们以图 7-2 为例介绍在建筑平面图上创建三维建筑装饰模型的过程。

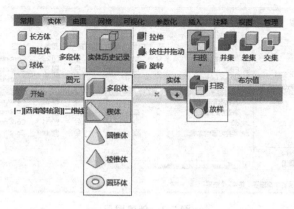

图 7-1　"实体"工具面板

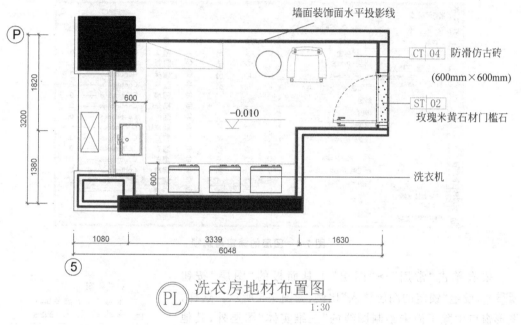

图 7-2　某宾馆洗衣房地材布置图

1）绘制二维封闭墙体、门窗图线

封闭的二维图元可以是封闭多段线、多边形、矩形或面域。可以执行"面域"命令把多个直线段围成的封闭区域转化为面域。

进入三维建模工作空间。单击"图层"工具栏的"图层特性管理器"对话框按钮 ⬚，打开"图层特性管理器"对话框。单击对话框的"新建组过滤器"按钮 ⬚，创建"三维实体"图层分组。选中"三维实体"图层分组，单击"图层特性管理器"对话框上的新建图层按钮 ⬚，分别建立"防滑仿古地砖""门窗"等图层，并进行相应的颜色设定，如图 7-3 所示。

选择"图层特性管理器"的"过滤器"栏的"所有使用的图层"，右击弹出浮动菜单，选择浮动菜单的"锁定"命令锁定图层。再选择"三维实体"图层组，右击弹出浮动菜单，选择浮动菜单的"解锁"命令，把"三维实体"图层分组的图层全部解锁，如图 7-4 所示。

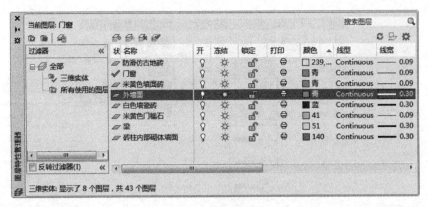

图 7-3　创建图层

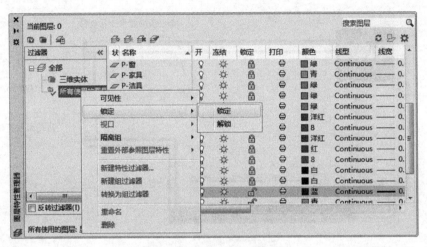

图 7-4　图层的锁定与解锁

依次单击"常用"→"图层"工具面板的"图层"按钮 **图层** ,设定"锁定的图层淡入"比例,如图 7-5 所示。这样,图形窗口中除了尚未绘制图线的"三维实体"图层外,其他所有图形元素都会处于暗显状态。

图 7-5　设置锁定图层的淡入比例

2)绘制二维封闭墙面装饰线、门窗

开启"将光标捕捉到二维参考点"状态开关,用复合线和矩形命令,在建筑平面图上绘制"外墙面""白色墙瓷砖""砖柱内部砌体墙面""门窗",得到图 7-6 所示图形。绘制墙线时可考虑装饰层厚度,如"白色墙瓷砖"多段线不是按结构墙线而是按装饰完成面绘制的。

3)选择三维视图观察方向及视觉效果,把门窗二维图元沿 Z 轴定位

在"概念"视图模式及"西南等轴测"三维观察方式下,选择前图所绘制的"门窗"图元中的窗户,单击"常用"→"修改"工具面板的"复制"按钮,选择窗户某个角点为基点,输入"@0,0,900"相对坐标,把原来位于房间底面位置的窗沿 Z 轴正向向上复制,得到图 7-7 所示图形。

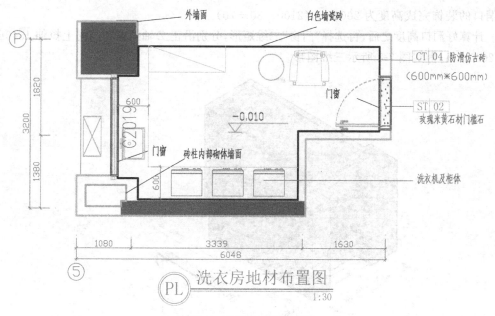

图 7-6　绘制二维封闭图线

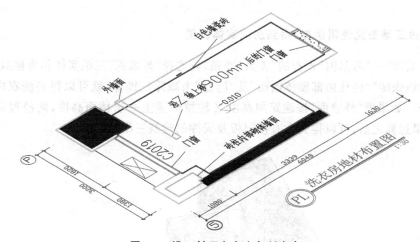

图 7-7　沿 Z 轴正向向上复制窗户

4.用"拉伸"命令把墙体及门窗等拉伸成三维实体图元

假设建筑层高为 3300mm,钢筋混凝土楼板厚度为 100mm,楼板上部楼面做法总厚度为 70mm,刮腻子乳胶漆顶棚做法厚度为 5mm,则洗衣房地面至顶棚底高度为 3125mm。

依次单击"常用"→"建模"面板的"拉伸"按钮,分别选择"外墙面""白色墙瓷砖""砖柱内部砌体墙面"等二维封闭多段线,沿正 Z 轴方向上移鼠标,之后输入"3125"为拉伸高度,拉伸生成 3 个三维实体图元。

假设窗洞口的结构尺寸高度为 1600mm,门洞口的结构尺寸高度为 2100,则考虑窗洞口侧壁粘贴瓷砖厚度与墙面装饰的瓷砖相同,瓷砖及结合层厚度为 30mm,门洞口底部房间地面地砖及构造层厚度为 70mm,则窗洞口装饰完成后洞口高度为 1540mm(1600－2×30),

门洞口的装饰完成高度为 2000mm(2100-30-70)。

计算好洞口高度之后,再选择"门窗"二维矩形,分别沿正 Z 轴把窗和门向上拉伸 1540mm 和 2000mm,得到图 7-8 所示三维图形。

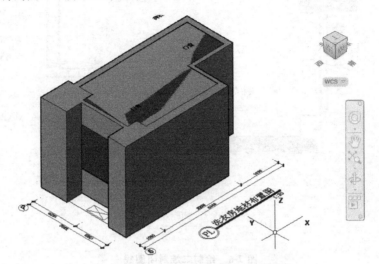

图 7-8 拉伸二维矩形图元得到的三维体

5.通过三维图元逻辑运算,得到房间实体模型

单击"实体"→"布尔值"面板的"差集"按钮,再选择"外墙面"三维实体作为被减三维体,选择"白色墙瓷砖""砖柱内部砌体墙面"及"门窗"为减除三维体,就可以得到洗衣房三维模型(图 7-9)。如果把"外墙面"按建筑层高沿 Z 轴拉伸至上一层楼面高度,则经过前面同样的三维逻辑运算之后,可以得到含有楼层板及天棚的建筑三维模型。

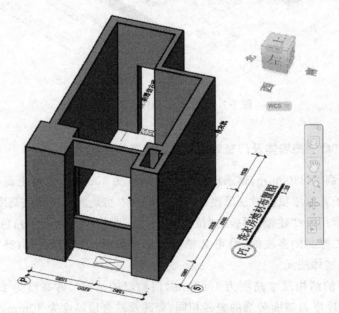

图 7-9 逻辑运算后得到的洗衣房三维模型

7.1.2　对洗衣房精装三维模型进行材质贴图

对三维实体要实现各个面的不同材质贴图操作比较复杂,要进行三维实体各个面的不同材质贴图,可以把三维实体模型复制备份,把备份后的三维实体模型分解为表面模型,再进行材质贴图。

1. 把三维实体模型分解为表面模型

通过对三维实体的各个表面进行材质贴图,可以精细展现装饰情况,并利用 3.2 节所介绍的图纸可续断读识方法,按相应建筑做法创建如图 7-10 所示图层,选择各个面域并移动到相应图层。

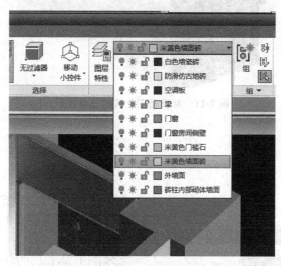

图 7-10　创建的各建筑做法图层

2. 材质贴图

要显示各个部位装饰效果,可以进行材质贴图。单击"可视化"→"材质"工具面板的"材质浏览器"按钮,打开"材质浏览器"对话框,选择合适的材质并把材质拖拽到相应的墙面之上,还可以适当设置灯光,以便更加清晰地观察贴图效果,得到进行材质贴图之后的三维模型(图 7-11)。

3. 创建洞口侧壁面域模型

如果要计算洞口侧壁瓷砖面积,则需要创建侧壁面域模型。创建面域模型,首先要设置用户坐标系 UCS。单击"可视化"→"坐标"工具面板的"在原点处显示 UCS 图标"按钮,把 UCS 坐标移动到要创建面域的位置,如图 7-12 所示。

要在洞口侧壁创建面域,首先要在侧壁位置绘制矩形。根据本节所创建的洗衣房建筑平面图和洗衣机柜体大样图(图 7-13),可知洗衣房的窗户是紧贴房间内墙里侧的,因此可以推算出本节创建的洗衣房室内窗洞口侧壁宽度为内墙面装饰层总厚度,根据建筑做法为20mm 水泥砂浆结合层及 10mm 厚瓷砖厚度之和,共计为 30mm。

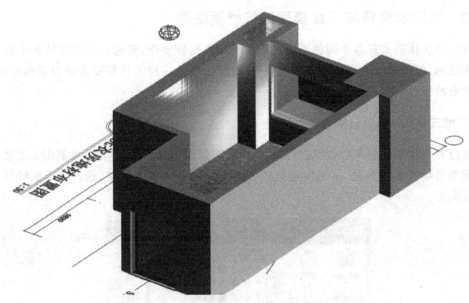

图 7-11　材质贴图之后的三维模型

图 7-12　把 UCS 坐标移动到要创建面域的位置

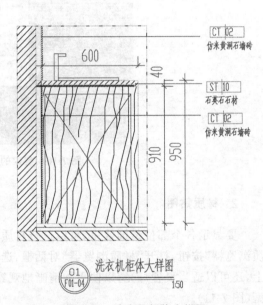

图 7-13　洗衣机柜体大样图

　　由于矩形图元为二维图元,只能绘制在 XY 平面内,所以要先把 UCS 的 XY 面设置到洞口侧面上,单击"可视化"→"坐标"工具面板的"管理用户坐标系"按钮![icon],选取洞口侧壁与室内窗台的交点为坐标原点,洞口侧壁宽度方向为正 X 轴,侧壁竖向高度方向为正 Y 轴,设定新的 UCS(图 7-14)。在设定坐标原点、正 X 轴和正 Y 轴之前,要注意开启状态栏的"二维参照点捕捉"开关![icon]和"三维参照点"开关![icon]。

　　绘制描述室内窗口侧壁的矩形时,可以使用透明命令"from"选取适当的参考基点,再输入当前 UCS 下的相对参考基点的相对坐标,确定矩形的两个对角点。

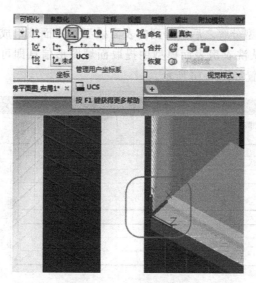

图 7-14　设定新的 UCS

　　在实际操作中,如果要设置 UCS 的部位没有可以捕捉的参照点,也可以在其他部位设定与所需要坐标系相同的 UCS 之后,可以单击"可视化"→"坐标"面板的"在原点处显示 UCS"按钮 及"原点"按钮 ,把设置在其他位置的 UCS 移动到需要的位置。

　　UCS 设置完毕,沿洞口侧壁绘制矩形,单击"常用"→"绘图"工具面板的"面域"按钮 ,选择刚绘制的矩形把它转换为面域,并对面域进行材质贴图。把面域复制到洞口侧壁的另一侧。同样步骤,定义新的 UCS,绘制窗洞口底面和顶面面域并贴图,绘制的窗洞口房间一侧的侧壁贴图如图 7-15 所示。

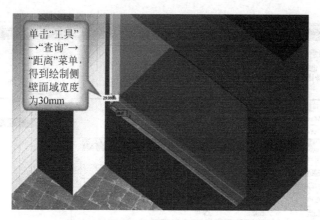

图 7-15　窗洞口房间一侧的侧壁贴图

　　依照前面方法,同样可以绘制门洞口侧面矩形,并根据矩形创建面域,对面域进行材质贴图,具体过程从略。

7.1.3　提取房间瓷砖墙贴工程量

　　洗衣房内精装三维模型创建完毕,即可通过 AutoCAD 的"数据提取"来提取洗衣房的精装修墙贴工程量。

　　洗衣房三维实体模型分解之后所得到的表面模型是由面域组成的,所以要获得洗衣房墙面精装工程量,只需从洗衣房表面模型中提取面域图形信息即可。提取数据的"数据提取-选择对象"对话框设置如图 7-16 所示。

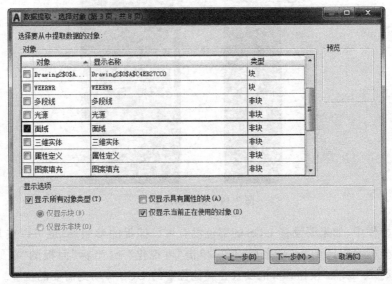

图 7-16 "数据提取-选择对象"对话框

　　单击"数据提取-选择对象"对话框的"下一步"按钮,打开"数据提取-选择特性"对话框(图 7-17),在对话框中只勾选"材质""面积""图层"3 项特性。最后提取得到的 xls 表格数据如图 7-18 所示。

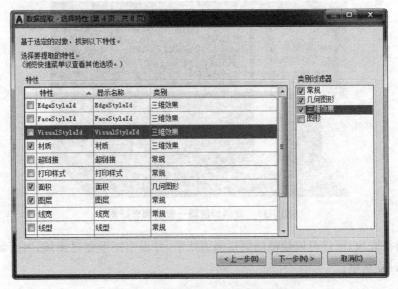

图 7-17 "数据提取-选择特性"对话框

	A	B	C	D	E
1	计数	名称	材质	面积(mm2)	图层
7	1	面域	6 英寸方形 - 米色(7)	1319668.6452	米黄色墙面砖
8	1	面域	6 英寸方形 - 米色(3)	3454974.9487	米黄色墙面砖
10	1	面域	6 英寸方形 - 米色(7)	1848697.1926	米黄色墙面砖
13	1	面域	6 英寸方形 - 米色(7)	79924.9112	门窗房间侧壁
14	1	面域	大理石 - 深橙色方形(1)	12361866.8696	防滑仿古地砖
20	1	面域	6 英寸方形 - 米色(3)	1319675.0096	米黄色墙面砖
21	1	面域	6 英寸方形 - 米色(7)	2638705.2599	米黄色墙面砖
30	1	面域	6 英寸方形 - 米色(4)	4288916.5191	米黄色墙面砖
31	1	面域	6 英寸方形 - 米色(5)	5246360.2662	米黄色墙面砖
32	1	面域	6 英寸方形 - 米色(2)	1319611.1096	米黄色墙面砖
33	1	面域	6 英寸方形 - 米色(7)	10293384.1860	米黄色墙面砖
34	1	面域	6 英寸方形 - 米色(6)	3179211.2865	米黄色墙面砖
37	1	面域	6 英寸方形 - 米色(7)	15539745.2359	米黄色墙面砖
39	2	面域	6 英寸方形 - 米色(1)	151652.3004	门窗房间侧壁
40	2	面域	6 英寸方形 - 米色(7)	167879.8742	门窗房间侧壁
41	3	面域	6 英寸方形 - 米色(2)	169333.6854	门窗房间侧壁

图 7-18　提取的瓷砖及地砖工程量

7.1.4　创建某建筑穹顶三维模型及表面积计算

　　某大型商业综合体屋顶有一个轻钢中空钢化玻璃穹顶,因其几何形状由多个球状曲面组合而成,用单纯的几何公式无法确定穹顶构件下料尺寸及工程量,我们可以通过创建穹顶三维模型来解决实际工程中的问题。该商业综合体屋顶穹顶的平面图和剖面图分别如图 7-19 和图 7-20 所示。

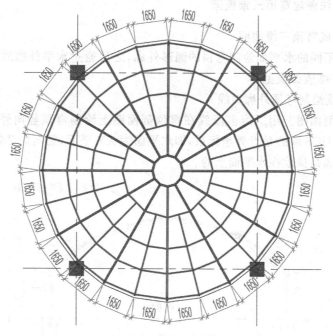

图 7-19　穹顶平面图

　　创建穹顶三维模型的关键是设置合适的 UCS,创建穹顶三维模型有放样法和旋转法两种方法,下面我们介绍这两种方法的操作特点及具体实现过程。

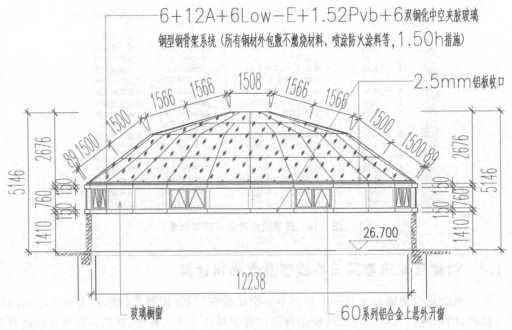

图 7-20 穹顶剖面图

1. 通过放样法创建穹顶三维模型

1) 放样法生成穹顶三维曲面

放样法是在不同的水平面绘制穹顶的圆形外廓,之后通过水平外廓放样生成穹顶三维实体,再分解为三维表面模型。

(1) 用多段线绘制穹顶外廓曲线。

首先在穹顶剖面图上用二维多段线在穹顶剖面图上绘制穹顶竖向外廓,如图7-21 所示。由于此时的 UCS 取的是世界坐标系,即水平面为 XY 平面,竖向为 Z 轴方向,因此所绘制的穹顶竖向外廓是横放在水平面上的。

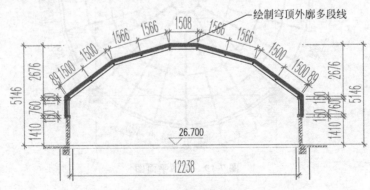

图 7-21 绘制穹顶外廓

(2) 把绘制在水平面上的穹顶外廓旋转到竖直方向。

对位于水平 XY 面的二维图线进行旋转、平移等操作只能在 XY 面上进行。因此,要把穹顶外廓旋转生成与实际穹顶方位一致的三维模型,需要把位于水平面的穹顶外廓竖立起来。要把穹顶外廓竖立起来,首先要把 UCS 变为竖向面为 XY 面、Z 轴为穹顶外廓多段线的旋转轴。

在西南等轴测视图模式下,按照图 7-22 所示操作把新的 UCS 坐标原点设置在穹顶外廓曲线的下端点,设定 UCS 的 X 轴取世界坐标的 Z 向(竖向),Y 轴沿穹顶外廓多段线的端部线段,穹顶外廓的旋转轴为 Z 轴。

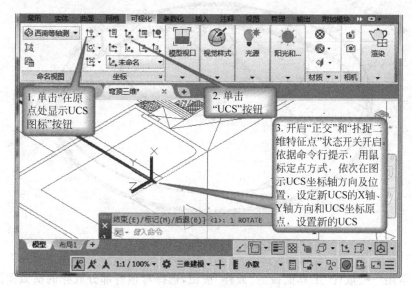

图 7-22　设置 UCS

输入"RO"键执行选择操作,按命令行提示首先选择绘制的穹顶剖面施工图上的穹顶外廓多段线,之后选取 UCS 坐标原点(竖向外廓位于型钢支架的基角外侧)为选择基点,输入"-90"给定旋转角度,穹顶外廓多段线旋转后得到图 7-23 所示图形。

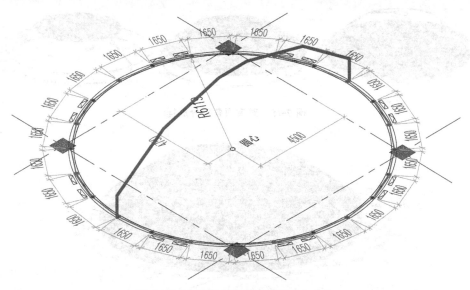

图 7-23　选择穹顶外廓曲线到竖向方向

（3）绘制扫掠控制截面的外廓曲线。

单击"UCS，世界"按钮，把 XY 面恢复到水平面。单击绘制"圆"按钮，按命令行提示输入"2p"，选择两点定圆方式，用鼠标选择穹顶竖向轮廓的特征点，在水平面绘制 3 个放样截面轮廓（图 7-24）。

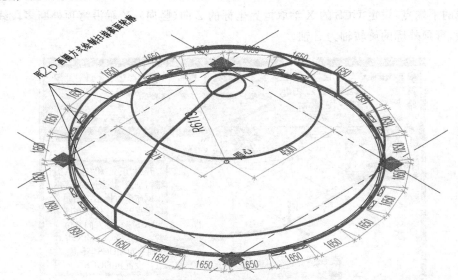

图 7-24　绘制扫掠截面外廓

单击"常用"→"放样"工具面板的"放样"按钮，选择穹顶各部分放样的横截面圆轮廓（放样过程中绘制的放样截面轮廓会转化为实体图元，放样创建其他相邻球形曲面时仍需再次绘制横截面轮廓），按"仅横截面"方式放样，分 3 次放样得到穹顶各部分三维体（图 7-25），最后生成穹顶三维实体模型（图 7-26）。进行放样操作时，可选择"线框"视觉样式，这样能更方便地选择放样对象。

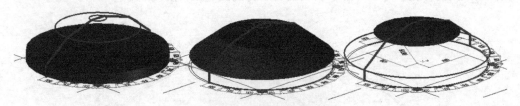

图 7-25　对穹顶各部分放样

图 7-26　穹顶三维实体模型

　　另外值得注意的是,单击"曲面"→"创建"工具面板的"放样"按钮,也可以选择穹顶水平圆形轮廓进行放样,只是"曲面"面板上的放样命令创建的是空间曲面,而"常用"面板上的放样命令创建的是三维实体。

　　2) 查询穹顶表面积

　　要查询穹顶的表面积,需要把前面创建的穹顶三维体分解为表面模型。依次单击"工具"→"查询"→"面积"菜单,选择穹顶各个曲面,查询得到其面积,最后得到穹顶外表面积工程量(图 7-27)。

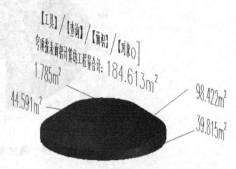

图 7-27　穹顶外表面积工程量

2．通过旋转法创建穹顶三维模型

　　旋转操作可把旋转曲面或封闭截面旋转生成空间曲面或三维实体。旋转法有个特点是旋转对象要离开旋转轴,即旋转轴不能位于旋转对象的端点或内部。若要用旋转法生成穹顶空间表面模型,则其顶部水平封盖部分不能通过旋转得到,需要额外用面域绘制。

　　1) 绘制旋转曲线及旋转轴

　　在前面所绘制的穹顶竖向外廓线基础上,通过打断命令,得到一条不与竖向旋转轴交汇的穹顶外廓,再用绘制直线操作在穹顶中心点绘制一条沿竖向的选择轴,如图 7-28 所示。

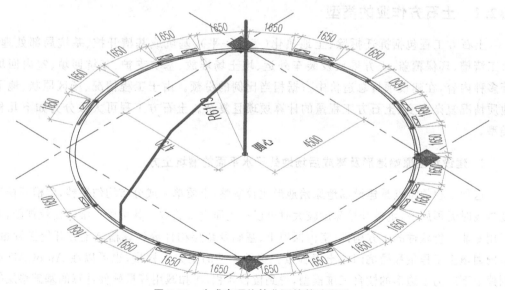

图 7-28　生成穹顶旋转曲面的基础图形

　　2) 生成穹顶旋转曲面

　　单击"曲面"→"创建"工具面板的"旋转"按钮,按命令行提示旋转穹顶外廓对象,再选择位于圆心位置的竖向旋转轴,按照 360°旋转即可得到图 7-29 所示穹顶表面模型。依据该模型,也可以查询到曲面的面积,外加封闭选择模型顶部空缺的面域面积,即能得到按穹顶表面积计算得到的工程量。

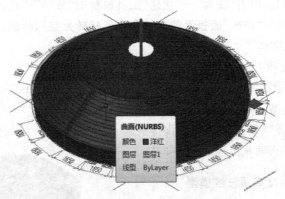

图 7-29　通过旋转生成的穹顶表面模型

7.2　用三维图形计算复杂建筑平面的基坑工程量

清单计算规则规定土石方及回填工程量按设计图示尺寸以体积计。在土木工程领域，土石方作业是必不可少的工程内容。对于简单的土方工程可以用专业计量软件计算，但是对于复杂的情况，如果要准确计算土方工程量，则只能创建三维土方模型才能实现。

7.2.1　土石方作业的类型

土石方工程包括拆迁拆除、土地熟化（三通一平）、基坑或基槽开挖、基坑局部处理、人工清槽、环保覆盖、土方堆放及装车外运、堆土场堆放、基坑支护、基坑回填、室内回填等多种内容，在建设项目总造价中占据相当比例的份额。由于工程情况、场区原状、地下地质情况复杂多变，土石方工程量的计算烦琐且复杂。土石方工程可大致分为如下几种类型。

1. 建设场区原始地形及建成后场地处于水平面的槽坑土方

这种工程的特点是建设场地原始地形比较平整，土质单一或分布均匀平整，坑槽开挖深度较浅时无须放坡，坑槽开挖深度较大时可以按土质类型放坡。其坑槽三维体比较规则，可以用专业计价软件的土方构件、室内回填土、基础及垫层构件等计算槽坑土方开挖工程量、室内回填土工程量和槽坑回填土工程量。这种类型的土方工程量，也可以在 AutoCAD 中创建上下底为多边形的棱台三维模型，得到棱台体积，再扣减用算量软件计算的基础垫层等工程量，得到土方工程量。

2. 建设场区原始地形或建成后场地地坪处于多个倾斜面的槽坑土方

此种工程的特点是原始地形及工程完工后的室外地坪比较平整，但是各点位标高不同使得场地呈倾斜状，专业计价软件不能计算此类工程的土方工程量，要精确计算其工程量，可以创建上下底面平行的三维实体模型，在创建一个倾斜面对三维实体模型进行切割，得到能反映实际情况的土方模型，再计算土方工程量。

3．建设场区原始地形或回填后的室外地坪各点位高程不同时的槽坑土方

对于大多数工程,其原始地形或回填后的地坪往往都是高低起伏,这类工程的土方工程量更不可能通过专业计价软件来计算,要计算这类工程的土方量可以使用专业地籍地图软件(如 CASS 软件),也可以用 AutoCAD 创建工程土方外廓三维曲面模型、原始地貌曲面模型、基坑底部曲面模型,之后通过对上述曲面所围成的封闭空间进行造型,得到真实土方模型来计算其工程量。

4．土方、石方或地基处理相互混杂的槽坑土方

由于地质情况和工程情况的复杂多变,在槽坑开挖平面或深度范围内不同部位可能有普通土、坚土、湿土、土包石、碎石、岩石等,部分区域可能需要进行地基处理,基础的埋深、坑槽放坡系数等可能变化多样。这样的工程则必须根据现场测量资料,创建更复杂的三维模型,才能准确计算土方工程量。

5．有灌注桩、坑壁护坡、坑壁防护桩和地下连续墙的土方工程

对于有地下室的高层建筑,基坑开挖深度往往较大且有桩基础,这样就需要在计算土方工程量时考虑灌注桩、坑壁护坡、坑壁防护桩、止水帷幕或地下连续墙等的存在,另外坑槽回填土的灰土配比可能也会随回填深度发生改变,这类工程也需要通过创建三维模型,并结合其他算量软件来协同计算土方工程量。

7.2.2　水平场区中复杂建筑平面基坑三维模型的创建及土方工程量计算

与创建其他复杂的土方工程模型相比,创建水平场区中复杂建筑平面基坑三维模型,并计算土方工程量属于比较易于完成的工作。

1．创建水平场区中复杂建筑平面基坑三维图形的基本思路

这种类型的基坑或基槽深度一般在 1.5～2m,可能不需要放坡,或放坡后的基坑形状比较规则,则无须创建三维图形,可以直接用计算三维体的几何公式即可计算出基坑开挖的土方量。通过回填标高计算回填三维体的体积再扣除基础及垫层体积即可算出基坑或基槽回填土工程量。

当建筑平面比较复杂且有放坡时,这种工程的基坑工程量不能用几何公式计算,需要根据现场基坑开挖资料,通过 AutoCAD 来创建基坑的三维模型,之后通过模型来计算基坑工程量。

2．创建水平场区中复杂建筑平面基坑三维模型

在本节我们以某个高层住宅为例,介绍一下此类工程基坑工程模型及基坑工程量的计算过程。图 7-30 为某高层住宅的广联达软件算量模型截图。图 7-31 为该模型的基础及地下室算量模型截图。该工程基坑开挖后基坑现场收量图如图 7-32 所示,从图中可以看到,基坑大部分开挖深度为 5.46m,3 个电梯坑及塔吊基础开挖深度为 6.95m,基坑有放坡。

图 7-30   某高层住宅的广联达软件算量模型截图

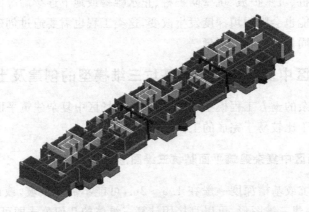

图 7-31   某高层住宅的基础及地下室算量模型截图

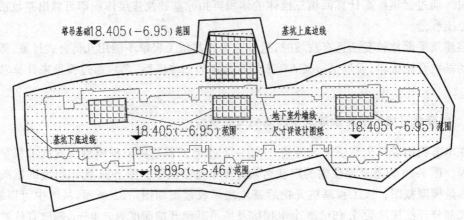

图 7-32   某高层住宅基坑开挖后基坑现场收量图

1）查询既有土方收量图的绘图单位

在设计工程中,在任何已有图形上进行图形建模或图形信息提取工作,都要首先对图形的绘图单位及绘图比例进行查询。可以选择图上的 X 向和 Y 向两个方向的任意尺寸标注,查询尺寸界限的图上间距及尺寸标注长度数值,通过比较图上间距或标注数值的关系,来判断图形模型的绘图比例及绘图单位。如果 X、Y 两个方向的比例不一致,则需要创建一个新图,把既有图形按外部图块插入,插入时调整 X、Y 向插入比例,使插入后的图块 X 向和 Y 向两个方向的建模比例一致。

通过查询得知,本节所用的既有土方收量图的 X 向和 Y 向比例相同,且 X 向和 Y 向比例皆为 1∶1,绘图单位为米(m)。

2）在"草图与注释"二维工作空间用多段线绘制基坑的坑底和坑口封闭轮廓

创建基坑三维模型时,首先要在"草图与注释"工作空间,在既有的土方开挖收方图形上,用多段线绘制如图 7-32 所示的基坑上下底封闭边线、电梯坑及塔吊基础底封闭边线,具体过程从略。

3）绘制连接各个基坑部位的辅助定位连线,为后面三维定位做准备

创建一个线型为虚线的"辅助图层",用与基坑外廓同样图元类型的多段线绘制连接各个轮廓的水平辅助定位线,如图 7-33 所示。把所绘制的轮廓图形进行图内复制,留好备份。后续每一步操作都需要复制备份,以备修改用,后文不再赘述。

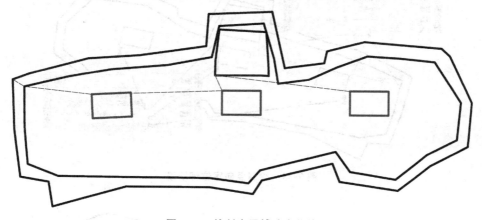

图 7-33　绘制水平辅助定位线

选择所有轮廓线及刚绘制的辅助连线,右击打开如图 7-34 所示的"特性"对话框,把所有图形的 Z 坐标修改成相同数值,确保目前所有图形在一个水平面上。

4）绘制基坑各部分的竖向定位线

切换到"三维建模"工作空间,选"西南等轴测"视图,以"辅助图层"为当前图层,在封闭边线角点沿 Z 轴方向,依照基坑深度 5.46m 和 6.94m,用三维相对坐标定点方式输入三维坐标,绘制竖向定位辅助线,得到如图 7-35 所示图形。

5）把各部分的基坑坑底或坑口封闭轮廓按基坑深度定位

选择基坑底边轮廓,以竖向定位线上端点为基点,把基坑底边轮廓移动到 −5.95m 位置。按同样操作方式,把电梯坑、塔吊基础轮廓分别移动或复制到 −5.46m 及 −6.95m 位置处,如图 7-36 所示。

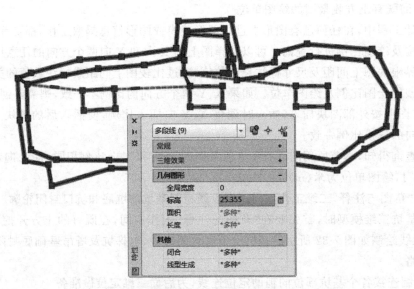

图 7-34 修改基坑轮廓 Z 坐标使之高位于同一水平面

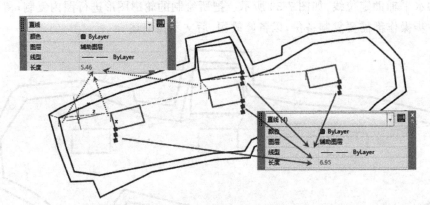

图 7-35 绘制竖向定位辅助线

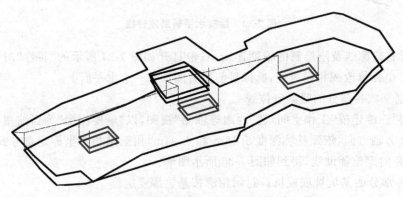

图 7-36 把基坑轮廓移动或复制到相应位置

6）放样生成三维土方模型

创建"三维土方"图层并设为当前图层，在"三维线框"视觉样式下，单击"实体"工具面板的"放样"按钮 ，依次选择基坑各部分的上下底轮廓并右击或按空格键结束选择后，按"仅横截面"方式，进行基坑各部分的三维扫掠建模，得到如图 7-37 所示图形。

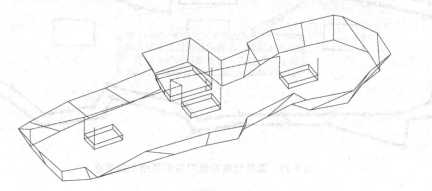

图 7-37　扫掠创建三维图形

7）检查三维土方模型是否能反映土方开挖的真实状况

单击"实体"工具面板的"并集"按钮 ，选择基坑、电梯坑、塔吊基础基坑等所有三维图形后右击，把各单个三维体合并为一个三维体。单击"常用"工具面板的"真实"视觉样式，得到所绘制的三维土方模型如图 7-38 所示。

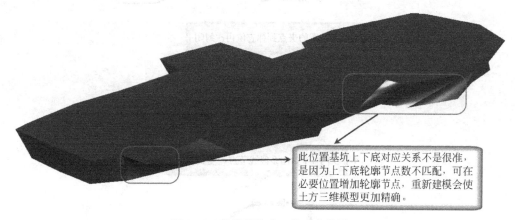

此位置基坑上下底对应关系不是很准，是因为上下底轮廓节点数不匹配，可在必要位置增加轮廓节点，重新建模会使土方三维模型更加精确。

图 7-38　某高层住宅三维土方模型

8）检查坑底或坑口轮廓节点是否能一一对应并增加节点

由于用于放样生成三维土体模型的轮廓之间节点不是一一对应，建立的三维土方模型的坑底和坑口上下对应关系并不合理，这样的土方模型会存在较大的误差，需要对原来的轮廓模型进行修改，重新生成准确度更高的三维模型。选择原轮廓图形，观察图形的节点对应关系，发现在两个轮廓线上都需要按图 7-39 所示增加节点。

对于封闭多段线增加节点，可以先在要增加节点位置绘制斜直线标志，之后单击"常用"→"修改"工具面板的"断开"按钮 ，把坑底或坑口轮廓线在斜直线标志处断开，再选择轮廓线的夹点把断口处两端点移到斜直线标志处使之再次封闭，具体操作如图 7-40 所示。

本节所述基坑的坑底和坑口封闭轮廓线增加节点后，其节点分布如图 7-41 所示。

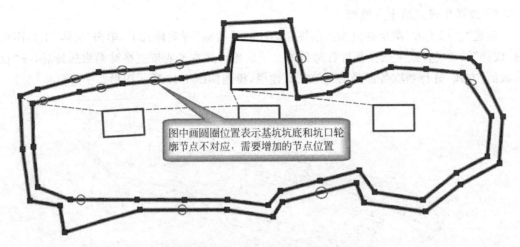

图中画圆圈位置表示基坑坑底和坑口轮廓节点不对应，需要增加的节点位置

图 7-39　基坑坑底和坑口轮廓需增加的节点

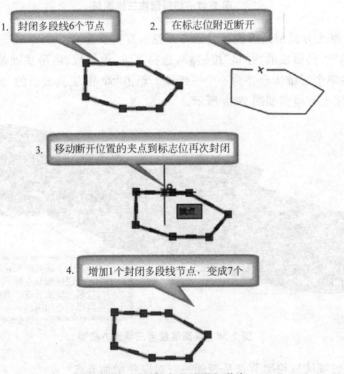

1. 封闭多段线6个节点

2. 在标志位附近断开

3. 移动断开位置的夹点到标志位再次封闭

4. 增加1个封闭多段线节点，变成7个

图 7-40　对封闭多段线增加节点

9）根据修改后的轮廓重新生成土方三维模型

之后依照前面所述过程，重新绘制竖向定位辅助线，重新把轮廓线移到适当标高位置，执行"放样"命令，得到新的土方三维模型（图 7-42、图 7-43）。

3. 水平场区中复杂建筑平面基坑大开挖土方量

单击"工具"→"查询"→"面域/质量特性"下拉菜单，查询得知本节所计算的某高层住宅基坑开挖工程量为 14 652.6068m³（图 7-44）。

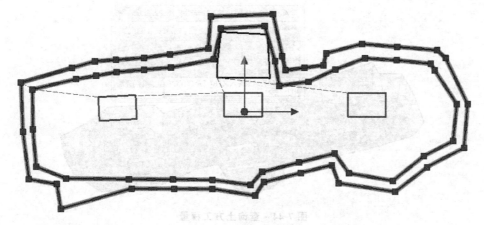

图 7-41　补充节点后的坑底和坑口封闭轮廓

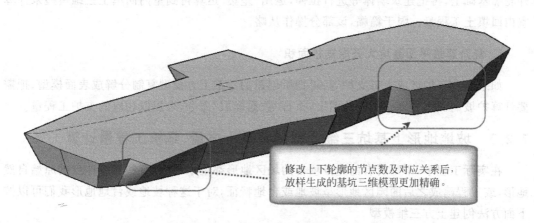

修改上下轮廓的节点数及对应关系后，
放样生成的基坑三维模型更加精确。

图 7-42　根据新补充节点后的轮廓线生成的土方三维模型

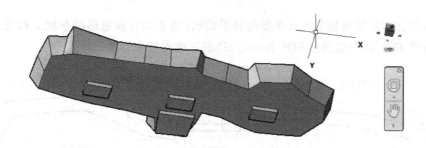

图 7-43　土方三维模型仰视正轴测视图

4．水平场区中复杂建筑平面基坑回填土及室内回填土工程量

若需要继续计算基坑回填土或室内回填土工程量，可参考前面过程，把建筑施工图上的建筑外轮廓(施工图没有该轮廓时，可自己创建图层并用多段线绘制该轮廓)，在考虑防水及防水保护层厚度后把基础外廓向外偏移，再把偏移得到的新轮廓复制到相应标高位置，放样生成建筑物三维图形，通过三维图形的"差集"运算，得到基坑回填土体积。同样可以在建筑

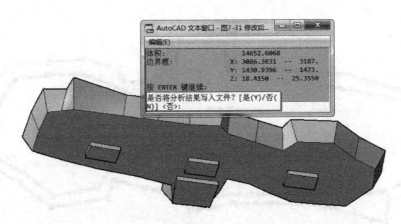

图 7-44   查询土方工程量

外轮廓基础上,再把建筑墙体等进行拉伸,运用"差集"运算得到室内回填土三维模型来计算室内回填土工程量。限于篇幅,该部分操作从略。

5. 复杂建筑平面基坑大开挖支护面积

如果基坑有护坡或土钉支护等,可把所创建的三维土方模型复制分解成表面模型,把需要计算护坡的面域移动到相应的图层,执行"数据提取"命令,来提取相应的支护工程量。

7.2.3   坡地地形上基坑三维模型创建及土方量、绿植工程量计算

在实际工程中,不是所有的建设项目的场区地形都呈水平面,有些建设地点的原始自然地形,或工程建成之后的园区地形呈坡地或台地特征,对于这种坡地或台地地形我们可以按下面方法创建土方三维模型。

1. 创建坡地地形上复杂建筑平面基坑模型

某高层住宅原始地貌呈西高东低的斜平面状(图 7-45),该地形的基坑工程量无法用专业算量软件来计算,只能通过创建 AutoCAD 的三维模型来计算。

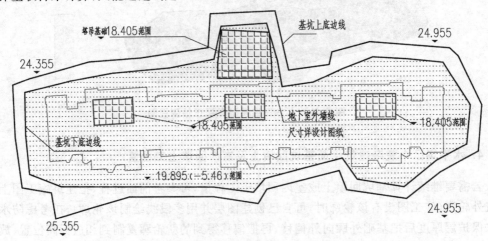

图 7-45   建设场区的原始地形呈斜平面状

我们首先用 7.2.2 节所述方法,通过对基坑坑口和坑底轮廓放样生成一个三维体,再按照实际地形标高创建一个斜平面,利用这个斜平面对前面创建的三维模型进行切割,即可得到需要的土方模型。

2. 绘制原始地形斜平面的竖向定位辅助线和辅助点

在确保基坑底边、上口及标高标注的 Z 轴方向相同的情况下,设"辅助定位"图层为当前图层,按图 7-46 所示,在土方开挖完成后经现场测量所绘制的基坑平面图简称收方平面图。在收方平面图上的标高标注点间用直线绘制连线 ab、de,该两条连线交基坑上口与 M、N 及 P 3 点,再以 M、N 及 P 3 点为起始点,绘制沿 Z 轴方向的竖向辅助定位线,交 7.2.2 节绘制的土方三维模型上底面于 A、B、C 3 点。绘制竖向辅助定位线时,为了能精确捕捉到基坑上口外廓,可关闭三维土方模型图层。

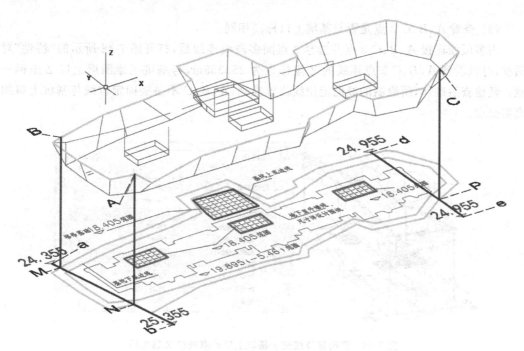

图 7-46　绘制坡形地形图的竖向辅助定位线

1) 核校竖向定位线和辅助点绘制是否准确

竖向定位线绘制准确与否,将直接影响所创建的三维土方模型的准确度。如果检查后发现竖向定位线或辅助点 A、B、C 不是竖向定位线与基坑上口的真实交点,则证明辅助线及辅助点绘制有误,应删除重新绘制。核校过程如下:

(1) 查询基坑三维模型上底面或基坑上口标高。

在创建三维模型之后,如果基坑上口原有的轮廓线变成了三维体的一部分,则首先把位于 $-6.95m$ 标高位置的基坑上口轮廓复制到基坑三维模型的上底面位置。选择位于三维土方模型上底面的多段线轮廓,打开图 7-47 所示"特性"对话框,从对话框所列多段线的"几何图形"信息中可知,基坑上口 Z 坐标为 $25.355m$。

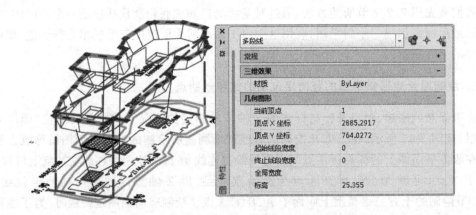

图 7-47　基坑上口 Z 轴坐标

（2）查看 A、B、C 3 点是否与基坑上口标高相同。

用多段线连接 A、B、C 3 点并选择 3 点间多段线连线后，打开图 7-48 所示的"特性"对话框，可以看到 A、B、C 3 点连线的 Z 坐标也为 25.355m，与基坑三维图形上口 Z 坐标一致。经检查后确认，所绘制的竖向定位线位置准确，A、B、C 不是竖向定位线与基坑上口的真实交点。

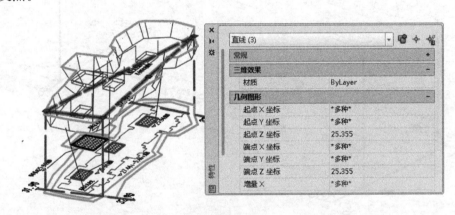

图 7-48　竖向定位线交于基坑上口轮廓连续 Z 轴坐标

实际绘图过程中，也可以实时旋转三维模型，从多角度观察，辅助线绘制是否正确。

2）绘制原地形竖向定位线

从基坑工程收方平面图可以看出，C 点水平投影在基坑上口的 C' 点比 A 点低 0.4m，B 点水平投影在基坑上口的 B' 点比 A 点低 -1.0m，在"辅助定位"图层，以 B 点为起点，按相对坐标（@0,0,-1.0）向下绘制竖向短线 BB'。以 C 点为起点，按相对坐标（@0,0,-0.4）向下绘制竖向短线 CC'，如图 7-49 所示。

如果所绘制的竖向短线被已有图线遮挡，可以选择遮挡图线后，右击弹出浮动菜单，选择浮动菜单的"绘图次序"命令，调整图元的前后关系。

3）创建原始地形斜平面

选择 AC、BC 连线，再选择它们位于 C 点处的夹点，把该夹点下移到斜平面竖向定位

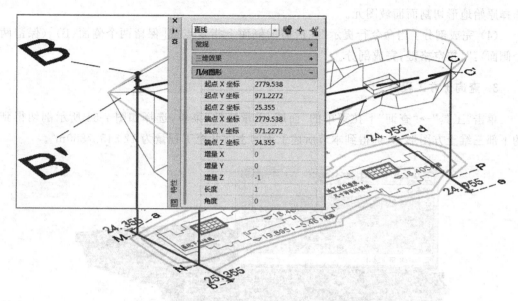

图 7-49　绘制竖向控制线确定原始地形斜面定位点

线的下端－0.4m 处,同样把 CB、AB 连线的 A 段下移到－1.0m 处。再单击"绘图"工具面板的"面域"按钮 ⌾,选择 AB'、AC'、$B'C'$ 3 条直线创建面域 $AB'C'$,如图 7-50 所示。

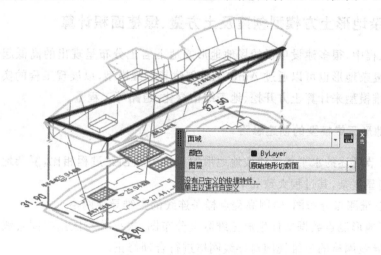

图 7-50　创建原始地形切割面

4)对水平地形三维土方模型进行切割

单击"常用"→"实体编辑"工具面板的"剖切"按钮 ▣,按以下次序进行三维图剖切:

(1)命令:_slice。

(2)选择要剖切的对象:当命令行提示"选择要剖切的对象:",选择原有的土方三维图形。

(3)选择剖切面或剖切方式:当命令行提示"指定切面的起点或[平面对象(O)/曲面(S)/z 轴(Z)/视图(V)/xy(XY)/yz(YZ)/zx(ZX)/三点(3)]〈三点〉:"时,按 O 键。

当命令行提示"选择用于定义剖切平面的圆、椭圆、圆弧、二维样条线或二维多段线:",

选择原始地形切割面面域图元。

（4）完成剖分：当命令行提示"在所需的侧面上指定点或［保留两个侧面（B）］〈保留两个侧面〉："，按空格键，完成剖分。

3．查询土方工程量

单击"工具"→"查询"下拉菜单的"面域/质量特性"菜单，选择如图 7-51 所示剖切得到的下部三维土方图形，查询得到本节所述工程的土方开挖工程量为 12 545.7880m³。

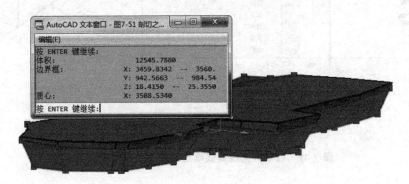

图 7-51　查询剖切之后的土方工程量

7.2.4　复杂地形土方模型创建及土方量、绿植面积计算

在实际工程中，很多建设项目的场地地形或地下岩土分布呈现出的高低起伏的各种状态，对于这种复杂地形也可以通过 AutoCAD 创建其三维模型，以展现工程的实际情况或效果，或根据三维模型来计算土方开挖、地表绿植绿化、道路等工程量。

1．复杂地形三维模型的创建思路

与前面章节所述的水平场区或坡地地形的三维模型创建过程相比，复杂地形三维模型的创建过程稍显复杂，其过程大致如下：

1）生成三维测点分布图，绘制高程点样条连线的三维导线网格

首先根据地形测点数据文件生成三维测点分布图，根据分布图用空间直线双向绘制导线网格，根据导线网格的三维视图对导线网格进行合理修正。

2）用空间样条曲线沿导线或测点绘制场地外周轮廓和场地地表曲线

沿导线交点绘制场地外周轮廓，外周轮廓要有两个方向的线条。同向场地地表曲线不能交叉，不能同时交汇或相接于两个方向的边界。

3）生成原始地形曲面

单击"曲面"→"创建"工具面板的"网格"按钮，按提示分别顺序选择两个方向的曲线，生成原始地形空间网格。

4）绘制需要计算工程量区域封闭轮廓，执行"拉伸"或"造型"命令生成三维实体

绘制需要计算工程量区域封闭轮廓有多种方式。比较有效的方法是用二维多段线绘制封闭轮廓。

也可以把前面绘制的曲面边界样条曲线复制,逐个修改样条曲线控制点的 Z 坐标,得到位于一个平面上的外周轮廓线,用该外周轮廓生成三维图形的底面。再对修改得到的轮廓线进行"偏移"得到所计算工程量区域的边界,将边界轮廓"拉伸"得到 Z 向三维网格(图 7-52)。

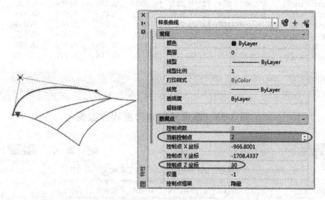

图 7-52　编辑样条曲线控制点的 Z 坐标

5)用切割法或造型法创建复杂三维实体

可通过切割法或造型法两种方法创建有起伏面的三维体,要根据工程的特点灵活选用具体方法。下面我们简要介绍拉伸切割法或造型法的操作要点。

切割法生成需要的三维体模型:执行"剖切"命令,以生成的地形曲面为截面,剖切上一步生成的三维体,生成需要的工程三维体模型。

造型法创建三维实体模型:在某些情况下,我们还可以单击"曲面"→"编辑"工具面板的"造型"按钮,选择用已有的三维图形的顶面、底面和侧面,把它们围成的封闭空间生成一个三维实体。

6)查询三维模型的体积等工程量

执行查询操作,查询三维体的体积,得到土方工程量。也可以继续分解三维体模型使之再变为表面模型,依次单击"工具"→"查询"→"面积"下拉菜单,查询图形对象的面积。

2.复杂地形土方模型的创建

复杂地形高程点一般是通过无人机遥感、GPS 全站仪或经纬仪、水准仪等测量工具进行现场测量,生成高程点 CSV 数据文件。

1)根据高程点数据生成 AutoCAD 绘点数据

高程点数据文件通常可以用"记事本"软件打开,如图 7-53 所示(限于篇幅,书中不罗列所有点数据),用 WPS 软件生成的 AutoCAD 绘制点坐标命令如图 7-54 所示。

2)生成高程点图形

在 AutoCAD 新创建一个图形文件,选择"三维建模"工作空间,创建新图层"高程点"并把它设为当前图层,把在 WPS 中生成的点绘制命令,整列复制粘贴到 AutoCAD 命令行中绘制高程点后,单击"格式"→"点样式"下拉菜单,选择一个可见的点样式。再在"常用"→"视图"工具面板选择"西南等轴测"视图,得到图 7-55 所示图形。

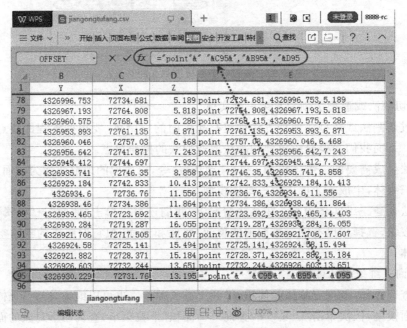

图 7-53　建设场区地形高程点数据

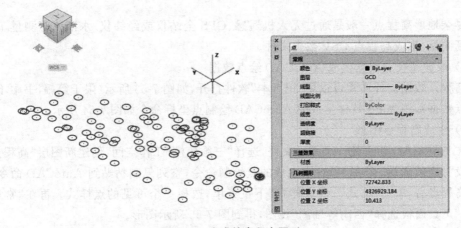

图 7-54　生成 AutoCAD 绘制点坐标命令

图 7-55　生成的高程点图形

3）用样条曲线绘制原始地貌外轮廓

在"西南等轴测"视图方式下，创建并分别以"U 向样条外廓"和"V 向样条外廓"为当前图层，单击"曲面"→"曲线"工具面板的"样条曲线拟合"按钮，在外周高程点上绘制 U 向和 V 向样条外廓，如图 7-56 所示。

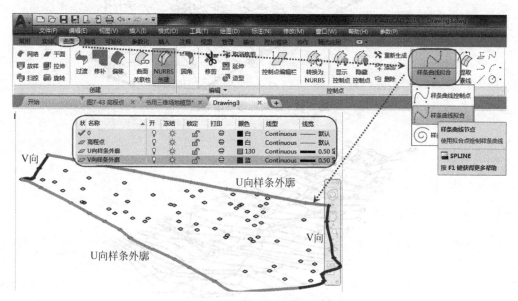

图 7-56　绘制原始地貌外轮廓

4）用直线绘制原始地形的 U 向和 V 向导线

绘制原始地形导线的过程，实际是绘制三维曲面曲线的预演，如果对地形分布特征及绘制曲面曲线操作很熟悉，可以跨过此步，直接进入下一步的原始地形空间曲线绘制过程。

在"西南等轴测"视图方式下，分别以"U 向导线"和"V 向导线"为当前图层，单击"常用"→"绘图"工具面板的"三维多段线"按钮 或"直线"按钮 ，在高程点上绘制 U 向和 V 向导线。所绘制的导线不能交叉，U 向导线只能与 V 向外廓相接，同样 V 向导线只能与 U 向外廓相接。

由于高程点测量时，通常地形变化比较剧烈的区域，高程点分布比较密集；地形变化比较缓慢的区域，高程点分布比较稀疏。当导线某段的两端没有合适的高程点时，可以在另一个方向两个高程点之间的连线上，选择某个点位作为该导线的节点。导线绘制过程中，要通过正交轴测观察，导线所反映的地形变化能否较好地反映地形的实际情况，反复调整绘制不准确位置、不符合实际的导线节点位置，最后得到图 7-57 所示导线网格。

5）用"样条曲线拟合"绘制 U 向和 V 向地形曲线

在"西南等轴测"视图方式下，创建并分别以"U 向曲线"和"V 向曲线"为当前图层，单击"曲面"→"曲线"工具面板的"样条曲线拟合"按钮，沿 U 向和 V 向导线的节点顺序绘制 U 向或 V 向样条曲线，得到图 7-58 所示图形。

之所以要用样条曲线来绘制原始地貌网格曲线，是因为三维多段线有尖角拐点不能生成网格曲面。

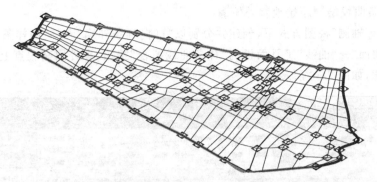

图 7-57　原始地形三维导线

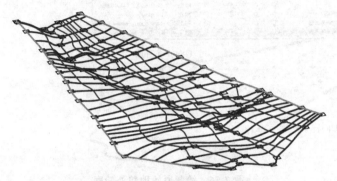

图 7-58　绘制原始地形网格曲线

6）生成原始地形网格曲面

创建并以"原始地形空间网格曲面"图层为当前图层，单击"曲面"→"创建"工具面板的"网格"按钮，根据命令行提示，分别按图上次序，从一侧开始依次向另一侧顺序选择 U 向和 V 向样条曲线，得到图 7-59 所示网格曲面。

图 7-59　原始地形网格曲面

7）用二维多段线绘制土方作业区域边界

选择"俯视"视图，或者单击"视图"→"三维视图"→"平面视图"→"世界 UCS"下拉菜单，把视图变为平面俯视状态。

创建"高程点水平多段线边界"和"土方作业"两个图层。以"高程点水平多段线边界"为当前图层,用"多段线"命令,沿高程点外周绘制封闭轮廓。假定土方作业区域比高程测点范围内收 2m,通过执行偏移操作,把高程点外周轮廓内偏 2m,得到如图 7-60 所示土方作业封闭边界。

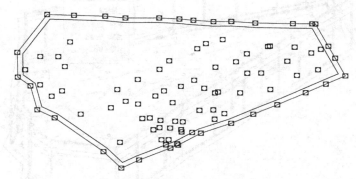

图 7-60　绘制土方作业封闭边界

8) 土方作业坑底位置定位

假定土方开挖坑底标高为 4m。在"西南等轴测"视图方式下,打开"正交"状态按钮,选择图 7-61 中高程点,沿 Z 轴竖向复制到新的位置,选择复制得到的新高程点,在"特性"对话框中,修改点的 Z 坐标为 4m。再把前面绘制的土方作业封闭边界复制到高程为 4m 的新点位置。

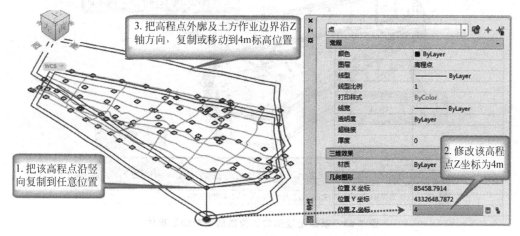

图 7-61　土方作业坑底位置定位

实际工作中,假如土方作业区域与高程测点基本重合,则在创建高程曲面网格时,要预先把高程测点范围按现场情况适当外放,否则对于后面拉伸样条边界生成的三维体,因在某些位置超出原始地形剖切面,会导致后面的三维体剖切不能成功。

9) 拉伸土方作业边界生成三维实体

以"三维土方模型"图层为当前图层,单击"常用"→"建模"工具面板的"拉伸"按钮,把土方作业边界沿 Z 轴向上拉伸,得到三维柱状实体(图 7-62)。

10) 用原始地形网格曲面作为剖切面剖切三维柱状体

单击"常用"→"实体编辑"工具面板的"剖切"按钮,首先选择三维柱状实体后右击,

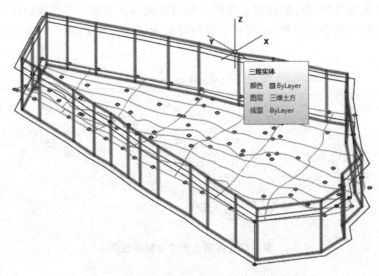

图 7-62　拉伸土方作业边界生成三维柱状实体

根据命令行提示,按 S 键选择"曲面(S)"剖切方式后,再选择原始地貌网格曲面后右击完成剖切。剖切过程如图 7-63 所示。

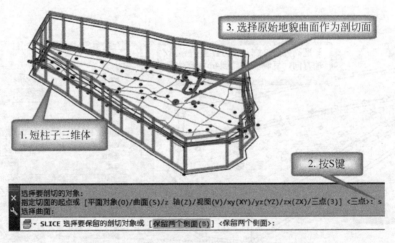

图 7-63　以原始地形曲面为剖切面剖切三维体

3. 复杂地形三维体的土方工程量

删除原始地形曲面以上三维图形,选择"真实"视觉样式,依次单击"格式"→"查询"→"面域/质量特性"下拉菜单,查询土方作业体积(图 7-64)。

4. 复杂地形地表绿植面积计算

单击"常用"→"修改"工具面板的"分解"按钮 ,分解前面得到的复杂地形三维模型得到三维表面模型。再单击"格式"→"查询"→"面积"下拉菜单,根据命令行提示,选择"对象"查询方式后,再选择地形曲面,即可查询到地形曲面的面积(图 7-65)。

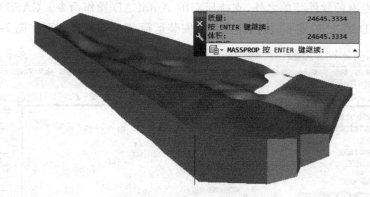

图 7-64　查询复杂地形土方工程量

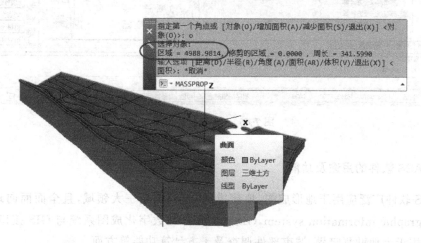

图 7-65　查询复杂地形绿植面积

7.3　CASS 软件计算土方量

CASS 软件是南方数码科技股份有限公司基于 CAD 平台开发的一套集地形、地籍、空间数据建库、工程应用、土石方算量等功能为一体的软件系统。

7.3.1　CASS 软件运行平台及功能

CASS 软件经过十几年的稳定发展,已经成为业内广泛应用的软件品牌,用户遍及全国各地,涵盖了测绘、国土、规划、房产、市政、环保、地质、交通、水利、电力、矿山及相关行业,得到了用户的一致好评。在建筑工程领域乃至土木工程领域,通常可以利用 CASS 软件来计算土方挖填量和绿植面积等。

1. CASS 软件的图形平台与运行环境

CASS 软件是在 AutoCAD 软件上二次开发而成的专业软件,它支持 AutoCAD 2002 至 AutoCAD 2008 版本,以 AutoCAD 软件作为图形平台,CASS 软件界面风格与 AutoCAD

类似,除了具有专有的软件菜单之外,支持所有的 AutoCAD 操作命令。CASS 软件可以在安装了 AutoCAD 的 32 位或 64 位操作系统上安装运行,CASS 软件界面如图 7-66 所示。

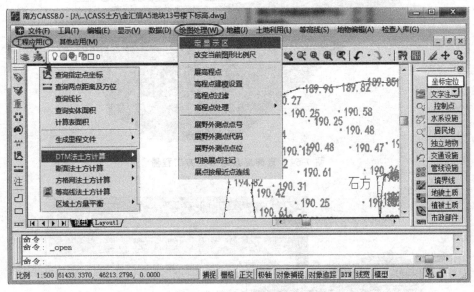

图 7-66　CASS 软件界面

2. CASS 软件的用途及功能

CASS 软件广泛应用于地形成图、地籍成图、工程测量三大领域,且全面面向地理信息系统(geographic information system,GIS),彻底打通数字化成图系统与 GIS 接口。CASS 软件主要用于土地勘测定界、城市部件调查及土方计算功能等方面。

CASS 软件的土方计算功能,提供了方格网法、三角网法、DTM 法、等高线法和断面法等丰富的土方计算方法,对不同的工程条件可灵活地采用合适的土方计算模型。CASS 软件采用三角网法计算土方量时,会自动根据高程点之间的平面几何关系创建三角网,由多个三角网组成三棱柱构成总的土方计算区域,总土方量为每个三棱柱的体积之和。

3. CASS 软件部分命令及使用技巧

在土方计算方面,我们可能会用到如下 CASS 命令:

(1) 绘高程点。在命令行输入"G"命令,即可按照命令行提示输入高程点的 X、Y 坐标和高程。

(2) 对复合线编辑方式进行了扩展。CASS 软件提供了比 AutoCAD 功能更实用的复合线编辑命令。在命令行输入"Y"命令,可以对所选择的复合线上增加控制点,输入"H"命令,可以选择在已有的复合线的端点继续绘制复合线。利用本命令对前面 7.2.4 节讲述的土方上底及下底节点进行增加操作,可以提高工作效率。

(3) 图纸批量分幅。单击 CASS 软件的"绘图处理"→"批量分幅"下拉菜单,可以把一个大图按要求分成多个图幅,避免了在 AutoCAD 原有环境下图纸分幅,要画很多辅助线或视口进行人工交互分幅,提高了工作效率。

7.3.2　用 CASS 软件计算复杂地形的土方量和绿植面积

CASS 软件可以直接读入高程数据文件的高程点数据,再自动绘制高程点图形。在已有高程点基础上,可以通过 CASS 软件菜单方便地计算复杂地形的土方和地表工程量。在本节我们只介绍利用三角网法计算土方量的基本操作,其他方法的运用可参见其他 CASS 软件应用资料。为了便于与 AutoCAD 计算结果进行比对核校,在本节我们将继续用前一节某高层住宅的原始地形高程数据进行土方量等计算。

1. 创建一个新的图形

单击"文件"→"新建图形文件"菜单,在"新建文件对话框"中选择 acadiso.dwt 模板文件即可创建一个新的图形文件。

创建新文件后,CASS 软件会自动设定包括图层在内的绘图环境。其自动创建的图层如图 7-67 所示。

图 7-67　CASS 软件自动创建的图层

在"图层特性管理器"对话框中,可以看见还有其他图层,这些图层是 CASS 软件自动创建的,其中"GCD"图层为高程点图层,"SJW"为三角网图层,"MJZJ"为表面积计算注解图层。

2. 设置和改变图形比例尺

在进入 CASS 软件创建新的土方计算模型之前,首先需要设置图形的比例尺。单击"图形处理"→"改变当前图形比例尺"下拉菜单,根据命令行提示,输入图形的比例尺即可。CASS 软件默认的图形比例尺为 1∶500,比例尺越小,将来绘制的高程点标注文字在图形上显示的就越大,反之则越小。图形的比例尺只影响图形的显示或打印效果,不影响土方量计算结果。我们可以把比例尺设置为 1∶1000。

3．展开高程点

单击"数据处理"→"展高程点"下拉菜单,打开图 7-68 所示对话框。在对话框中选择格式和内容 DAT 采点文件后(图 7-69),软件提示输入"注记高程点的距离(米)",输入一个数值后即可在图形区自动绘制高程点图形。

图 7-68　"输入坐标数据文件名"对话框

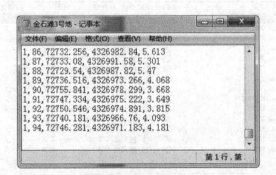

图 7-69　采点文件

全选并复制记事本中的所有文本数据,粘贴到 XLS 文件中,则可以在 xls 表格中按图 7-70 所示,用公式生成 CASS 软件绘制高程点命令,把生成的绘制高程点命令整列复制,粘贴到 CASS 命令行,也可以很方便地创建高程点图形。

	A	B	C	D	CASS
	测点编号	Y	X	Z	
2	jiantufan	4327044	72727.4	4.206	="g 1 "&B2&","&C2&" "&D2&" "
3	jiantufan	4327040	72719.63	4.695	g 1 4327040.473,72719.634 4.695
4	jiantufan	4327038	72714.4	4.809	g 1 4327037.884,72714.399 4.809
5	jiantufan	4327031	72717.39	4.997	g 1 4327031.386,72717.393 4.997
6	jiantufan	4327034	72724.75	4.528	g 1 4327033.985,72724.747 4.528

图 7-70　用 XLS 生成 CASS 软件绘制高程点命令

采点 DAT 文件,每一行分别为"计数,名称,位置 X,位置 Y,位置 Z",其中"计数"和"名称"在绘制高程点时没有实际意义。CASS 软件所绘制的高程点为包含一个点和高程的属性块,在高程点图上,每个点的属性值为该点的高程值。

CASS 软件在绘制高程点图形时,将按照用户输入的"注记高程点的距离(米)"对高程点进行自动过滤,在该距离以内的高程点会被自动过滤掉,只在图形中标记间距大于该距离的高程点。图 7-71 为输入不同的"注记高程点的距离(米)"后,所绘制的高程点图形。在计算某高层住宅土方时,我们输入的"注记高程点的距离(米)"为 1 米。

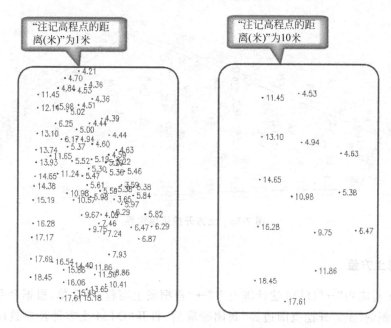

图 7-71　不同的"注记高程点的距离(米)"展开的高程点图形

4. 绘制土方开挖轮廓

在 CASS 软件中,单击"图层特性"按钮 ,打开"图层特性管理器"对话框(图 7-72),选择新建"土方计算"图层分组,并在该图层分组上创建"高程点外廓"和"土方开挖范围边界"图层后,再把"GCD""SJW""MJZJ"等图层从整个图线的全部图层列表中拖拽到"土方计算"图层分组。

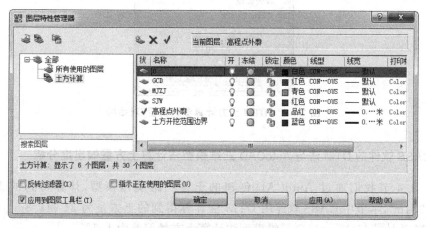

图 7-72　"图层特性管理器"对话框

以创建"高程点外廓"为当前图层,在命令行输入"PLine"多段线命令,或单击"工具"→"画复合线"菜单,沿高程点外周绘制高程点封闭外廓。输入"OFFSET"偏移命令,把高程点外廓向内偏移2m,选择偏移得到的新多段线,把它转移到"土方开挖范围边界"图层,得到高程点图形,把该图形用ROTATE命令选择90°,得到如图7-73所示图形。

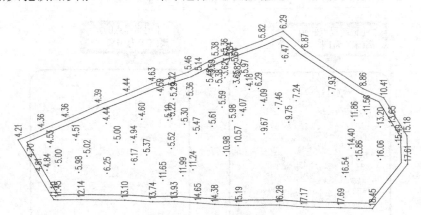

图 7-73 土方开挖范围边界

5. 计算土方量

单击"工程应用"→"DTM法计算土方"→"根据图上高程点"菜单,根据命令行提示,选择前面所绘制的"土方开挖范围边界"封闭轮廓后,打开"DTM土方计算参数设置"对话框(图7-74),在对话框中输入基坑底标高4m及边界采用间距后,单击确定即可得到图7-75所示土方计算结果。

图 7-74 "DTM 土方计算参数设置"对话框

6. CASS 软件的 DTM 法与 AutoCAD 三维模型法计算土方量偏出度分析

在7.2.4节我们通过AutoCAD创建的土方三维实体模型,计算得到的土方量为24 645.3334m³,本节中CASS软件用DTM法计算得到的土方量为24 941.8m³,CASS软件的DTM法计算与AutoCAD三维模型法计算土方量偏差为1.2%。

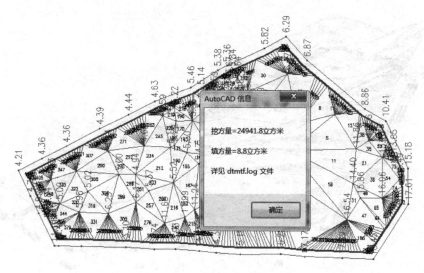

图 7-75 土方计算结果

7．计算绿植面积

关闭"SJW"图层,单击"工程应用"→"计算表面积"→"根据图上高程点"菜单,根据命令行提示,选择前面所绘制的"土方开挖范围边界"封闭轮廓后,可得到原始地形绿植面积计算结果(图 7-76)。

```
命令:
命令:
  请选择:(1)根据坐标数据文件(2)根据图上高程点:
  选择计算区域边界线' layer
  正在恢复执行 SURFACEAREA 命令。
  选择计算区域边界线
  请输入边界插值间隔(米):<20>
  表面积 = 5036.091 平方米,详见 surface.log 文件
```

图 7-76 CASS 软件计算的原始地形绿植面积

8．CASS 的 DTM 法与 AutoCAD 三维模型法计算绿植面积偏差度分析

在 7.2.4 节我们通过 AutoCAD 创建的土方三维实体模型,计算得到的绿植面积为 4988.9814m^2,本节中用 CASS 计算得到的绿植面积为 5036.091m^2,CASS 的 DTM 法计算与 AutoCAD 三维模型法计算绿植面积偏差为 0.9%。

9．CASS 的 DTM 法三维检查

把前面用 CASS 软件计算土方及绿植面积所得到的图形存盘,再用 AutoCAD 2019 打开。在"三维建模空间"设定"西北等轴测"视图,其图形如图 7-77 所示。

单击"网格"→"转换网格"工具面板的"转换为曲面"按钮,框选上图所有三角网线,把网格转换为三维曲面,选择"概念"视觉样式,得到所创建的原始地形空间曲面(图 7-78)。从图 7-78 中可以看到,CASS 所用的 DTM 法模型是用多个三角形组成的空间曲面,与 AutoCAD 所用的样条曲线创建的地形是有所不同的。

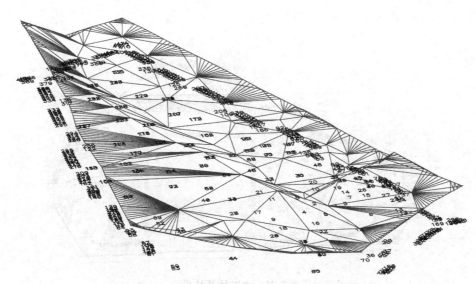

图 7-77　CASS 软件创建的 DTM 土方模型轴测显示

图 7-78　CASS 的 DTM 法模型生成的原始地形

　　如果用 CASS 软件计算土方工程量,需要在计算工程量之前即到高版本 AutoCAD 对 CASS 自动创建的三角网进行检查,尤其要注意基坑边缘部位、陡坡或沟壑部位要进行重点排查,若发现自动创建的网格与实际地形差异较大,则需要人工对三角网进行修改。

　　某高层公寓基坑开挖深度约 15m,采用支护桩和锚索护坡,坑壁比较平整,基础为桩筏联合基础,在筏板基础的不同部位分布着深浅不一的集水坑。图 7-79 所示为根据测绘院测量的基坑高程点数据,利用 CASS 软件自动创建的 DTM 法三角网格模型后,再用 AutoCAD 转换的表面模型。

　　从图 7-79 中可以发现,自动创建的三角网在坑壁及集水坑处,需要进行细致的修改和编辑才能符合工程实际情况,可在 CASS 软件中执行"G"命令,在模型上添加高程点,再在"SJW"图层上对三角网进行细致的编辑或删除全部三角网,回到 CASS 重新成册,使之接近工程的实际情况,具体修改过程比较烦琐,本书从略。实际工作中也可以通过 AutoCAD 创建三维土方模型计算土方工程量,将二者的结果进行比对。

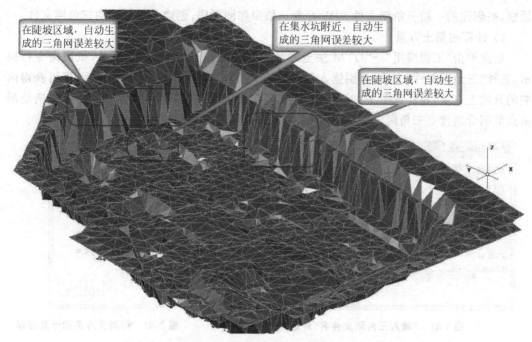

图 7-79   根据某高层公寓基坑 DTM 法模型转换的表面模型

7.3.3   两期土方量的计算

两期土方量计算指的是对同一区域进行了两期（次）测量，利用两次观测得到的高程数据进行差集建模，计算出两期之间的区域内土方变化情况。利用 AutoCAD 和 CASS 软件，都可以进行两期土方量的计算。

1. 利用 AutoCAD 计算两期土方量

利用 AutoCAD 计算两期土方量，要根据两期高程采点数据，创建两期土方的曲面网格，之后把这两期曲面网格移动到其相应标高位置，以两期土方曲面网格为截取面剖切由土方作业范围拉伸得到的三维实体，从而得到两期土方三维体模型，之后查询三维体模型的体积。

2. 利用 CASS 计算两期土方量

在 CASS 软件中，我们可以通过 DTM 法来创建两期土方地形高程的三角网文件，之后利用 CASS 软件的"工程应用"菜单来计算两期土方量。用 CASS 的 DTM 法计算两期土方操作过程如下：

1）建立一期和二期 DTM，分别保存为一期和二期两个三角网文件

单击"等高线"→"建立 DTM"菜单，打开图 7-80 所示对话框，读入一期高程采点文件后，CASS 会直接根据采点数据创建三角网。单击"等高线"→"三角网存取"→"写文件"菜单，打开图 7-81 所示对

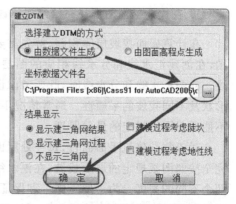

图 7-80   "建立 DTM"对话框

话框,把创建的一期三角网文件 SJW 存盘。依照相同操作,创建并保存二期三角网文件。

2)计算两期土方量

依次单击"工程应用"→"DTM 法土方计算"→"两期土方量计算"菜单,依照命令行提示,选择"三角网文件"方式,分别读入保存好的一期和二期三角网 SJW 文件后,即可获得两期的开挖土方量,并通过图 7-82 所示对话框列出计算结果。需要注意的是,通过两期地形采点数据分别建立三角网,只能计算两次的土方作业范围重合的部分。

图 7-81　"输入三角网文件名"对话框　　　　图 7-82　两期土方量的计算结果

7.4　复杂平面屋面找坡层三维模型的创建及工程量计算

在工程中,平屋面的找坡通常是用保温层进行构造找坡,在施工备料、上料和工程结算时都需要计算这些屋面找坡层的体积。

7.4.1　屋顶平面图的读识及绘制或修改汇水线与分水线

在建筑图纸的屋顶平面图上,一般都会标注屋面找坡的坡度数值。对于复杂建筑平面的屋面找坡,图纸通常按照坡度值规定屋面的坡度。如 2% 坡度为水平方向 100m、起坡高度 2m。

两个找坡斜面坡底的交汇线通常称为汇水线,坡顶交汇线通常称为分水线。汇水线一般会把水排往天沟或雨水管的泄水孔。屋面的雨水总是从位于最高处的分水线流向汇水线或天沟,再经汇水线或天沟排往雨水管的泄水孔。

1. 在建筑平面图上补充绘制或修改调整汇水线和分水线

在计算屋面找坡层体积前,首先需要对屋顶平面图进行认真读识,了解设计师的设计意图,在创建汇水线和分水线相应的图层上,合理地绘制或修改屋面找坡层的汇水线和分水线。补画汇水线和分水线时,既要考虑设计图纸给出的找坡方向,又要兼顾屋面设施的平面形状及不同找坡的平顺性。通常情况下,越靠近泄水孔或天沟位置的保温层越薄,但是最薄不能低于图纸规定的最薄厚度。

对于复杂建筑平面而言,每一处屋面找坡斜面的找坡方向、找坡长度会各不相同,如果完全按照图纸规定的坡度找坡,在汇水线和分水线位置,两个不同方向的找坡斜面可能出现两个不同的高度。为了便于施工和保证屋面防水层的施工质量,一般会对理论上出现的不同高度的汇水线或分水线进行平顺处理,即在施工验收规程和图纸允许范围内,对汇水线和分水线的走向进行适当调整,使找坡材料在分水线或汇水线位置实现平顺连接。平顺连接同时要考虑雨水管的汇水面积不能超出设计或规范规定的最大值,若在合理调整后仍不能满足规定,则需要出具相应的图纸变更作为施工依据。

　　图 7-83 所示为某高层住宅屋顶平面图局部,在图中我们用云线标记出 4 个雨水管的泄水孔位置。图 7-84 为根据屋顶平面图补充的找坡坡度及补画的分水线和汇水线。其中分水线用连续线绘制,分水线用虚线绘制。

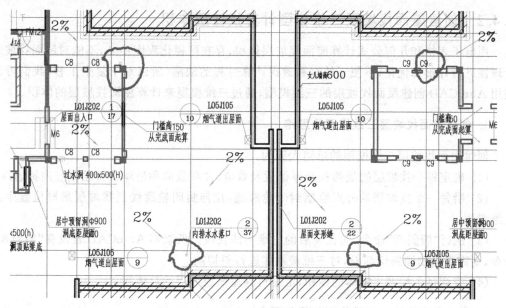

图 7-83　某高层住宅屋顶平面图局部

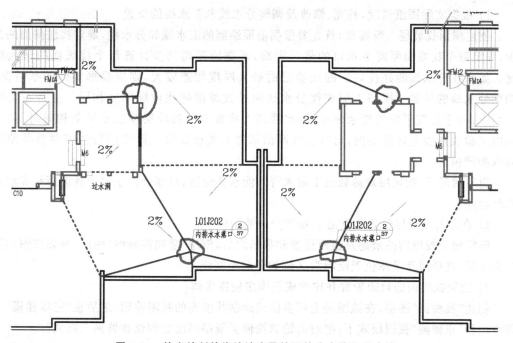

图 7-84　补充绘制的找坡坡度及补画的分水线和汇水线

2．利用电子表格和几何公式计算屋面找坡层的体积

通常情况下,大多数技术人员会按照施工图纸规定的屋面找坡层最薄处厚度及屋面坡度,计算出找平层的平均厚度,之后用屋面的水平投影面积乘以平均厚度计算找坡层的体积。或者通过立体几何体积计算公式,计算屋面找坡层的体积。在计算时,有经验的技术人员会把计算过程编制成电子表格,以便于与第三方进行技术交接和核对。

7.4.2 创建屋面找坡层三维模型计算找坡层体积

用电子表格和几何公式计算屋面找坡层体积,存在可视化程度不高,不能对屋面找坡的合理性进行评价和优化,不便于核对和重现计算过程的缺陷,所以对于复杂工程,我们可以利用 AutoCAD 创建屋面找坡层的三维模型,通过三维模型来计算屋面找坡层的体积。

1．创建屋面找坡层三维模型的思路

创建屋面找坡层三维模型的思路大致为:
(1) 确定每个找坡层的最薄和最厚位置及数值,并在最薄和最厚位置绘制竖向标志线。
(2) 沿每一个找坡层的外周绘制封闭轮廓线,拉伸封闭轮廓线到找坡层最厚位置生成三维实体。
(3) 执行"倾斜面"命令,对拉伸后的三维实体找坡。低版本 AutoCAD 若没有"倾斜面"命令,则需要绘制倾斜切割面,对三维棱柱体进行斜切割。
(4) 查询每个找坡三维体的体积,汇总得到屋面找坡层的总体积。

2．创建屋面找坡层三维模型的操作要点

1) 根据实际图纸情况,补充、修改及调整分水线和汇水线的位置

创建屋面找坡层三维模型,首先要根据前面绘制的汇水线和分水线,确定找坡斜面的范围,确定每个找坡面距离泄水口的最远距离,根据该距离初步计算每个找坡面的最大厚度。如果在分水线两处找坡面的找坡层的最大厚度相差较大,则应根据实际图纸情况,调整分水线的位置。原则上应该使分水线两处找坡面的找坡层厚度相同。但是在实际工程中,由于建筑平面的复杂多变,分水线两处找坡面的找坡层厚度不可能相同时,则可在施工验收规程允许范围内,对分水线两侧相邻的找坡面最大厚度进行适度调整并使两者取相同值。

通常情况下,找坡层最薄处位于雨水管的泄水孔位置,最厚处位于每个找坡面距离泄水孔最远处。

2) 在最薄及最厚位置绘制沿 Z 轴的竖向控制线

确定每个找坡面的最薄及最厚位置和数值之后,创建"竖向控制线"图层,并以该图层为当前图层,在最薄及最厚位置绘制沿 Z 轴的竖向控制线。

3) 绘制找坡面的封闭轮廓并拉伸成三维多棱锥实体

创建"找坡面"图层,在该图层上用多段线绘制找坡面的封闭轮廓,之后在"三维建模"工作空间和"正轴测"视图模式下,把封闭轮廓拉伸至最厚高度处创建找坡面三维实体。

4）计算找坡的角度

根据建筑图规定的找坡坡度，计算找坡面相对于 XY 水平面的倾斜角度，如 2％的坡度，倾斜角度 θ，有 tanθ 等于 2％，通过单击"视图"→"选项板"工具面板的"快速计算器"按钮▦，计算得到倾斜角度 θ 为 1.146°。

5）把多棱锥三维实体顶面设为倾斜面

单击"实体"→"实体编辑"工具面板的"倾斜面"按钮，根据命令行提示，选择拉伸后实体的顶面，之后根据提示按先厚后薄顺序选择最厚和最薄位置为参考点，输入找坡角度 θ 的角度值即可完成一处找坡三维体的绘制。对三维棱柱体进行倾斜面操作（图 7-85），为了便于读识，图中指定倾斜面的角度为 45°。

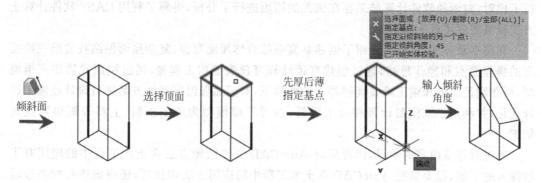

图 7-85　把三维体顶面设为倾斜面

6）查询屋面找坡三维体的体积

按前面绘制找坡三维体的思路，绘制屋面其他找坡面相应的找坡三维体，依次单击"工具"→"查询"→"面域和质量特性"下拉菜单，查询每个找坡三维体的体积并标注在图上或汇总在电子表格中。

依照上述思路所创建的某高层建筑屋顶找坡层三维模型如图 7-86 所示。

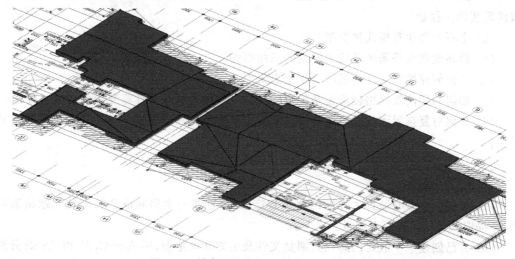

图 7-86　某高层住宅屋面找坡层三维体模型

7.5 本章小结

在本章我们通过实例,介绍在建筑平面图和装修设计图基础上,创建建筑三维精装模型的方法,讲述了通过对三维模型进行材质贴图及灯光设置,展现建筑精装修效果的具体操作,叙述了利用创建的建筑精装修三维模型,提取建筑精装修工程量的基本思路。在土石方应用方面,我们介绍了土木工程领域土石方作业的类型,以及针对不同的土石方作业类型,如何利用 AutoCAD 精确计算土石方相关工程量的方法,另外我们还介绍了利用 CASS 软件计算土方工程量的基本操作,并通过实例对 AutoCAD 和 CASS 计算土方工程量结果进行了比对,对两种软件计算结果存在偏差的原因进行了分析,讲解了利用 CASS 软件计算土方工程量需要注意的问题。

利用本章方法,我们还介绍了创建某商业综合体屋面穹顶、复杂屋面保温找坡层三维模型的操作要点和操作思路,通过创建穹顶计算穹顶表面积工程量,通过屋面找坡层三维模型,可在满足图纸和施工验收规程要求的前提下,对屋面保温层找坡方案进行设计或施工设计优化,并利用三维模型计算相应工程量,通过三维模型为施工备料、上料等提供可视化依据。

通过对本章内容的学习,读者应对 AutoCAD 三维绘图方法在土木工程中的应用有了较深入的了解,但要掌握 AutoCAD 在土木工程中的应用方法和技巧,还应该进行相关领域图纸的读识能力的训练,并结合实际工程图纸进行相应的三维建模操作及应用练习。

思考与练习

1. 思考题

(1) 在 AutoCAD 中,如何对建筑施工图和装饰设计图,创建建筑的三维精装模型,并提取建筑装饰工程量?

(2) 土石方作业有哪几种类型?

(3) 简述创建水平场区基坑大开挖的三维模型。

(4) 如何创建坡形场区的基坑开挖土方量?

(5) 如何利用曲线网格创建复杂地形的土方三维模型?如何计算复杂地形绿植面积?

(6) 如何对复杂屋面找坡层进行设计和施工优化?其三维模型创建过程的主要要点是哪些?

2. 练习题

(1) 通过一个含有装饰大样图的建筑装饰图纸,创建一个房间或公共部位三维精装模型,并提取其各部位精装工程量。

(2) 自己创建一个假定的高程点测量文件及土方开挖范围,用 AutoCAD 和 CASS 分别计算其土方工程量,并对两者计算结果的偏差进行比对分析,当偏差较大时找出产生偏差的原因,并进行相应的修正。

第 8 章

绘制时标网络图

了解双代号时标网络图的绘图符号。

了解绘制双代号时标网络图的基本规则。

掌握绘制网络图的绘图环境设置及基本图块、表格的创建。

掌握时标网络图的绘制。

8.1 网络图的概念及图面要素组成

网络图,是利用由箭头和节点组成的有向、有序的网状图形来表示总体工程任务中各项工作流程或系统安排的一种进度计划表达方式。

8.1.1 双代号时标网络图的图面的概念

双代号时标网络图简称时标网络图,它是以时间坐标为尺度编制的双代号网络计划。在双代号时标网络图中,时标的时间单位可依据实际情况合理确定,可以是小时、天、周、旬、月或季度等。

1. 双代号时标网络图的构成

时标网络图中的工作以实箭线表示,自由时差以波形线表示,虚工作以虚箭线表示,同时实箭线在时标计划表上的水平投影长度必须与该任务的持续时间一致。时间可标注在时标计划表的顶部,也可标注在底部,必要时还可以在顶部或底部同时标注。

时间长度是以箭线、波形线等在时标表上的水平位置及其水平投影长度表示的,与其所代表的时间值相对应。因此,箭线在时标表上的水平投影长度(而非箭线长度)应与工作的持续时间成比例。节点的中心必须对准时标的刻度线。虚工作必须以垂直虚箭线表示,有时差时加波形线表示。时标网络计划宜采用最早时间编制,不宜采用最迟时间编制。时标网络计划编制前,必须先绘制无时标的网络计划。如图 8-1 所示为某项目的双代号时标网络图示例。

2. 双代号时标网络图的特点

双代号时标网络图兼有网络图与横道图的优点,能够清楚地表明计划的时间进程,能在图上直接显示各项工作的开始与完成时间、工作自由时差及关键线路。时标网络图在绘制

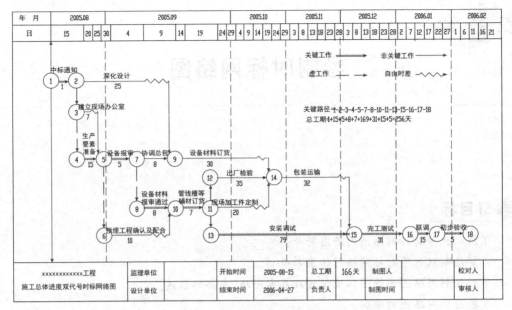

图 8-1　某工程施工时标网络图

中受到时间坐标的限制,不易产生循环回路之类的逻辑错误。可以利用时标网络图直接统计资源的需要量,以便进行资源优化和调整。

3.双代号时标网络图的适用范围

双代号时标网络图适用于以下几种情况:工作项目较少、工艺过程比较简单的工程;局部网络计划;作业性网络计划;使用实际进度前峰线进行进度控制的网络计划。

8.1.2　时标网络图的逻辑关系及绘制规则

绘制时标网络图时要遵从一定的逻辑关系及绘制规则。

1.逻辑关系

网络图中工作之间相互制约或相互依赖的关系称为逻辑关系,它包括工艺关系和组织关系,在网络中均应表现为工作之间的先后顺序。

1) 工艺关系

生产性工作之间由工艺过程决定的、非生产性工作之间由工作程序决定的先后顺序叫工艺关系。

2) 组织关系

工作之间由于组织安排需要或资源(人力、材料、机械设备和资金等)调配需要而规定的先后顺序关系叫组织关系。

网络图必须正确地表达整个工程或任务的工艺流程和各工作开展的先后顺序及它们之间相互依赖、相互制约的逻辑关系,因此,绘制网络图时必须遵循一定的基本规则和要求。

3) 紧前工作和紧后工作

紧排在本工作之前的工作称为紧前工作,紧排在本工作之后的工作称为紧后工作,与之平行进行的工作称为平行工作。如果平行工作的起止点相同,终止节点必须分成两个节点,这两个终止节点之间再用虚工作相连,箭线方向需根据紧后工作的具体情况确定。

2. 绘图规则

双代号网络图必须正确表达已定的逻辑关系。双代号网络图中,严禁出现循环回路。所谓循环回路是指从网络图中的某一个节点出发,顺着箭线方向又回到了原来出发点的线路。

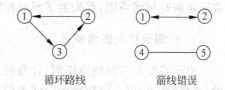

循环路线　　　箭线错误

图 8-2　时标网络图不能有循环和往复线路

时标网络图中,在节点之间严禁出现带双向箭头或无箭头的连线,如图 8-2 所示。

时标网络图中,严禁出现没有箭头节点或没有箭尾节点的箭线,如图 8-3 所示。

当时标网络图的某些节点有多条外向箭线或多条内向箭线时,为使图形简洁,可使用母线法绘制(但应满足一项工作用一条箭线和相应的一对节点表示),如图 8-4 所示。

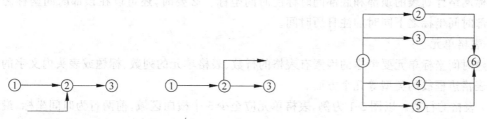

图 8-3　时标网络图中不能没有箭头节点或箭尾无节点　　　**图 8-4　可以多条线路开始或终止于一个节点**

绘制时标网络图时,箭线不宜交叉;当交叉不可避免时,可用过桥法或指向法,如图 8-5 所示。

时标网络图中应只有一个起点节点和一个终点节点(多目标网络计划除外),而其他所有节点均应是中间节点,如图 8-6 所示。

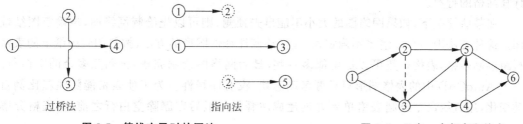

过桥法　　　　　　　　指向法

图 8-5　箭线交叉时的画法　　　**图 8-6　只有一个起点和终点**

8.2　绘制时标网络图

目前有很多能绘制网络图的专门软件,对于不熟悉这些软件和网络计划技术的人员来说,用这些专门软件绘制简单网络图,仍是一项具有挑战性的工作。因此,在本节将介绍运用 AutoCAD 绘制少节点网络图的方法,使读者在需要时能用 AutoCAD 快速绘制出精确美观的网络图。

8.2.1　绘制双代号时标网络图的表格单元及绘图符号

网络图以节点及其编号表示工作,以箭线表示工作之间的逻辑关系。要在 AutoCAD 快速绘制时标网络图,首先要了解时标网络图的图面符号组成及画法。

1. 时间坐标及表格单元

由于在绘制时标网络图时,计划的总工期一般尚不十分确定,此时可以运用 AutoCAD 的"表格"命令,以一定数量的时间单位为一组,绘制表格单元,在绘图过程中根据需要,复制或插入用表格单元创建的图块,形成时间坐标。

1)时间坐标

在编制时标网络计划之前,应先按已经确定的时间单位绘制时标网络计划表。时间坐标可以标注在时标网络计划表的顶部或底部。当网络计划的规模比较大,且比较复杂时,可以在时标网络计划表的顶部和底部同时标注时间坐标。必要时,还可以在顶部时间坐标之上或底部时间坐标之下同时加注日历时间。

2)表格单元

创建时间坐标单元要考虑的因素有表格的行数、表格单元的列数、标题或表头内文字的高度和表格边框线的类型等几个方面。

(1)表格的行数。以图 8-1 为例,表格单元应至少 5 个横向区域,前两行为时间坐标,最后两行为时标网络图标签栏,中间区域为时标网络。为了便于确定箭线的竖向间距,中间区域可设多个表格行。

表格单元行数的确定还要取决于图纸的大小。绘制时标网络图过程中,可以先确定图纸幅面再绘制网络图,也可以根据网络图大小最后确定图纸幅面。

例如,小型的家装施工,网络图纸幅面可用 A4;单体建筑物的施工,网络图纸幅面可选用 A2。先确定图纸幅面,在绘制网格单元时就可以参照前面章节介绍的图面预布置方法,计算网格的行数。

在某些情况下,如果网络图的大小不能事先预测,则可以先绘制网络图,再确定图纸幅面。这种方法因为存在诸多不确定性,应按绘制注释性图形的方法,按打印到图纸上的表格行距绘制表格,表格行数可以尽可能多一些,最后网络图绘制完毕,再删除多余的空白行。由于 AutoCAD 中的表格图形只是匿名动态块,没有注释性。为了使表格能随注释比例自动变化,用直线命令绘制表格单元并创建成注释块。最后在删除空白行之前,把表格分解即可。

(2)表格单元的列数。表格单元的列数要依据时标网络的时间单位确定。如一般小型项目,我们可以用"日""双日""周"为时间单位。表格单元的列数可以选用 5、10、15、30 等。

(3)标题或表头内文字的高度。确定表内文字的高度首先要考虑网络图的打印方式和绘制方式。

时标网络图可以按照无尺寸定图幅、图形类型的绘图方法绘制。在模型空间下绘制时标网络图时,可根据工作需要先选定纸质图的图幅,打印时的打印比例可以自定义为 1∶1,绘图比例或注释比例也是 1∶1,则文字样式定义的文字高度应为纸质图上的高度,文字可用非注释性文字。

（4）表格边框线的类型。为了便于网络图的读识或绘制，网格单元中间区域应不设水平边框线，竖直边框线应设成虚线。网格边框线的设定可以在表格样式中进行。

2. 创建时标网络图时间坐标单元、箭线、工作名称和节点图块

设定网络图时间坐标文字高度为3.5mm，因此设时间坐标单元行文高为10mm，列宽为25mm。设图幅的图纸高度为210mm，在图纸基本满布情况下，设定行数为15行。设7天为一个单元，表格单元列数选7列。

1）创建表格单元

创建表格单元的操作步骤如下：

（1）进入AutoCAD，新建文件。

（2）用"矩形"命令绘制高度是10，宽度是25的矩形。再用"分解"命令把矩形分解成单线。

（3）用"阵列"命令对前面绘制的矩形进行阵列，绘制表格单元框。阵列参数及阵列后的图形如图8-7所示。

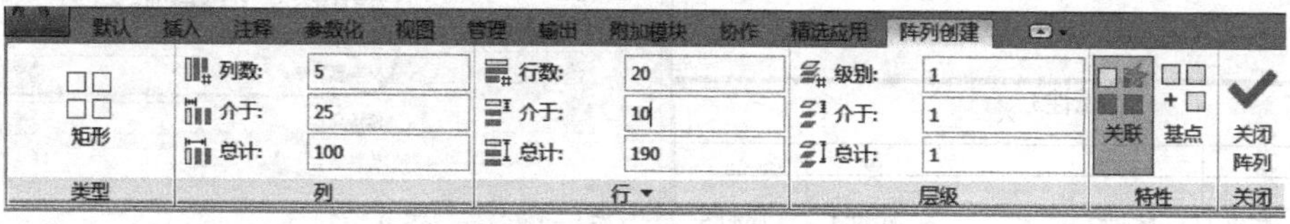

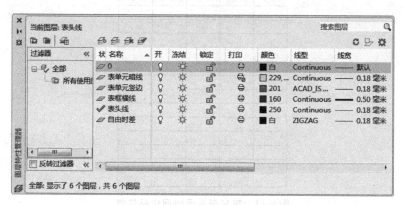

图8-7 阵列单元框

（4）新建3个图层，参数设置如图8-8所示。并暂时设线型比例为0.2。按照图8-9所示，选定要设定其图层的图元，单击"图层控制"下拉框，把选中的表格单元图线转换到相应的图层上。

图8-8 创建图层

（5）打开"文字样式管理器"，建立文字样式名为"表格单元属性字"，文字高度设为3.5，字体选择为"宋体"。

（6）绘制辅助线为下一步定位"属性"做准备。设定当前层为"表单元暗线"，在如图8-10所示叉线标记点位置绘制竖向辅助线，设定当前图层为"表格线"，在叉形符号位置定义属性，定义属性时注意注释比例要保持为1:1，属性定义后的图形如图8-11所示。

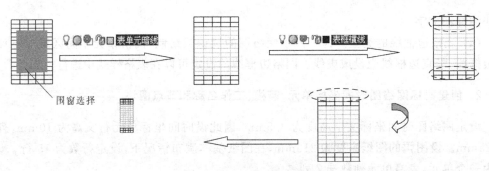

图 8-9　改变表格单元图线的图层

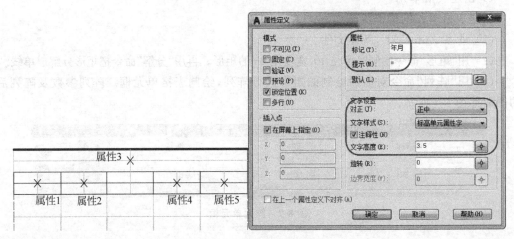

图 8-10　属性定义点

年月				
日期五	日期四	日期三	日期二	日期一

图 8-11　定义表单元时间坐标属性

（7）创建注释性图块，名称为"时标表单元"，块内实体包括前面绘制的所有图形对象，块基点选择图表的左上角，如图 8-12 所示。

（8）用 wblock 命令，把"时标表单元"用同名文件保存到磁盘指定路径。

（9）设置当前层为"表头线"。用"矩形"命令绘制如图 8-13 所标记的尺寸大小的表格。并用单行文字正中对齐方式书写文字。把本项操作绘制的表头，创建名称为"时标表左表

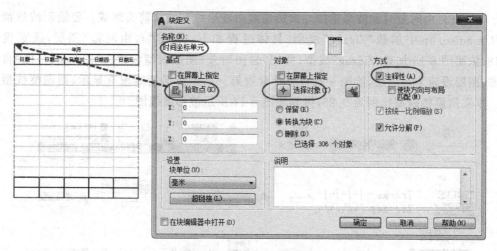

图 8-12 创建表格单元图块

头"注释性图块,块基点选择图表的左上角。

(10) 用 wblock 命令,把"时标表左表头"用同名文件保存到磁盘指定路径。

2) 创建箭线的箭头图块

在双代号网络图中,每一条箭线表示一项工作。箭线的箭尾节点表示该工作的开始,箭头节点表示该工作的结束。工作的名称标注在箭线的上方(图 8-14)。当两项工作平行进行时,其箭线也应平行绘制。就某工作而言,紧靠其前面的工作称为紧前工作,紧靠其后面的工作称为紧后工作,与其平行的工作称为平行工作。

(1) 在双代号网络图中,任意一条实箭线都要占用时间、消耗资源(有时,只占时间,不消耗资源,如混凝土的养护)。在建筑工程中,一条箭线表示项目中的一个施工过程,它可以是一道工序、一个分项工程、一个分部工程或一个单位工程,其粗细程度、大小范围的划分根据计划任务的需要来确定。

(2) 在双代号网络图中,为了正确地表达图中工作之间的逻辑关系,往往需要应用虚箭线表示。虚工作是实际工作中并不存在的一项虚拟工作。虚工作必须以垂直方向的虚箭线表示。虚工作起着工作之间的联系、区分和断路 3 个作用,它的持续时间为 0。若两项工作的节点代号相同时,应使用虚工作加以区分,如图 8-15 所示;在双代号网络图中,箭线的长度必须根据完成该工作所需持续时间的长短按比例绘制。

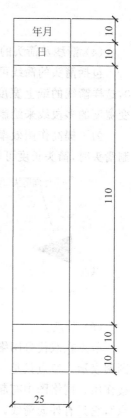

图 8-13 绘制表头图块

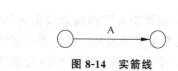

图 8-14 实箭线

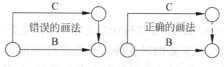

图 8-15 虚箭线

（3）有自由时差时加波形箭线。波形箭线由波形线和线端箭头组成。要绘制波形箭线可从 acadiso.lin 中加载"Zigzag"线型，具体过程如下：新建"自由时差"图层，线宽设为 0.18，依照图 8-16 加载"Zigzag"线型，并把"自由时差"图层线型设置为"Zigzag"。把"自由时差"图层设置为当前层，绘制一条直线看看效果。如果波形箭线没有显示，则调整线型比例。本实例调整线型比例为 0.25，得到如图 8-17 所示波形箭线图形。

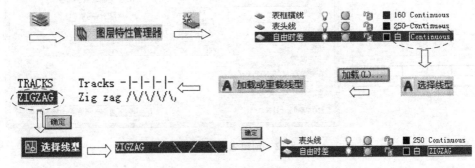

图 8-16　时标网络的节点

（4）箭线及箭头的绘制。

包括箭头的箭线可以用多段线来绘制，箭线的对象宽度可以是 0，这样箭线的纸上宽度会按其所在图层的线宽绘制。箭头可以用变宽度的多段线来绘制，起始宽度为箭头宽度，终止宽度为 0。

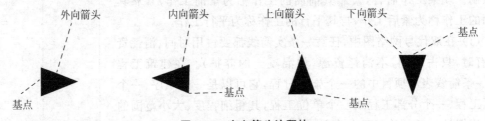

图 8-17　波形箭线

为了提高作图效率，可以把箭头创建为注释性箭头图块，如图 8-18 所示。用多段线绘制箭头时，箭头长度可取为 2.5mm，起始宽度为 1.8mm，终止宽度为 0mm。

图 8-18　定义箭头注释块

（5）节点。

节点在双代号网络图中表示一项工作的开始与结束，是网络图中箭线之间的连接点，用圆圈表示。节点只是一个"瞬间"，其既不消耗资源也不消耗时间。节点起着承上启下的衔接作用。网络图中有起点节点、终点节点和中间节点 3 种。网络图的第一个节点叫"起点节点"，它只有外向箭线，一般表示一项任务或一个项目的开始。网络图的最后一个节点叫"终点节点"，它只有内向箭线，一般表示一项任务或一个项目的完成。在双代号网络图中，节点应用圆圈表示，并在圆圈内编号。网络图节点的编号顺序应从小到大，可不连续，但不允许重复。

用 AutoCAD 绘制时标网络之前，可以先把"节点""外向箭线箭头""内向箭线箭头"制作成注释块，在需要的时候插入并给定属性值即可。属性值等于节点编号。在本节所述的双代号网络图中，可在"0"层作为当前图层时，绘制直径为 10 的节点圆。按图 8-19 设置属性参数,选择圆心点。节点编号文字高度设定为 3.5。

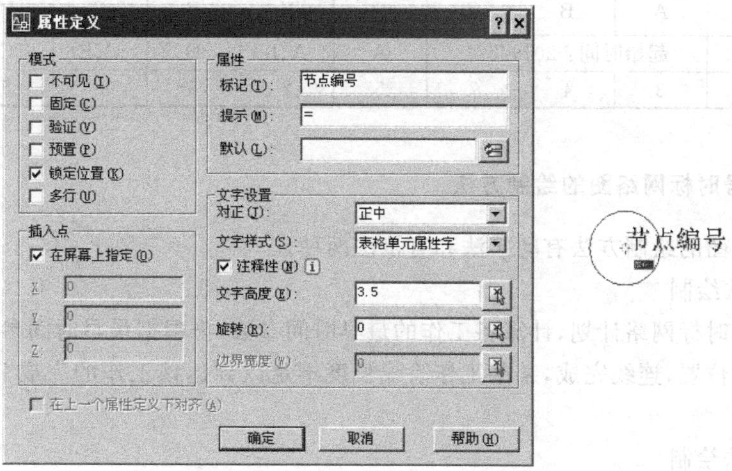

图 8-19 定义节点编号属性

选择圆心为基点,创建"节点"注释图块,并用 wblock 命令打开"写块"对话框,用同名文件保存图块到磁盘。

(6)工作名称。

工作名称及工作持续时长文字高度设定为 5。可以直接用注释性文字在箭线上输入绘制时标网络;也可以参照前面所述创建属性块过程,创建"工作名称"属性块并存盘,"工作名称"图块的基点可以酌情选择。

8.2.2 双代号时标网络计划图的绘制

双代号时标网络图中的工作以实箭线表示,自由时差以波形线表示,虚工作以虚箭线表示,同时实箭线在时标表上的水平投影长度必须与该任务的持续时间成比例。

1. 绘制双代号时标网络图时应遵循的原则

时间长度是以所有符号(箭线、波形线等)在时标表上的水平位置及其水平投影长度表示的,与其所代表的时间值相对应。因此,箭线在时标表上的水平投影长度(而非箭线长度)应与工作的持续时间成比例。

绘制双代号网络图时,节点的中心必须对准时标的刻度线,虚工作必须以垂直虚箭线表示,有时差时加波形线表示。双代号时标网络计划宜采用最早时间编制,不宜采用最迟时间编制。编制双代号时标网络计划前,必须先绘制无时标的网络计划。

2. 制定双代号时标网络计划表

时标网络计划表能充分反映工作之间的相互联系和相互制约关系,也就是说,工作之间的逻辑关系非常严格。能告诉我们各项工作的最早可能开始、最早可能结束、最迟必须开始、最迟必须结束、总时差、局部时差等时间参数,它所提供的是动态的计划概念。

时标网络计划宜按各个工作的最早开始时间编制。在编制时标网络计划之前,应先按已确定的时间单位绘制出时标计划表,如表 8-1 所示。

表 8-1　时标网络计划表

工作名称	A	B	C	D	E	F	G	H	J
紧前工作	起始时间：2019/3/1			A	A、B	D	C、E	C	D、G
持续时间/天	3	4	7	5	2	5	3	5	4

3. 双代号时标网络图的绘制方法

时标网络图的绘制方法有间接法和直接法两种。

1）间接法绘制

先绘制出时标网络计划，计算各工作的最早时间参数，再根据最早时间参数在时标计划表上确定节点位置，连线完成，某些工作箭线长度不足以到达该工作的完成节点时，用波形线补足。

2）直接法绘制

根据时标网络计划中工作之间的逻辑关系及各工作的持续时间，直接在时标计划表上绘制时标网络计划。绘制步骤如下：

（1）将起点节点定位在时标表的起始刻度线上。

（2）按工作持续时间在时标计划表上绘制起点节点的外向箭线。

（3）其他工作的开始节点必须在其所有紧前工作都绘出以后，定位在这些紧前工作最早完成时间最大值的时间刻度上，某些工作的箭线长度不足以到达该节点时，用波形线补足，箭头画在波形线与节点连接处。

（4）用上述方法从左至右依次确定其他节点位置，直至网络计划终点节点定位，绘图完成。

4. 绘制双代号时标网络图

依据表 8-1 给定的时标计划表，绘制时标网络图，并画出关键线路，确定总工期。

1）创建时标网络图表格，绘制起始节点

进入 AutoCAD，新建图形文件并起名另存。单击"插入"→"块"工具面板的"插入"按钮，插入"时标表左表头"和"时标表单元"两个图块。插入"时标表左表头"图块时，依照命令行要求输入属性值提示，分别输入"年月""日"。插入"时标表单元"图块，依照命令行要求输入属性值提示，分别输入"2008 年 3 月""1""2""3""4""5"等文字。

创建"网络图"图层，设置图层颜色为蓝色，线宽为 0.18mm，线型为实线。设当前图层为"网络图"。插入"节点编号"图块作为网络计划的起点节点，块插入点在时标表的起始刻度线位置上，根据命令行提示，输入属性值"1"，定义起点节点的编号为 1（图 8-20）。

2）横向扩展时标网格，绘制起始节点后续箭线

根据表 8-1 知，A、B、C 3 个工作都没有紧前工作，所以都是以节点①为起点。表 8-1 列出的 A、B、C 3 个工作的持续时间为 3 天、4 天、7 天，现有表格单元只有 4 天，重复前面插入"时标表单元"块，并给定属性值为"3 月""6""7""8""9""10"。

从节点①向右依照表 8-1 列出的 A、B、C 3 个工作持续时间画出 3 条水平线。

插入"工作名称"图块，并分别定义其对应的工作名称"A""B""C"，或直接定义高度为 5mm 的文字样式，直接用单行文字在图上书写工作名称，得到如图 8-21 所示图形。

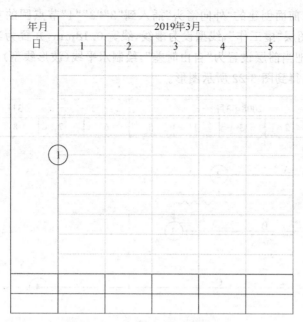

年月	2019年3月				
日	1	2	3	4	5

图 8-20　绘制时标网络图起始节点

年月	2008年3月					3月				
日	1	2	3	4	5	6	7	8	9	10
			A							
			B							
			C							

图 8-21　绘制没有紧前的工作

3) 绘制其他节点、箭线的箭头及对虚工作绘制虚箭线

在 A、B、C 3 个工作箭线的末端,分别插入"节点编号"图块,并命名图块属性值分别为"2""3""4"。"2"定位在 A 工作的末端,"3"定位在 B 工作的末端,"4"的位置在 C 工作的末端。分析表 8-1,D 的紧前工作是 A,E 的紧前工作是 A、B,F 的紧前工作是 D 并与 A、B 无关,所以要开始 E 工作,则 A、B 工作必须都完成才能进行,因此"2""3"节点应该有一个虚工作(虚箭线)。箭线总是从低编号节点指向高编号节点,因此确定"2""3"节点绘制一条自由时差为 1 的虚工作。

通过块插入,把前面创建的"外向箭头"插入到"2""3""4"节点圆的左侧。从②、③绘制虚工作:创建新的图层"虚工作",线型设为虚线,线宽 0.18mm,并置为当前层。从②、③之间绘制竖向直线。把当前层设置为"自由时差",绘制水平线(波形线型),并插入"下向箭头"块。通过以上操作,得到图 8-22 所示图形。

年月	2008年3月					3月				
日	1	2	3	4	5	6	7	8	9	10

图 8-22 绘制自由时差、虚工作、箭头

绘制时标网络的算法关键是节点间逻辑关系的判断。前后逻辑关系的判断需要考察工作的紧前紧后关系,同时考虑节点编号、箭线在网络图中的排列行数等。有关逻辑关系的判断,请进一步参考有关方面的专业书籍。

4) 绘制其他工作箭线、节点及虚工作

绘制时标网络图时,要保证时标网络层次清晰,各工作关系表达明确,应依据"绘制工作箭线时,宜依照总是在时长最长的紧前工作后面绘制工作箭线"算法绘制箭线。从同一节点绘出的箭线,依次排到下一行。根据表 8-1 各工作的时长、紧前及紧后关系,先绘制工作箭线,绘制节点并初定节点编号或节点编号暂时空白。之后根据各工作间的逻辑关系,绘制自由时差和虚工作,并插入相应箭线的箭头,对节点编号重新编排顺序。

节点编号依据由上向下、由左向右的原则进行编号。不能出现编出的号码导致高编号节点箭线指向低编号节点的情况。最后得到编号后的网络图(图 8-23)。

5) 绘制关键工作路线

最后依据目测,自终点节点逆箭线方向朝起点节点逐次进行判定:从终点到起点不出现波形线的线路即为关键线路。

单击偏移命令,定义给出偏移距离为 0.5mm,分别将关键线路原箭线向其两侧做偏移。局部放大偏移后的关键线路,删除原箭线,选择偏移后的箭线,再选择用夹点进行快速编辑。过程如图 8-24 所示,最后得到时标网络图(图 8-25)。

6) 对网络图进行美化

在已经绘制好的网络图下方插入或绘制 A4 图框,观察网络图与 A4 图框间的大小匹配

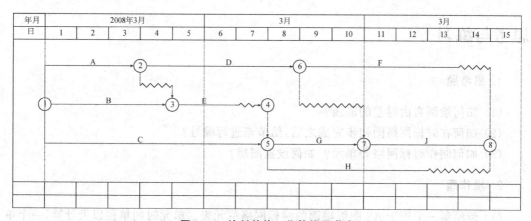

图 8-23 绘制其他工作箭线及节点

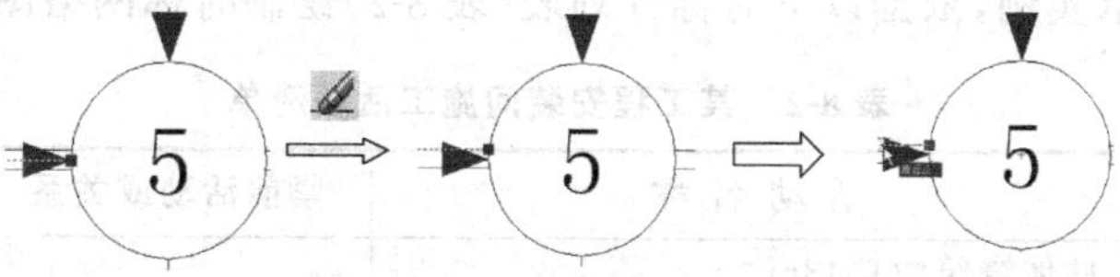

图 8-24 绘制关键工作路线

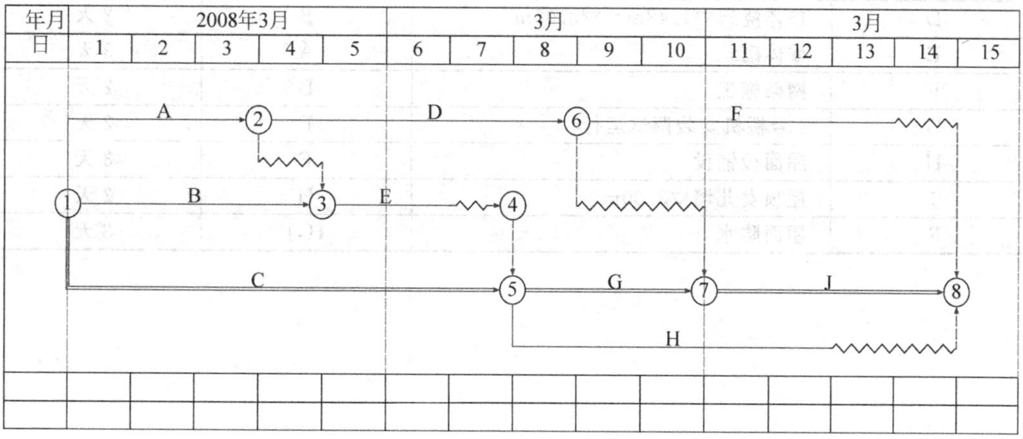

图 8-25 最后完成的时标网络图

关系,若网络图比较长,可以对图形做进一步拉伸处理,使之变为逻辑时差网络图,以便在一张 A4 图纸上打印出来。

8.3 本章小结

本章讨论了双代号时标网络图的绘制方法,涉及时标网络图的基本概念与组成、时标网络基本绘图单元的块创建、波形线的绘制、时标网络图的绘制等内容。其中,如何绘制网络图的前期分析准备、制作注释性图块的方法、图块基点的选择等对于加快网络图的绘制速度十分重要,要重点领会。时标网络图的绘制过程中应注意当前图层的设置转换。

思考与练习

1．思考题

（1）如何绘制自由时差的箭线？

（2）如何在时标网络图初步完成之后，给节点进行编号？

（3）如何制作时标网络表单元？如何设置图层？

2．操作题

（1）请绘制一个用于 A2 图纸幅面的时标网络单元表。单元时间单位以天计算，一个单元 5 天。

（2）请参照本章实例，依据以下时标计划表（表 8-2）绘制时标网络图。

表 8-2　某工程安装间施工活动清单

工 作 代 号	活 动 名 称	紧前活动或关系	持 续 时 间
A	柱体浇筑▽1.48m	—	1 天
B	钢梁、预制桥机轨道梁及轨道安装	A	2 天
C	2 号桥机安装调试运行开到 1 号机组	B	3 天
D	柱体浇筑▽1.48m～▽3.00m	B	2 天
E	墙体砌筑	A	3 天
F	网架施工	D	2 天
G	1 号桥机安装调试运行	F	2 天
H	屋面板铺设	F	3 天
J	屋顶女儿墙▽3.00m	H	2 天
K	屋面防水	H,J	3 天

第 9 章

天正建筑 T20 操作简介

了解天正建筑软件的安装、运行环境及用户界面组成。

了解天正建筑图形文件与 AutoCAD 图形文件的区别。

掌握通过天正建筑软件创建多层建筑平面模型的操作方法。

掌握创建建筑三维模型的操作。

掌握在三维模型基础上生成建筑立面和剖面草图的方法。

了解对天正建筑立面和剖面草图进行修改完善的主要内容。

掌握天正建筑文件发布的操作方法。

9.1 天正建筑软件的安装、运行及界面

天正建筑软件 Arch 是天正软件公司开发的以 AutoCAD 为图形平台的建筑 CAD 软件系统。20 多年来,天正建筑软件已成为国内用户量最大的建筑 CAD 软件之一。用天正建筑软件绘制建筑施工图,首先要交互创建建筑平面模型,之后把建筑平面模型组装成三维建筑模型,再在三维模型基础上由天正建筑软件自动生成建筑的立面图和剖面图。

9.1.1 T20 天正建筑软件的安装及软件界面

T20 软件是天正建筑公司历经 20 年潜心研究并参考大量的用户意见研发而成的全新产品,通过界面集成、数据集成、标准集成及天正系列软件内部联通,实现了天正系列软件与 Revit、PKPM 等外部软件联通,具有真正有效的 BIM 应用模式。

1. 天正建筑软件的安装

安装天正建筑软件之前,首先要安装 AutoCAD。可以在天正软件公司官方网站下载天正建筑 T20 软件,在正式购买软件使用权之前,天正软件公司允许用户免费试用 300 小时。

2. 天正建筑软件的运行及界面

安装天正建筑软件之后,会在操作系统桌面生成一个天正建筑软件快捷方式,双击快捷方式运行天正建筑软件,会首先打开图 9-1 所示对话框。如果计算机安装了多个 AutoCAD 版本,天正建筑软件会在对话框中询问用户选择哪个 AutoCAD 版本作为启动平台。

若选择 AutoCAD 2019 作为启动平台,则进入
天正建筑软件后,会先显示图 9-2 所示软件界面。
从图 9-2 中可以看到,天正建筑软件除了在屏幕左
侧增加了天正建筑专用菜单之外,其他基本上与
AutoCAD 原 始 界 面 一 致,从 而 使 得 有 一 定
AutoCAD 软件使用基础的用户,可以很方便地使
用天正建筑软件进行建筑设计,或者进行其他一些
图形的绘制工作。

图 9-1 "T20 天正建筑软件 V5.0 启动
平台选择"对话框

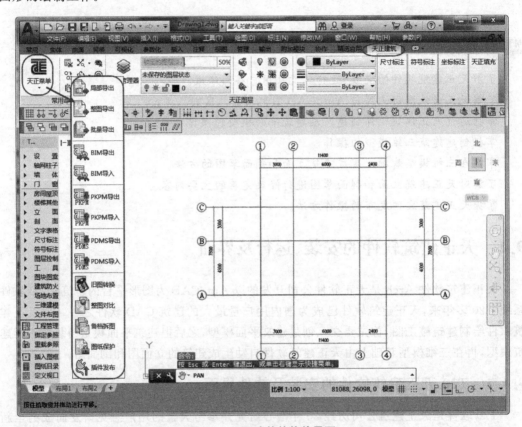

图 9-2 天正建筑的软件界面

9.1.2 天正建筑软件的图形文件

通过天正建筑软件完成一个建筑设计之后,软件会以交互方式创建多个的设计文件。
通常设计文件有两种,一种是 TPR 工程文件,另一种是以.dwg 形式保存的图形文件。

1. 天正建筑软件的 TPR 文件

TPR 文件为"天正建筑"生成的工程管理文件。读入已有工程的 TPR 文件,天正建筑
软件会在图纸集的树形列表中列出本工程的名称以及该工程所属的图形文件名称,在楼层
表中列出本工程的楼层定义。

单击"文件发布"→"工程管理"菜单,可以打开"工程管理"对话框,单击对话框上部的下拉框,可以展开工程管理菜单(图9-3)。在"工程管理"对话框中可以创建、打开 TPR 文件,或导入其他 TPR 文件中的楼层表浏览。通常可以先创建建筑的各层建筑平面图,再单击"工程管理"菜单来创建 TPR 工程文件。

天正工程管理软件是把用户所设计的大量图形文件按"工程"或者"项目"区别开来,用户应把同属于一个工程的文件放在同一个文件夹下进行管理。

2. 图形或建筑图文件

天正建筑软件是以 AutoCAD 为图形平台,通过对 AutoCAD 进行二次开发得到的建筑 CAD 软件,其建筑图形文件也是以 dwg 为后缀。但是由于在天正建筑软件中建筑构件的图线含有建筑构件的

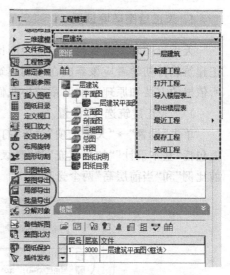

图9-3　"工程管理"对话框及菜单

属性信息,所以天正建筑软件生成的 DWG 文件不是纯粹的 DWG 文件。用 AutoCAD 打开天正 DWG 文件并不能正常显示所有建筑模型的图线。

天正建筑的工程管理允许用户使用一个 DWG 文件保存多个楼层平面,也可以使用一个 DWG 文件保存一个楼层平面。天正建筑软件支持一部分楼层平面在一个 DWG 文件中,而另一些楼层在其他 DWG 文件中的混合保存方式。

3. 纯 dwg 格式的 t3 文件

当用天正建筑软件完成一个建筑设计之后,需要通过天正建筑软件的文件发布菜单,把天正 dwg 转化为纯 dwg 格式的图形文件后,才能用 AutoCAD 正常打开并全部显示。天正建筑软件的"整图导出""局部导出"或"批量导出"等文件发布菜单生成纯 DWG 文件时,会在原有文件名后面缀以"_t3"。如原来的天正文件为"一层建筑平面图.dwg",发布成纯 DWG 文件后其名称为"一层建筑平面图_t3.dwg"。通常我们把天正建筑软件发布的纯 DWG 文件称为 t3 文件。

9.2　天正建筑软件创建单层建筑模型

下面我们简要介绍通过天正建筑软件进行一个单层建筑的设计过程。该建筑结构类型采用框架结构,填充墙为 200mm 厚,轴线居中,建筑层高为 3000mm,外保温层为聚苯板,保温厚度为 80mm,屋面形式为平屋面,保温层找坡坡度为 2%,屋面排水形式采用女儿墙内天沟排水。

9.2.1　创建首层建筑平面图

创建首层建筑平面图包括创建轴网、墙柱及门窗等构件输入,在创建首层建筑平面图之前,首先要进行"天正选项"等天正绘图环境设置。

1. 天正绘图环境设置

天正绘图环境设置包括当前绘图比例、图层线型及线宽、文字及尺寸样式等的设置。天正建筑软件初学者应该养成在绘制建筑平面图之前即进行这些设置工作,对绘图参数设置所依据的方法和原理在前面章节中我们已经有详细的叙述。

1)"天正建筑选项"设置

单击"设置"→"天正选项"菜单,打开图 9-4 所示"天正选项"对话框。"天正选项"对话框包括"基本设计""加粗填充"和"高级选项"等几个表单。通常情况下,用户可以只关心"当前比例"和"当前层高"两个选项。

图 9-4 "天正选项"对话框

"当前比例"指图形文件输出到纸质图时的打印比例。与第 5 章我们所介绍的模型空间下面向打印控制的绘图方法类似,天正建筑软件会自动按照"天正选项"中定义的"当前比例"对所绘制的尺寸线、文字及图面符号等进行自动设置,使之自动满足制图标准对纸质图图面效果的要求。目前用天正建筑软件绘制建筑图,仍需要用户自行按照第 5 章所述线型比例的测算及设置方法,人工设置非连续线的线型比例。

2)修改天正建筑软件自动创建图层的线型及线宽

当在天正建筑软件中新创建一个图形之后,天正建筑软件会自动进行新建绘图环境的配置,并自动创建一些文字样式、尺寸标注样式及图层,如图 9-5 所示为天正建筑软件在一个新建图形中自动创建的图层,需要注意的是,天正建筑软件对所有图层线宽皆按"默认"线宽,线型全部为连续线。

用户根据需要对天正建筑软件创建的图层中图线的线型及线宽进行设置,可以修改"DOTE"轴线图层的线型为点划线,"COLUMN""WALL"柱和墙图层线宽为粗线。将来绘制图形完毕,再将台阶、楼梯等图线所在图层的线宽改为中粗线,如图 9-6 所示。

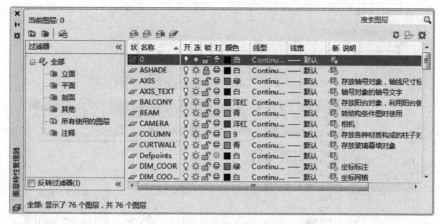

图 9-5　天正建筑软件自动创建的图层

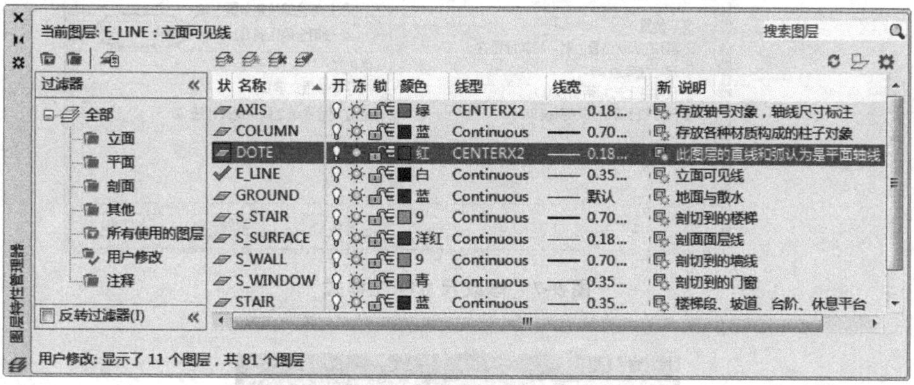

图 9-6　用户修改的图层特性

与用 AutoCAD 绘制图线时需要用户自己选择当前图层不同,单击天正建筑软件菜单进行的轴线输入和墙柱等输入操作时,天正建筑软件会自动把用户输入的内容绘制在相应的图层上。

3) 设置及修改"文字样式"和"尺寸样式"

如果要用 AutoCAD 的尺寸标注或文字输入命令进行尺寸和文字标注,则需要根据前面章节所讲,对"文字样式"或"尺寸样式"进行设置,如图 9-7 所示。

2. 创建轴网

单击"轴网柱子"→"绘制轴网"菜单,打开如图 9-8 所示"绘制轴网"对话框,在对话框中输入建筑平面图的开间和进深数据,即可在图形区任意位置单击,绘制建筑轴网。

轴网绘制完毕,单击"轴网柱子"→"轴网标注"菜单,依据命令行提示,分别单击轴线的最左、最右或最下、最上轴网,进行轴线命名及标注尺寸线。

创建轴网时,操作要考虑清楚建筑是否需设置结构缝,JGJ 3—2010《高层建筑混凝土结构技术规程》第 3.4.10～3.4.11 条对结构缝宽有具体规定,如"框架结构房屋,高度不超过 15m 时,防震缝宽度不应小于 100mm;高度超过 15m 时,6 度、7 度、8 度和 9 度分别每增加

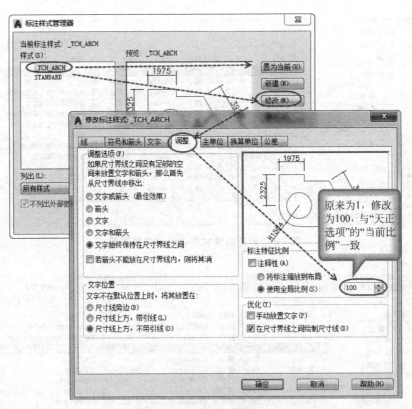

图 9-7　修改尺寸标注样式

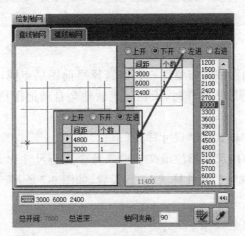

图 9-8　"绘制轴网"对话框

高度 5m、4m、3m 和 2m,宜加宽 20mm",结构缝两侧设双轴线。本节所建单层建筑不需要设置结构缝,把布置好的轴线复制备份,留待下一层使用,得到如图 9-9 所示图形。

3. 布置首层墙体、柱子、门窗、楼梯等部件

选择一个轴网,在其上布置首层墙体、柱子、门窗、楼梯等部件,需要注意墙体高度、内外墙类型、墙柱与轴线的关系等。

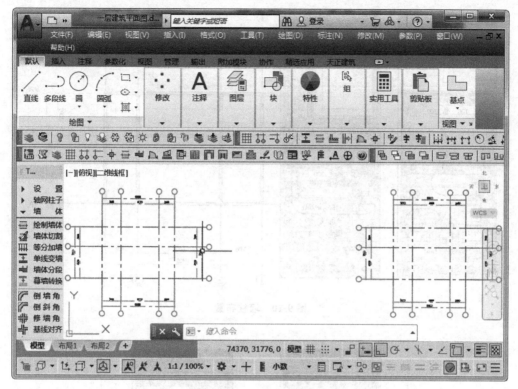

图 9-9　创建并复制建筑轴线

1）布置墙体和柱子

单击"墙体"→"绘制墙体"菜单,打开"墙体"对话框,在对话框中设定要布置的墙体参数,之后单击要布置墙体的轴线布置墙体。若建筑平面由于存在结构缝导致建筑外廓不封闭,则应在横跨结构缝位置布置虚墙对建筑外廓进行封闭。可在墙参数定义对话框的材料类型中选择虚墙为虚线类型。

单击"轴网柱子"→"标准柱"菜单,打开"标准柱"菜单,设置柱子参数,单击轴网交点布置柱子。柱子的偏轴距离可以在柱参数对话框中设置,也可以在柱布置之后,通过 AutoCAD 的"移动"命令或单击天正建筑软件的"轴网柱子"→"柱齐墙边"菜单,对柱进行偏心位置调整。布置墙柱之后的建筑平面如图 9-10 所示。

设置柱子参数时要注意柱的材料类型,钢筋混凝土柱不能选择砌块类材料,否则建筑平面上墙柱不会画出构件分界线,如图 9-11 所示。若要修改墙柱等材料类型的参数,可以双击柱或墙构件,弹出构件特性对话框,从对话框中修改构件的特性。

2）识别内外墙

墙体布置完毕,单击"墙体"→"识别内外"菜单,根据命令行提示,框选所布置的墙体,软件会自动区分内墙和外墙。

3）墙柱保温

内外墙识别完毕,单击"墙体"→"墙柱保温"菜单,根据命令行提示,框选所布置的所有墙体或逐个选择外墙外侧图线,软件会自动进行外墙保温布置并绘制保温层图线。

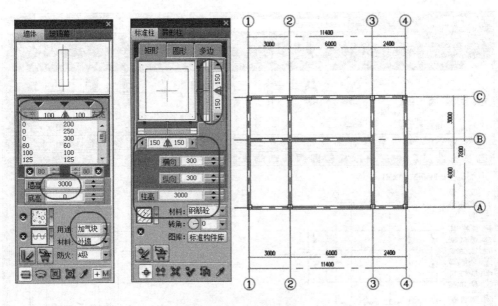

图 9-10 墙柱布置

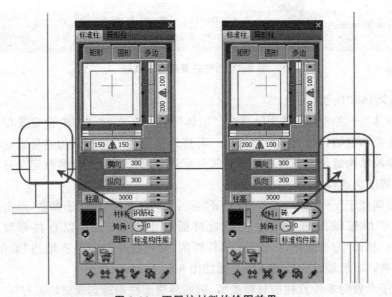

图 9-11 不同柱材料的绘图效果

4）布置门窗

单击"门窗"菜单，打开图 9-12 所示对话框，从对话框的下方单击布置门或窗的相应按钮之后，再定义门窗的名称、尺寸、立面图、平面图等，选择门窗布置方式，在建筑平面图上选择墙体进行门窗布置。门布置完毕，如果要修改门的开启方向，可选中该门调整其开启方向，如图 9-13 所示。

5）生成房间并布置踢脚线

单击"房间屋顶"→"搜索房间"菜单，依照命令行提示框选所布置的墙体，软件即会自动进行房间识别和划分，并在图上标注房间及楼层建筑面积。注意此处建筑面积仅按外墙轮廓计

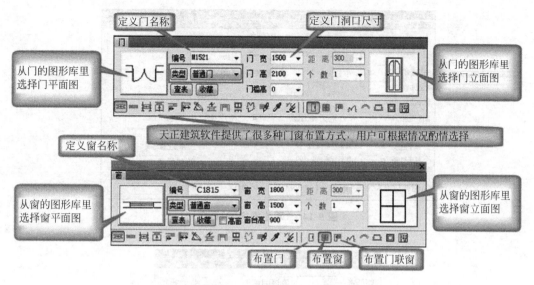

图 9-12　选择布置门或窗

图 9-13　调整门的开启方向

算,如果要依据《建筑工程建筑面积计算规范》计算,则需要用户自行进行建筑面积测算。

单击"加踢脚线"菜单,打开"踢脚线"对话框,在对话框中选择踢脚线类型,进行踢脚线布置。建议此处选择踢脚线类型不一定与实际踢脚线情况完全一致,否则将来绘制出的剖面图图线会过于复杂,会增加剖面图的修改工作量。

6)"楼梯其他"

墙柱及门窗布置完毕,即可布置外墙保温层、楼梯、楼梯栏杆、台阶、坡道、散水、洗手盆、厕卫隔断、家具等。下面介绍其中楼梯、台阶、散水布置。

(1)楼梯布置。本节所介绍的楼梯布置,只是为了说明楼梯的布设操作。单击"楼梯其他"→"双跑楼梯"菜单,打开图 9-14 所示"双跑楼梯"对话框,从对话框中选择参数后,再单击楼梯间适当位置即可完成楼梯布置。选择楼梯类型时要区分首层、中间层或顶层,楼梯步数等参数要与建筑层高、楼梯间平面尺寸相协调。

(2)台阶布置。单击"楼梯其他"→"台阶"菜单,打开"台阶"对话框(图 9-15),在对话框中定义台阶阶数(通常建筑物的室外台阶步数应该为单数),选择踏步台阶类型为三面台阶后,在建筑入口处的外墙外侧,选择台阶左右端点,布置台阶。若顶层屋面有出屋面的电梯机房等,从电梯机房到屋面的出入口的门应有门槛,门的内外侧都应布置台阶。

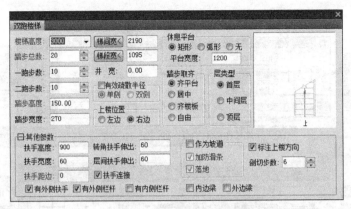

图 9-14 "双跑楼梯"对话框

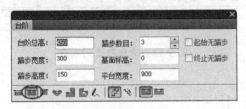

图 9-15 "台阶"对话框

（3）散水布置。单击"楼梯其他"→"散水"菜单，进行散水参数设置及布置，具体布置方法如图 9-16 所示。

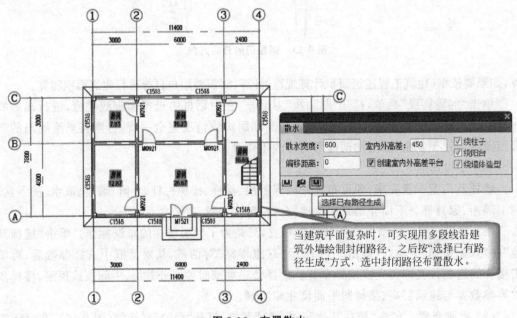

当建筑平面复杂时，可实现用多段线沿建筑外墙绘制封闭路径，之后按"选择已有路径生成"方式，选中封闭路径布置散水。

图 9-16 布置散水

不论是先布置散水还是先布置室外台阶，天正建筑软件都会对前后布置的构件冲突处进行智能修改，保证两种不会重叠。

　　在布置楼梯及其他构件或部件时,要注意选择合适的布置方式,厕卫隔断在布置了蹲坑后,才能划线布置蹲坑隔断,在此不作详细叙述。

　　7)门窗定位尺寸及墙体厚度等尺寸标注

　　单击"尺寸标注"→"门窗标注"菜单,按命令行提示选择一段墙的左、右两个端点轴线交点,之后选择该段同轴的所有外墙的墙线,天正建筑软件即会自动在建筑平面图外标注所选外墙段第三道门窗尺寸线。

　　在标注门窗定位尺寸时,也要注意室内墙体及门窗定位尺寸的标注,同时也要通过单击"尺寸标注"→"墙厚标注"菜单,标注墙体厚度。

　　8)在首层建筑图上标记剖切位置

　　单击"符号标注"→"剖切符号"菜单,在建筑首层平面图上标记 1—1 剖面图位置。

　　9)标高及家具等

　　单击"符号标注"→"标高标注"菜单可以标注首层地面、室外地坪、室外台阶、室内厨卫等位置的标高。

　　最后完成的首层建筑平面图如图 9-17 所示(书中为了清晰显示图线,关闭了线宽显示)。

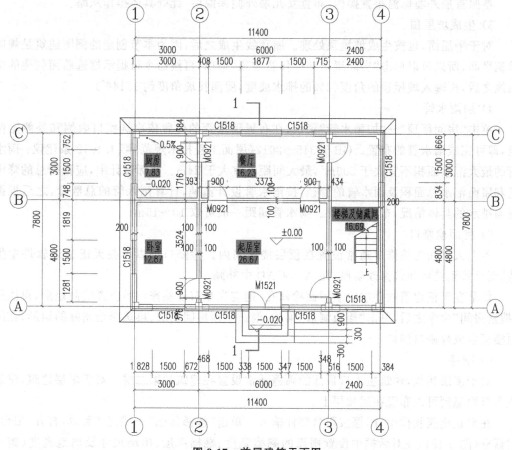

图 9-17　首层建筑平面图

　　在运用天正建筑软件菜单完成建筑图绘制之后,尚需要用 AutoCAD 的绘制直线命令,在自己创建的新图层上绘制标高变化位置的标高变化分界线。另外,在厨房及卫生间有下水管的房间,尚应绘制出地面排水坡度、地漏及排水管与地面交接处的止水台。地面排水坡度可单击"符号标注"→"箭头引注"菜单进行绘制,地漏及止水台的绘制可通过 AutoCAD 绘图命令绘制,具体操作本书不再赘述。

4. 绘制屋顶平面图

创建屋顶建筑平面模型时,女儿墙或檐口需要按单独一个楼层创建。对于女儿墙内天沟排水形式,女儿墙高度即为楼层高度。其他挑檐檐口可以用多段线沿顶层外墙绘制封闭多段线或按墙布置挑檐翻檐。创建屋顶建筑平面模型的操作顺序为:输入女儿墙或檐口,搜屋顶线,生成坡屋顶。

1)搜屋顶线

女儿墙或挑檐翻檐输入完毕,单击"房间屋顶"→"搜屋顶线"菜单,按命令行提示,框选屋顶层所有墙体,当软件要求输入"偏移外皮距离〈600〉"时,对于女儿墙内天沟,因为其屋顶线是从内天沟内侧开始的,所以可以按负值输入内天沟宽度,如−300。

2)女儿墙外墙保温

参照首层外墙保温布置操作,布置女儿墙外侧保温层,此处具体操作从略。

3)生成坡屋顶

对于平屋面,也按生成坡屋顶处理。屋顶线生成之后,因为本节创建的例图建筑是规则建筑平面,所以可以单击"房间屋顶"→"任意坡顶"菜单,再按命令行提示框选前面创建的屋顶线之后,再输入坡屋顶的角度(2%的排水坡度,屋面找坡角度约 1.146°)。

4)加雨水管

单击"房间屋顶"→"加雨水管"菜单,在布置雨水管的位置依次选檐口内侧和外侧定位点,即可完成雨水管的布置。GB 50345—2012《屋面工程技术规范》第 4.1.12 条建议:雨水管的最大汇水面积不宜大于 $200m^2$,最大间距不宜大于 24m。实际设计中,应根据总的降雨量和屋面汇水总面积及雨水管的管径,按雨水管设计流速,计算雨水管的总数量,之后根据屋面排水的具体情况,布置雨水管。雨水管间距一般可取 10~15m。

5)屋面检修口

不上人屋面的检修口通常设置在顶层楼梯间内。检修口可以不在天正建筑软件中生成,而是等到最后建筑修改阶段,在 AutoCAD 中补画。

如果在天正建筑软件中绘制屋面检修孔,则应先在布设检修口的位置绘制矩形,再执行"搜索房间"命令之后,单击"楼板洞口"菜单,框选屋顶房间轮廓,再选择绘制好的矩形,在屋顶楼板生成检修口洞口。

6)雨篷

对于多层建筑,建筑主入口顶部的雨篷通常设置在建筑的第二层。对于单层建筑,建筑主入口雨篷则可以布置在屋顶层上。

在天正建筑软件中,雨篷按阳台部件输入。单击"楼梯其他"→"阳台"菜单,打开"阳台"对话框(图 9-18),在对话框中设置雨篷的翻檐宽度、翻檐高度、出墙尺寸及离地高度(离本层层底高度)参数后,在建筑物出入口的外墙上沿外侧选择雨篷的两个布置端点即可完成雨篷布置。雨篷布置之后,还要单击"符号标注"→"箭头引注"菜单,画出雨篷的排水坡,以及绘制雨篷雨水管或用直线绘制泄水管。

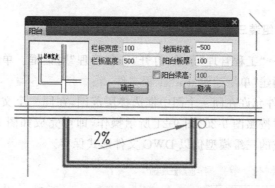

图 9-18　"阳台"对话框（雨篷按阳台布置）

7) 其他定位尺寸线、标高符号及屋面排水坡等

经过前述操作,再经过单击"尺寸标注"→"逐点标注"菜单,标注雨篷及屋面检修孔定位尺寸、单击"墙厚标注"菜单标注女儿墙厚度、单击"符号标注"→"标高标注"和"箭头引注"菜单,标注屋面排水坡、天沟排水坡和檐口以及雨篷标高等操作之后,基本就可以完成屋顶平面图的建模。最后得到的屋顶平面图如图 9-19 所示。

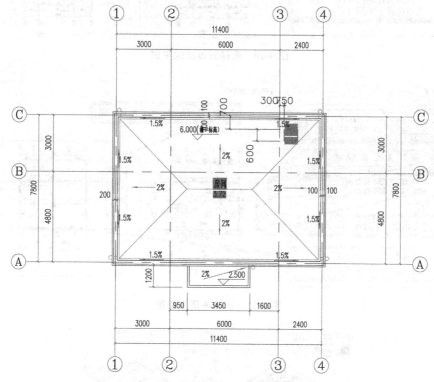

图 9-19　屋顶平面图

9.2.2　根据建筑平面组装三维建筑模型并生成立剖面图

当各层建筑平面模型绘制完毕,我们即可进行建筑三维模型的组装及生成,并根据三维模型生成建筑立面和剖面。

1. 根据建筑平面组装三维建筑模型

单击"文件发布"→"工程管理"菜单,打开"工程管理"对话框。单击"工程管理"下拉框的"新建工程"菜单,创建"单层建筑.tpr"工程文件。

由于天正建筑软件允许在同一个图中框选楼层范围,在同一个文件中可布置多个楼层平面,所有楼层组装时按照图 9-20、图 9-21 所示操作,即可完成如图 9-22 所示的三维建筑模型组装与生成,生成的三维模型仍以 DWG 文件形式保存。

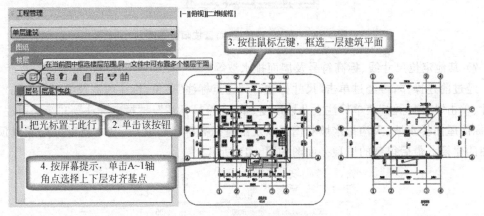

图 9-20　选择首层建筑平面

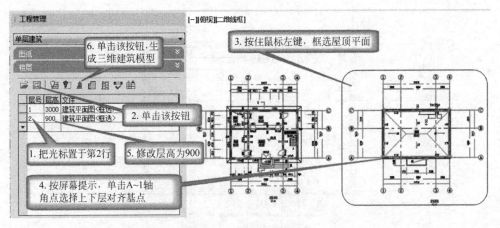

图 9-21　选择屋顶平面图

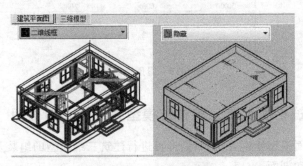

图 9-22　三维建筑模型

2. 生成建筑的立面图和剖面图

生成建筑的三维模型之后，切换到"建筑平面图"标签，单击"工程管理"对话框的"建筑立面图"按钮 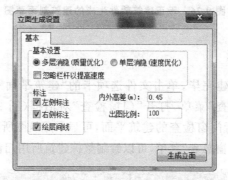，按照命令行提示选择生成的建筑正立面类型后，单击建筑平面左、右两道轴线，打开图 9-23 所示"立面生成设置"对话框，单击对话框的"生成立面"按钮，即可生成建筑立面草图，如图 9-24 所示。

图 9-23　"立面生成设置"对话框

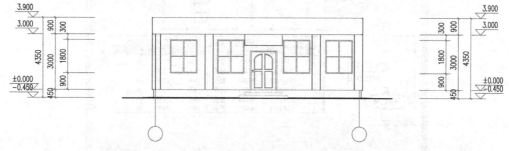

图 9-24　天正建筑软件生成的建筑立面草图

单击"工程管理"对话框的"建筑剖面图"按钮 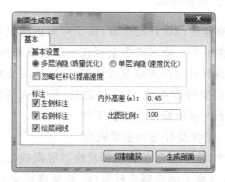，单击建筑平面上的 1—1 剖切符号，打开"剖面生成设置"对话框（图 9-25），单击对话框的"生成剖面"按钮，即可生成建筑剖面草图，如图 9-26 所示。

图 9-25　"剖面生成设置"对话框

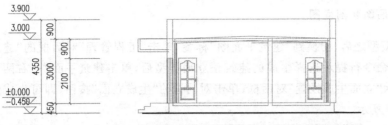

图 9-26 天正建筑软件生成的建筑剖面草图

3. 门窗检查及门窗表

各层建筑平面模型创建完毕,单击文件选项卡的"建筑平面图"标签,切换到建筑平面图,单击"门窗"→"门窗检查"菜单,打开"门窗检查"对话框(图 9-27),单击"选取范围"按钮,在图形窗口框选要进行门窗检查的建筑平面,可显示建筑图所用门窗列表,查看门窗是否有冲突。单击"门窗"→"门窗总表"菜单,可以绘制整栋建筑所用门窗的总表,具体操作从略。

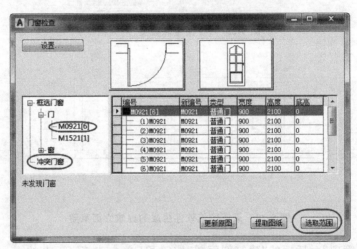

图 9-27 "门窗检查"对话框

4. 对立面图和剖面图的交互修改

对于大多数并非从事专业建筑设计的读者,由于对天正建筑软件使用细节并不熟悉,所以其创建的建筑平面模型在细节上或多或少会存在一些缺项和问题,因此,通过天正建筑软件生成的建筑立面图和剖面图只能作为建筑设计的草图,还需要对生成的图纸进行细化、补充和修改。可以把天正图形文件发布成 t3 文件之后,再进入纯粹的 AutoCAD 环境,对建筑立面图和剖面图进行如下内容的修改及完善工作。

1)建筑立面图的修改、完善及补充的主要内容

标注立面图水平总尺寸、修改立面左右勒脚及檐口竖向线与上部外墙平齐、删除地坪及楼层分界线、根据需要删除立面上的混凝土柱竖线、补画建筑立面图外廓粗线、补画建筑立面凹凸分界线的中粗线、标注建筑立面各部位的外饰材料及颜色(也可以填充图案对外立面装饰效果予以体现)、书写图名及标注详图索引、补画必要的详图等。

2）建筑剖面图的修改、完善及补充的主要内容

标注剖面图水平尺寸,建筑剖面图至少需要标注两道尺寸线(轴线及构件部件定位尺寸线,外包总尺寸);剖切到的墙体等竖向构部件要入地,入地部分要绘制折断线;注意补充底层楼梯最下部梯段的基础或基础梁;剖面图剖视方向看到的墙体不能入地;补画梁柱看线,补画楼板,补画剖到的框架梁、圈梁、过梁及外窗台和女儿墙压顶。

对于多层建筑的楼梯部分,要用 Solid 图案填充剖到的楼梯段,补画栏杆可以在天正建筑软件中选择相应菜单进行,要仔细修剪梯段、栏杆图线,使之能正确反映梯段、栏杆之间的遮挡关系。对于框架结构,梯段板不能嵌入填充墙之内。补画楼梯梁、楼梯休息平台等。另外用相应的图案填充剖到的建筑外墙。

修改、补充室内地面为粗线,并绘制室内回填土图案,修删室外地坪线,使之不要进入室内地面以下。书写图名并标注相应的详图索引,绘制节点详图等。

限于篇幅,我们在此不再详细介绍建筑剖面图和立面图的修改完善操作,关于建筑立面图和建筑剖面图的更进一步的知识,初学的读者可以参阅相关建筑学方面的书籍。

9.2.3　文件发布生成 t3 文件

天正建筑软件提供了多种纯 DWG 文件的方式,通常可以单击"文件发布"→"批量导出"菜单,打开"请选择待转换的文件"对话框(图 9-28),选择所有天正图形文件之后,单击对话框的"打开"按钮,即可把天正图形文件批量转化为 t3 文件。

图 9-28　"请选择待转换的文件"对话框

9.3　本章小结

在本章我们简要介绍了用天正建筑软件绘制建筑施工图过程,叙述了通过天正建筑软件创建建筑平面模型,并通过平面模型组装生成三维建筑模型,在三维建筑模型上生成建筑立面图和剖面图的主要操作,同时介绍了把天正建筑文件发布成纯 dwg 格式的 t3 文件,以及对建筑立面图和剖面图进行修改补充的主要内容。

由于天正建筑软件是以 AutoCAD 为图形平台开发的建筑设计软件,其运行环境与 AutoCAD 高度相似,因此我们也可以借助天正建筑软件,绘制其他非建筑专业的图纸。

思考与练习

1. 思考题

(1) 如何设置天正建筑软件绘图环境?

(2) 如何保证组装的三维建筑模型各个楼层在竖直方向能正确对齐?

(3) 如何设置天正建筑软件的图层的线宽和线型?

(4) 用天正建筑软件命令输入轴线和墙柱时,是否需要特别修改天正建筑软件自动创建的文字样式和尺寸标注样式?

(5) 简要叙述一下对天正建筑软件生成的建筑立面图和剖面图需要进行哪些修改补充,才能得到符合要求的建筑立面图和建筑剖面图。

2. 操作题

(1) 请自行参照一个生活中的单层或多层建筑,在天正建筑软件中绘制建筑的平面图、立面图和剖面图。

(2) 把在天正建筑软件中绘制的建筑图纸进行加密及发布成 t3 文件。

附录 A

绘图大作业督学软件使用说明

A.1 绘图大作业督学软件简要使用说明

AutoCAD 绘图大作业督学程序是由本书作者编写的基于 AutoCAD 的 VBA 环境的教学软件,其主要功能是杜绝图形间恶意复制,记录学生画图操作过程,能提供绘图大作业简单帮助。它内嵌在教师给学生提供的绘图大作业 DWG 种子文件之内,具有自动恢复图形文件名功能,能杜绝个别学生把他人图形文件伪造成自己大作业的作弊行为。

1. 督学程序的功能

教师给学生分发绘图大作业时,给每个学生提供一个事先制作的内嵌有督学程序的 DWG 种子文件,种子文件通常以学生学号为文件名,学生需要在教师指定的各人专用 DWG 种子文件基础上进行绘图大作业的绘图工作。

2. 督学程序的使用环境

要运行绘图大作业督学程序,需要安装 AutoCAD 的 VBA 插件。单击"工具"→"宏"→"Visual Basic 编辑器"下拉菜单,若打开的是"VBA-未安装"对话框(图 A-1),则说明所运行的 AutoCAD 未安装 VBA 插件,需要到对话框所示网站上下载并安装与 AutoCAD 和操作系统相匹配的 VBA 安装包。安装 VBA 插件时要先关闭 AutoCAD。

图 A-1 "VBA-未安装"对话框

安装了 VBA 插件之后,应检查 VBA 安装是否成功。检查过程为:再运行 AutoCAD,新建一个图形,单击"工具"→"宏"→"Visual Basic 编辑器"下拉菜单,若能显示 Microsoft Visual Basic for Applications 环境,则证明 VBA 安装成功(图 A-2)。

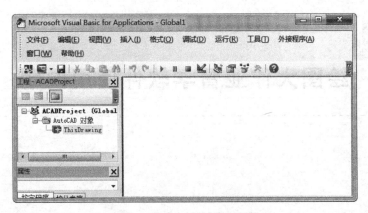

图 A-2　Visual Basic 运行环境

单击编辑器的"帮助"→"关于 Microsoft Visual Basic for Applications"菜单,确认能打开图 A-3 所示对话框,则证明 VBA 安装成功。需要注意的是,不同的 AutoCAD 版本,显示的 VBA 版本可能会有所不同,但是不会影响正常打开教师提供的种子文件,并在种子文件上进行绘图大作业的绘图工作。

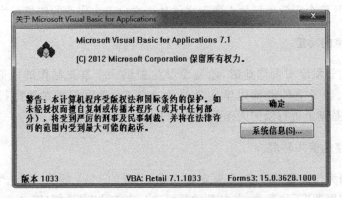

图 A-3　关于 VBA 版本信息的对话框

由于本督学软件是内嵌在 DWG 种子文件中,所以其对系统环境的要求,与 AutoCAD 及与该 AutoCAD 版本相匹配的 Microsoft Visual Basic for Applications 完全相同。十多年来,本督学软件已经为几千位学生的绘图大作业提供了督学服务。教学实践表明,本督学软件可以在 AutoCAD 2006—2019 的所有版本中正常运行,也可在天正建筑等软件环境中正常使用。

3. 大作业 DWG 种子文件及导学软件的使用

布置绘图大作业时,由教师使用导学软件,给每个学生生成一个以学号命名的 DWG 种子文件。学生用 AutoCAD 打开教师分发给自己的 DWG 种子文件后,会首先跳出图 A-4 所示对话框,单击对话框的"启用宏"按钮,AutoCAD 会自动在后台调入大作业督学软件,学生即可开始绘图大作业。

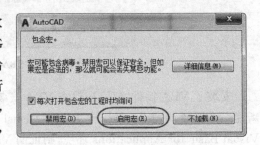

图 A-4　启用宏对话框

导学软件后台打开成功之后，在命令行输入 HELP 命令后，命令行会显示"打开导学窗口（Y/N）？"，若按 Y 或 y 键，则会打开如图 A-5 所示"导学提示"对话框。若按 N 或 n 键，则会打开 AutoCAD 帮助对话框。

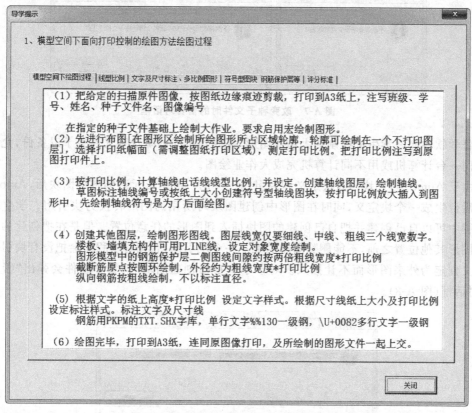

图 A-5　"导学提示"对话框

　　督学软件只允许图内图形元素的复制粘贴，若从图外复制图形或插入外部图块，就会弹出图 A-6 所示"提示"对话框，并把从图外复制而来的图形或插入的图块删除掉。另外，每次进入种子文件图形窗口，督学软件会自动对所绘制的图形进行检查，若有未启用宏绘制的图形，也会弹出图 A-5 所示对话框，并自动删除未开启宏所绘制的图形元素。绘图大作业不允许用天正建筑命令输入墙柱构件。

图 A-6　督学软件会自动删除外来图形

　　若把种子文件改名另存，则督学软件会先后弹出图 A-7 所示"警告"和"严正声明"两个对话框，并会按种子文件名保存图形。改名另存可以把学生修改后的文件名作为备份保存，同时保存一份种子文件命名的 DWG 文件,两个文件内容是相同的。此项功能也可用于教师检查学生提交的大作业是否存在作弊行为。

图 A-7　改变种子文件时的警告对话框

　　督学软件允许学生把绘制的大作业图形,保存到不同的磁盘和文件夹予以备份,允许多人用同一台计算机或用不同计算机完成大作业绘图。

　　由于 AutoCAD 图块分为块定义和块引用。当把一组图形元素创建成图块后,AutoCAD会在后台生成一个块定义,同时在图形中创建图块时所用的图形转换为块引用。学生在绘图过程中可以自己创建并把自己创建的图块插入到图形的任意位置。但是在把创建的图块插入图形其他位置之前,不能删除图中的唯一一个块引用,否则督学程序会把没有块引用的块定义判定为外来图形而不让插入。对于学生自己创建图块时,督学软件会弹出"善意提醒"对话框(图 A-8)。

图 A-8　"善意提醒"对话框

4．使用 VBA 时注意的问题

　　由于受操作系统运行环境改变或安装其他软件,以及 AutoCAD 非正常退出的影响,可能会出现打开大作业图形文件时,无法正常运行或加载 VBA。多年的教学实践中,学生遇到的 VBA 问题大致有下面两种:

　　1）无法从文件加载项目

　　当打开图形显示一个对话框,提示"在 AutoCAD 中加载 VBA 文件时出现错误:无法从文件加载项目"时,Autodesk 公司官网的技术支持给出下面解决方案:

　　(1) 按前面所述内容,检查 VBA 安装是否正常。

　　(2) 如果未显示关于 VBA 版本号的对话框,则应尝试在 Windows 的系统文件夹中找到 FM20. DLL 和 SCRRUN. DLL,通过重新注册该两个文件以恢复完整的 VBA 功能。重新注册过程为:在 Windows 中运行"命令"提示符(具有提升的权限:右击弹出浮动菜单,选择浮动菜单的"以管理员身份运行"命令)并输入命令 REGSVR32 后跟 DLL 文件名,如"REGSVR32 FM20. DLL"。以 WIN7 操作系统为例,FM20. DLL 和 SCRRUN. DLL 存放在

"../windows/sysWOW64/"文件夹中,则重新注册该文件时,应在命令行输入"c:/windows/sysWOW64/REGSVR32 FM20.DLL"。

(3) 如果上述方法仍然不能正常启动 VBA,则请卸载并重新安装 VBA 安装包,若也依旧加载 VBA 失败,则需要卸载 VBA 和 AutoCAD,并再次安装 AutoCAD 及 VBA。卸载时应通过计算机安全工具或控制面板进行卸载操作,不能只删除 AutoCAD 的安装目录。

(4) 若仍然无效,则应重新安装操作系统。

2) 无法加载工程

该错误的出现,往往可能是下面几个原因：VBA 环境损坏、AutoCAD 非正常退出导致 DWG 文件损坏。出现本项错误时的解决方案有两个：一个是在进行绘图大作业过程中,要在某个时间段对大作业图形文件进行备份,保存到不同的存储介质或文件夹中；另一个是打开以前能正常打开的大作业备份文件试一试,若可以则在其上继续进行绘图。若不可以,则需要重新恢复 VBA 安装。

A.2　大作业种子文件的生成与大作业成果检查

本部分内容主要为教师生成种子文件,以及对有疑似作弊嫌疑的大作业图形文件提供简要说明。

1. 修改督学软件密码

打开原始 DWG 种子文件后,进入"Visual Basic 编辑器",单击编辑器左侧导航栏的 ACADProject,打开输入密码对话框,在对话框中输入正确的密码(以本书为教材的教师,可向出版社免费索取督学软件及密码,本书作者保留本程序的著作权,使用本教材的教师有本督学软件永久免费使用权),打开督学程序。

为了便于工作,打开督学程序后,教师可以单击 VBA 编辑器的"工具"→"ACADProject 属性"菜单,打开"ACADProject 属性"对话框,在对话框中修改 VBA 密码。

2. 生成种子文件

单击 VBA 编辑器右侧导航栏的 userForm1 后,打开"生成种子文件"窗体后,单击"运行子过程/用户窗体"按钮 ▶,分别在"生成种子文件"对话框(图 A-9)输入生成种子文件的文件夹、种子文件的起始及终止编号后,单击对话框的"生成种子文件"按钮,即可开始生成种子文件。种子文件编号的数字长度不能超过 9 位数。

DWG 种子文件生成之后,可以在 XLS 文件中指定每位学生所绘制的大作业图形及指定的种子文件名,分发给学生进行大作业的绘图工作。绘图完毕,再把在种子文件基础上绘制的大作业电子文件收缴批改。

3. 检查大作业图形文件

在 AutoCAD 中,按照"启用宏"模式打开本书提供的"教师检查专用工具 3.0dwg"文件后,执行"工具"/"宏"/"Visual Basic 编辑器"命令,进入 Visual Basic 编辑器界面后,双击编辑器右侧导航栏的 userForm1 窗体,在编辑器中显示窗体对象。

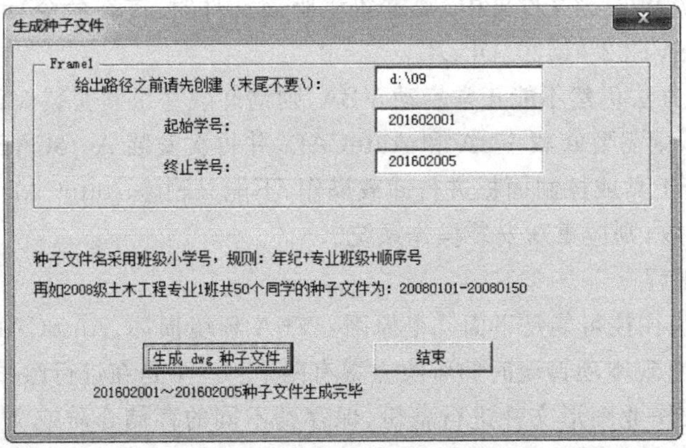

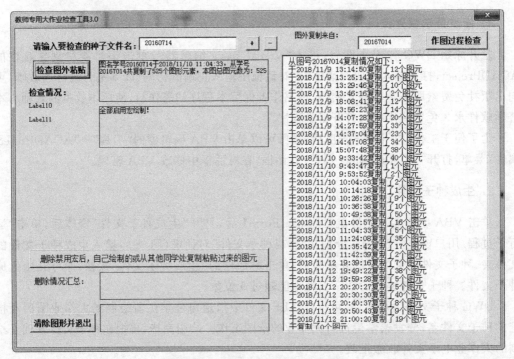

图 A-9　"生成种子文件"对话框

依次以关闭宏方式,打开学生绘制的大作业图形文件复制全部图形元素后,切换到"教师检查专业工具 3.0.dwg"AutoCAD 图形窗口,粘贴所复制的图形后,再从操作系统状态栏切换到"Visual Basic 编辑器",单击"运行子过程/用户窗体"按钮 ▶ ,打开图 A-10 所示对话框,输入学生所绘制的图形文件名到相应的编辑框后,单击"检查图外粘贴"按钮,即可显示学生图形绘制情况。

图 A-10　学生大作业绘制情况检查

检查完毕,单击"清除图形并退出"使"教师检查专业工具 3.0.dwg"回到空白状态,再顺序以关闭宏方式,打开下一个顺序号的大作业图形,重复前面粘贴检查操作即可。

参 考 文 献

[1] 张晓杰,刘立红. AutoCAD 2008 建筑设计完全自学手册[M]. 北京：机械工业出版社,2008.
[2] 张晓杰,王中心,张奇云. AutoCAD 2009 建筑设计行业应用实践[M]. 北京：机械工业出版社,2010.
[3] 胡云杰,王翼豫. 建筑 CAD[M]. 上海：交通大学出版社,2016.
[4] 赵武. AutoCAD 建筑绘图与天正建筑实例教材[M]. 北京：机械工业出版社,2017.